W0399187

ro
ro
ro

Zu diesem Buch

Was Hawkings Universum im Kern ausmacht – niemand kann es besser erklären als der Physiker selbst. Hubert Mania hat aus Hawkings populären Hauptwerken die Schlüsseltexte ausgewählt. Sie handeln von zentralen Fragen unserer Existenz: Woher kommen wir? Wohin gehen wir? Gibt es einen Anfang und ein Ende der Zeit? Warum lohnt es sich, Einsteins Traum zu Ende zu träumen? Die Suche nach der Weltformel – anschaulicher wurde nie dargestellt, was sie ausmacht.

Stephen Hawking, geboren 1942, ist Professor für Physik und Mathematik an der Universität Cambridge, wo ihm 1979 der Titel «Lucasian Professor» verliehen wurde, ein angesehenes Lehramt, das vor ihm Isaac Newton und Paul Dirac bekleideten. Für seine Beiträge zur Kosmologie hat er zahlreiche Auszeichnungen erhalten. Er ist Mitglied der Royal Society und der amerikanischen National Academy of Sciences.

Hubert Mania, geboren 1954, Germanist und Anglist, lebt als Übersetzer und Autor in Braunschweig. Er arbeitete redaktionell an den deutschen Ausgaben von Stephen Hawkings Bestsellern «Eine kurze Geschichte der Zeit» (1988) und «Das Universum in der Nußschale» (2001) mit.

Hubert Mania (Hg.)

Das große Stephen-Hawking-Lesebuch

Leben und Werk

Rowohlt Taschenbuch Verlag

Die Texte sind entnommen dem 1988 im Verlag Bantam Books, New York, erschienenen Buch «A Brief History of Time: From the Big Bang to Black Holes», deutsch «Eine kurze Geschichte der Zeit: Die Suche nach der Urkraft des Universums», Rowohlt Verlag, Reinbek 1988, dem 1993 im Verlag Bantam Books, New York, erschienenen Buch «Black Holes and Baby Universes and Other Essays», deutsch «Einsteins Traum: Expeditionen an die Grenzen der Raumzeit», Rowohlt Verlag, Reinbek 1993, sowie dem 1996 im Verlag Bantam Books, New York, erschienenen Buch «The Illustrated A Brief History of Time: Updated and Expanded Edition», deutsch «Die illustrierte Kurze Geschichte der Zeit», Rowohlt Verlag, Reinbek 1997.

Veröffentlicht im Rowohlt Taschenbuch Verlag,
Reinbek bei Hamburg, August 2004
Copyright © 1988, 1993, 2003 by Rowohlt Verlag GmbH,
Reinbek bei Hamburg
«A Brief History of Time: From the Big Bang to Black Holes»
Copyright © 1988 by Stephen Hawking
«Black Holes and Baby Universes and Other Essays»
Copyright © 1993 by Stephen Hawking
Übersetzung der ausgewählten Texte von Stephen Hawking: Hainer Kober
Lektorat Frank Strickstrock
Fachlektorat Markus Pössel
Umschlaggestaltung any.way, Martina Kloke
(Illustration: Moon*runner Design, Großbritannien)*
Gesamtherstellung Clausen & Bosse, Leck
Printed in Germany
ISBN 3 499 61655 6

INHALT

III Anhang

Vorwort des Herausgebers

Kommen Sie ruhig ein wenig näher. Ich möchte Sie einladen, die 3Q-Merkregel für das Hawking'sche Universum kennen zu lernen. Um sie zu verstehen, müssen wir gemeinsam zwei Objekte suchen. Eines ist ganz in der Nähe, das andere ist ziemlich weit entfernt. Wenn Sie auf die Spitze Ihres Zeigefingers schauen, sehen Sie die Rillen in der Haut. Hier verbirgt sich unser erstes Ziel. Setzen Sie jetzt diese schicke, halb durchlässige Datenbrille auf. Sie wird Ihnen bei der Suche helfen. Die beiden Kameras werden Ihre individuelle Umgebung abfilmen. Sie sind mit leistungsstarken Zoomobjektiven ausgestattet, die Ihnen ungeahnte Dimensionen eröffnen werden, während auf den Stereomonitoren vor Ihren Augen die Kamerabilder mit den Infotainmentclips der 3Q-Software verschmelzen werden. Und dieses handliche Rädchen aus Edelstahl hier ist die Funkfernsteuerung für Kamerazoom und Fahrgeschwindigkeit.

Die Reise beginnt. Und plötzlich wird aus einer einzigen Rille Ihrer Fingerkuppe ein mächtiges «Hautfaltengebirge». Wenn Sie das Rädchen entlang der Skala nun noch ein paar Einheiten nach unten drehen, dann ... Vorsicht, nicht zu schnell, sonst fallen Sie über den Rand der tiefen Schlucht. Klettern Sie behutsam hinunter. Lassen Sie sich Zeit. Was da unten am Grunde der Schlucht blubbert und fließt, ist ein Blutgefäß. Konzentrieren Sie sich auf die hauchfeine transparente Schicht über dem Fluss. Dort endet die Haut. Bedienen Sie erneut die Fernsteuerung. Nun befinden Sie sich im Kern einer Hautzelle. Die x-förmigen Gebilde dort sind Chromosomen. Treten Sie gleich ins erste ein und benutzen Sie die Erbsubstanz DNS als Strickleiter für Ihren weiteren Abstieg auf den Grund der Materie. Achtung, der Strang, an dem sie sich festhalten, besteht aus nachgiebigen Zuckermolekülen ... und schon ist es passiert: Sie sind in eines hineingerutscht und können jetzt den Tanz einer wohl geordneten Gesellschaft von Atomen beobachten. Lassen Sie sich vertrauensvoll in ein Kohlenstoffatom fallen, denn Sie werden weich aufgefangen und umhüllt von einer Nebelwolke. Eigentlich gibt es bei dieser nanoskopischen Größenordnung für Iris und Netzhaut nichts mehr zu sehen, aber die 3Q-Software sorgt dafür, dass Sie die Nebelwolke als die Wahrscheinlichkeitsverteilung der Elektronen auch erkennen können. Diese Elementarteilchen sind vorhanden und gleichzeitig auch nicht: ein Nebel aus Ungewissheit. Sie sollten sich entspannen und von der Wolke forttreiben lassen.

Ab jetzt werden Sie lange Zeit keinen festen Boden mehr unter den Füßen spüren. Es wird Ihnen so vorkommen, als seien Sie eine Ewigkeit in einem Leerraum voller Nebel unterwegs. Doch dann werden Sie unwiderstehlich von einer Kraft angezogen, es herrscht ein Brausen wie bei Windstärke 9, und der Atomkern taucht vor Ihnen auf, eine Konstellation aus zwölf kugelförmigen Gebilden, die Protonen und Neutronen heißen. Gleich sind wir am Ziel der ersten Etappe. Das Proton ist ganz tief unten auf der Teilchenebene angesiedelt. Wir dringen auch hier ein. Ich habe da schon etwas für Sie präpariert und eingefärbt. Sehen Sie das schwache türkise Leuchten? Deswegen sind wir hier. Das ist unser erstes gesuchtes Objekt. Einer der kleinsten Bausteine der Materie – ein Quark.

In Wirklichkeit ist es natürlich gar nicht türkis, sondern ein ziemlich unspektakuläres Teilchen, das nie allein, sondern immer nur im Verbund mit seinesgleichen existieren kann. Das Proton ist ein solcher Quarkverbund. Deshalb habe ich mir darin ein Quark ausgesucht und eingefärbt. All die vielen Eigenschaften der Quarks und die Wechselwirkungen zwischen ihnen haben witzige oder kompliziert klingende Namen, die im Moment uninteressant sind. Sie müssen jetzt nur wissen, dass das Zeug hier zusammenklebt wie Pech und Schwefel. Dieser seltsame Quarkleim hält die Materie im Innersten zusammen. Und darüber sollten Sie froh sein, denn sonst würden Sie und ich und alles um uns herum gar nicht existieren. Die unbedingte Bündnistreue der Quarks ist durch keine Kraft mehr teilbar. Derzeit gibt es keinen Hinweis auf ein Teilchen, das noch kleiner und elementarer sein könnte.

Es wird Zeit, wieder aufzubrechen. Wir haben heute noch einiges vor. Drehen Sie vorsichtig das Rädchen die Skala hinauf, bis der Wert 100 erscheint. Und schon haben Sie die submikroskopische Welt verlassen und schweben hundert Meter über Ihrem Ort. Die eine oder andere Automarke lässt sich aus der Vogelperspektive gerade noch erkennen; wollten Sie aber eine Frau von einem Mann unterscheiden, so wäre dieser Versuch wohl zum Scheitern verurteilt. Schieben Sie das Rädchen nun um drei Einheiten nach vorne, und Sie befinden sich auf der Flughöhe der meisten Passagierflugzeuge. In gut zehn Kilometern Höhe ist es normalerweise ziemlich zugig, aber über Ihre Gesundheit brauchen Sie sich keine Sorgen zu machen; Ihr Reisekörper passt sich auf dieser virtuellen Tour den jeweiligen Druck- und Temperaturverhältnissen automatisch an. In 66 Kilometern Höhe haben Sie Stratosphäre und Ozonschicht bereits hinter sich gelassen. Wetter und Klima spielen also keine Rolle mehr. Aus 500 Kilometern Abstand von der Erde lässt es sich wunderbar auf Deutschland herabschauen. Und nach 1000 Kilometern haben Sie auch die letzte Schicht der Atmosphäre passiert. Bald können Sie kaum noch unterscheiden, wo genau Sie sich befinden. Unmerklich gleiten Sie direkt in den Weltraum hinüber. Die Krümmung der Erdkugel ist eindrucksvoll. Die Kontinente liegen Ihnen zu Füßen. Aus 100 000 Kilometern Entfernung leuchtet der Blaue Planet wie ein Edelstein im Dunkel des Alls.

Drehen Sie erneut am Rädchen. Nach 100 Milliarden Reisekilometern hätten Sie theoretisch einen sauberen Blick auf die Umlaufbahnen aller neun Planeten unseres Sonnensystems, doch ihr Leuchten ist bei dieser Draufsicht nicht signifikant stärker als das aller anderen Himmelskörper. Alles sieht jetzt recht gleichförmig aus. Nach spätestens zehn Lichtjahren ist auch die Sonne nur noch ein unscheinbarer, blasser Fleck unter 100 Milliarden anderen in der Milchstraße. Ähnlich wie bei der Reise durch die Nebelwolken des Atoms, als der Kern so lange auf sich warten ließ, sind Sie jetzt für die nächste halbe Million Lichtjahre konfrontiert mit Leere, Nichts und Langeweile. Erst dann sind Sie weit genug entfernt, um als äußerer Beobachter die Spiralstruktur unserer Milchstraße zu erkennen – nur eine von wahrscheinlich 100 Milliarden Galaxien im Universum.

Doch wir sind noch immer nicht am Ziel. Mal taucht eine Minigalaxie auf, mal ein Galaxienhaufen, davon abgesehen bleibt es auch nach einer Milliarde Lichtjahren dunkel und leer im Weltraum. Und wir haben noch etwa das Zehnfache der bisher bewältigten Strecke zurückzulegen. Nach zehn Milliarden Lichtjahren sind wir endlich an unserem Aussichtspunkt am Rande des beobachtbaren Universums angelangt und betrachten aus respektvollem Abstand ein gefräßiges Monstrum. Es ist ein QUAsiStellARes – also ein sternähnliches – Objekt, ein so genannter «Quasar». Aus dieser relativen Nähe betrachtet sieht er allerdings ganz und gar nicht aus wie ein Stern, sondern erweist sich als veritable Galaxie. Aus deren Zentrum dringt ein überwältigendes Leuchten, das hell genug ist, um von der Erde aus noch sichtbar zu sein. Es ist eine ungeheure Schwerkraftfalle, ein supermassives Schwarzes Loch, das eine Sonne nach der anderen verschluckt, ein grausiger Anblick. Dieses Exemplar hier leuchtet heller als 300 Milliarden Sonnen und gehört zu den am weitesten entfernten Materieanhäufungen im Weltall. Stand das Quark für die kleinsten Objekte auf der untersten Stufe der Materieebene, so soll der Quasar jetzt das Ende des beobachtbaren Universums und die Wirkung massiver Schwerkraft repräsentieren. (🕮ZeH)

Unsere virtuelle Reise ist zu Ende. Wir sind zu den entferntesten Punkten unseres Universums vorgedrungen. Dabei haben wir uns – das war der Sinn des Ausflugs – einen anschaulichen Eindruck der beiden Objekte verschafft, die sinnbildlich die beiden Pole von Stephen Hawkings Lebenswerk darstellen. Denn bei seinem Versuch, eine angemessene vollständige Beschreibung des Universums zu finden, musste er das ganze Spektrum der Erscheinungen berücksichtigen: von der elementaren Materieebene der Quarks bis weit hinaus zu den Quasaren in den einsamen Tiefen des Weltalls. Weiter kann man den Bogen mathematisch-naturwissenschaftlichen Denkens kaum spannen. Während zur Beschreibung der Quarkdimension die Quantentheorie angewandt wird, ist für Quasare die Allgemeine Relativitätstheorie zuständig, die die Schwerkraft und das großmaßstäbliche Universum beschreibt. Allerdings sind die beiden Theorien nicht miteinander vereinbar. Nun gibt es im Universum aber durchaus winzigste, quantentheoretisch bedeutsame Regionen – etwa beim Urknall oder im Inneren Schwarzer Löcher –, in denen auch die Schwerkraft zum Zuge kommt. Um daher Allerkleinstes und Schwerkraftwirkung oder eben Quarks und Quasare als deren Sinnbilder widerspruchsfrei zusammenzuführen, müsste eine neue Theorie geschaffen werden, die Quanten- und Allgemeine Relativitätstheorie zu einem neuen Modell der «Quantenschwerkraft» vereinigen würde. Wer also die Essenz von Stephen Hawkings Werk verstehen möchte, kann sie sich anhand der Formel

«Quarks – Quasare – Quantenschwerkraft»

leicht einprägen. Das ist die «3Q»-Merkregel des Hawking'schen Universums.

Denn darum geht es in diesem Lesebuch: Die Denkwelt des Ausnahmephysikers Stephen Hawking zu ermessen und der Faszination nachzuspüren, die von seinem Werk und von seinem Lebensweg ausgeht. Hawking ist einer jener raren wissenschaftlichen Wegbereiter, die als Vermittlungskünstler hochkomplexe Fragestellungen der theoretischen Physik einem aufgeschlossenen Laienpublikum anschaulich nahe bringen können. Es ist ihm gelungen, den Funken der eigenen Begeisterung auf eine weltweite Lesergemeinde überspringen zu lassen. Mit seinem eigens für Laien geschriebenen Buch *Eine kurze Geschichte der Zeit*, dem größten Sachbuch-Bestseller des 20. Jahrhunderts, hat er 1988 einen beispiellosen Boom für die Forschungsbereiche Astronomie und Kosmologie ausgelöst und dadurch entscheidend zu deren Popularisierung beigetragen.

War er bereits Mitte der 70er Jahre unter Fachkollegen ein weltweit anerkannter und berühmter Kollege, dessen erstes Buch, *The Large Scale Structure Of Spacetime*, nach wie vor als ein Standardwerk der klassischen Relativitätstheorie gilt, so katapultierte ihn der Welterfolg von *Eine kurze Geschichte der Zeit* in eine Dimension der Popularität, die fast schon an den Kultstatus eines Popstars erinnert. Das gelähmte Genie im Rollstuhl kann zwar nicht mehr sprechen und nur noch zwei Finger bewegen. Mit seinem ungetrübten Verstand aber berechnet Hawking die Entwicklungsgeschichte des Weltalls und ergründet die Natur der Zeit.

In gewisser Weise hat er auch zur Demokratisierung theoretischer Grundlagenforschungen beigetragen. Seit dem Erscheinen seines Erfolgsbuchs artikuliert ein großes Publikum viel vehementer als in früheren Zeiten das Bedürfnis, am Wissen der Forscher teilzuhaben und in verständliche Sprache übersetzt zu bekommen, welche Konsequenzen ihre Entdeckungen haben. Seit dem Erscheinen von *Eine kurze Geschichte der Zeit* ist das öffentliche Interesse an Nachrichten aus den großen Observatorien, den Forschungsstätten der theoretischen Physik und den Funkdaten von Sonden und Teleskopen aus dem All in erstaunlichem Maße gewachsen. Es vergeht kaum ein Monat, ohne dass eine bahnbrechende Nachricht über den Stand der Erforschung Schwarzer Löcher oder die Struktur des frühen Universums veröffentlicht wird – und zwar längst nicht mehr nur in renommierten Fachzeitschriften, sondern auch in Tageszeitungen und Magazinen, deren Redakteure auf derart exotische Neuigkeiten früher nur mit einem Achselzucken reagiert hätten.

Dieses Lesebuch wurde aus der Idee geboren, für den größeren Überblick und den tieferen Einblick miteinander zu vereinen, was sonst meist nur getrennt zu haben ist: eine illustrierte Monographie, die in Leben, Werk und Wirkung von Stephen Hawking einführt sowie eine Auswahl von Texten, von denen ich glaube, dass sie – gerade auch in dieser Anordnung – zuverlässig in das Denken Hawkings einführen. Sie stammen aus *Eine kurze Geschichte der Zeit*, *Die illustrierte Kurze Geschichte der Zeit* und aus dem Essayband *Einsteins Traum*.

Im ersten Text erläutert Hawking die historisch wichtigen Theorien des Universums: vom Ptolemäischen Modell mit der Erde als Zentrum des Universums, über seine Widerlegung durch Kopernikus, Kepler, Galilei und Newton mit erstmals wissenschaftlich zu nennenden Methoden bis hin zu den Entdeckungen des 20. Jahrhunderts, die zu revolutionären Einsichten über den Anfang und das Ende des Universums führten.

Das zweite Kapitel widmet sich dann etwas ausführlicher der Entdeckung, dass sich das Universum ständig ausdehnt, und beschreibt die daraus resultierenden neuen Theorien über die Entstehungsgeschichte des Weltalls und die mathematische Konsequenz, die Hawking selbst daraus für den Anfang des Universums zog.

Die beiden folgenden Texte führen ins Zentrum seines Werks. In Kapitel Drei geht es um die Erforschung Schwarzer Löcher. Die Eigenschaften dieser ausgebrannten Sonnen und ihre Beziehung zum Anfang des Universums haben Hawking früh beschäftigt und wurden bald zu seinem Spezialgebiet. Hier hat er sich die Meriten für die Ruhmeshalle der modernen Physik erworben.

Im vierten Text erklärt er in unnachahmlich eingängiger Manier seine vielleicht berühmteste Entdeckung, die sogenannte «Hawking-Strahlung» Schwarzer Löcher. Hier spricht er auch von einem potenziell existierenden «Wurmloch», beschreibt die Geburt von Baby-Universen aus Schwarzen Löchern und ergänzt seine eigene Forschung um die Kuriosität eines «Weißen Lochs».

Das folgende Kapitel über Zeitreisen im Rahmen der Einstein'schen Relativitätstheorien war in der 1988 veröffentlichten Erstausgabe von *Eine kurze Geschichte der Zeit* noch nicht enthalten. Hier erläutert Hawking aus relativitätstheoretischer Sicht, warum man nicht in die Vergangenheit zurückreisen und zum Beispiel seinen Ururgroßvater umbringen kann. Außerdem geht er etwas ausführlicher auf die Wurmlöcher aus dem vorangegangenen Essay ein, die als Schnellwege zwischen zwei Regionen im Weltall dienen könnten.

In dem Aufsatz «Einsteins Traum» fasst Hawking in wunderbarer Klarheit sein Lebenswerk selbst zusammen. Der Text führt meisterhaft vor, wie anspruchsvolles «Infotainment» aussehen kann, und ist deshalb ein «Muss» für jeden Leser, der die wichtigsten Etappen auf der Reise durch Stephen Hawkings Universum noch einmal nachvollziehen möchte.

Im siebten Text geht es schließlich um Hawkings eigenen Traum: die Suche nach einer allumfassenden physikalischen Theorie oder «Weltformel», mit deren Hilfe eine vollständige Beschreibung der physikalischen Grundlagen unserer Welt möglich wäre. Hier leuchtet der zu Anfang schon beschworene «Fixstern» wieder auf, der sein Lebenswerk leitet: die Verbindung von Quanten- und Allgemeiner Relativitätstheorie zu einer Quantentheorie der Schwerkraft.

Im Schlussessay dieses Lesebuchs zieht Hawking die philosophischen Konsequenzen aus dem Glauben an die Existenz einer Weltformel und macht sich Gedanken über die Kräfte, die der Mensch im Spannungsfeld zwischen Vorherbestimmung und freiem Willen entwickeln kann.

Noch ein Wort zum ersten Teil dieses Buches, der monographischen Darstellung von Leben und Werk. Wer über Stephen Hawking schreibt, begegnet einem Menschen, der seit den 1970er Jahren nur eingeschränkt sprechen konnte und 1985 endgültig seine Stimme verloren hat. So fehlen zum Beispiel Briefe, die man auswerten könnte, und es gibt so gut wie keine Zeugnisse von Freunden und Mitarbeitern des erwachsenen Stephen Hawking über die wichtigste und liebste Kommunikationsform des Menschen: das Gespräch. Zudem offenbart er seit der Hochzeit mit seiner zweiten Frau Elaine 1995 keine Details mehr aus seinem Privatleben. Dieser Herausforderung galt es sich zu stellen: mit der Neugier des Biographen auf ein detailreiches Portät, aber bisweilen auch mit respektvollem Abstand. Hawking selbst hat immer wieder betont, dass er wegen seiner Arbeit in Erinnerung bleiben möchte und nicht etwa wegen unfreiwilliger Präsenz in den Klatschspalten.

Der erste Teil bietet über die Schilderung von Leben und Werk hinaus auch Hintergrundwissen an, das mir nötig schien. Wer zum Beispiel nicht (mehr) weiß, worum es im Prinzip bei der Relativitäts- und Quantentheorie geht, oder wer historische Details zur «Hawking-Strahlung» erfahren möchte, könnte hier noch einmal nachsehen. Hawkings wichtigste neue Beiträge aus seinem letzten Buch *Das Universum in der Nussschale* kommen dort ebenfalls zur Sprache.

Das große Stephen-Hawking-Lesebuch kann und will die Lektüre seiner Bücher nicht ersetzen. Es möchte aber durch die Darstellung von Leben und Werk sowie die Auswahl der Originaltexte einen einführenden Überblick geben. Es ist als Einladung und Ermutigung gemeint, sich erstmals, wiederholt oder auch immer wieder auf das Werk eines der bedeutendsten Physiker unserer Zeit einzulassen.

Hubert Mania, im April 2003

I Hubert Mania
Stephen Hawking –
Leben und Werk

Stephen Hawking vor dem Marilyn-Monroe-Poster in seinem Arbeitszimmer in Cambridge, 2001

Master of the Universe

Nach dreitägiger Nonstop-Diskussion verkündete einer der Gesprächsteilnehmer einen neuen Rekord. Auf der Website eines deutschen Computermagazins (💻 1)* war die 1000. E-Mail zum Thema «Gentechnisch veredelter Mensch» eingetroffen – selbst für dieses stark frequentierte Diskussionsforum ein einsamer Spitzenwert. Was war passiert? Ein Physiker hatte lediglich seine private Meinung zum genetischen Umbau von Homo sapiens geäußert. Da es sich hier aber um den Autor von *Eine kurze Geschichte der Zeit* handelte, des wahrscheinlich erfolgreichsten Sachbuchs des 20. Jahrhunderts, geriet diese während eines Interviews eher beiläufig formulierte Meinung über die Chancen der Gentechnik zu einem weltweiten Medienereignis.

Ausgelöst hatte die Aufregung Stephen W. Hawking, Professor für theoretische Physik und Inhaber des Lukasischen Lehrstuhls an der Universität von Cambridge in England. In dem Exklusivinterview zur Veröffentlichung seines neuen Buches in Deutschland sprach er Anfang September 2001 auch über den Aggressionsinstinkt des Menschen, dessen ungebrochener Einfluss auf das Handeln von Individuen und Nationen angesichts des angehäuften Atomwaffenpotenzials nicht gerade von der überlegenen Intelligenz unserer Spezies zeuge. Da die natürliche Auslese zu langsam arbeite, um den anachronistischen Aggressionstrieb zu eliminieren, sei es unausweichlich – so Hawking –, das Erbgut gezielt gentechnisch zu verändern. Doch selbst ein solcher Eingriff dauere noch zu lange,

* Die Angaben in Klammern verweisen auf die Bibliographie (siehe Anhang): Buchstabenverweise mit und ohne Seitenzahlen belegen zitierte Literatur, 📖-Verweise nennen weiterführende Literatur, 💻-Verweise belegen Websites, ▤-Verweise mit Seitenangaben (▤ 130) eröffnen inhaltliche Bezüge innerhalb dieser Monographie.

um Wirkung zu zeigen, da in Kürze elektronische Systeme die menschliche Intelligenz überflügeln und die Macht an sich reißen könnten. Um dieser Gefahr zu entgehen, müssten wir also *schnellstens Techniken entwickeln, die eine direkte Verbindung zwischen Gehirn und Computer ermöglichen, so dass die Kunsthirne zur menschlichen Intelligenz beitragen, statt sich gegen uns zu stellen* (Foc).

Während in dem Internetforum die Fetzen zwischen Befürwortern und Gegnern einer genetischen Veredelungstechnik flogen, gab es die ersten druckfrischen Exemplare des neuen Buches *Das Universum in der Nussschale.* Dort stellte Hawking klar: *Natürlich wird die Veredelung einiger Menschen zu großen sozialen und politischen Problemen hinsichtlich der nichtveredelten Menschen führen. Ich habe nicht die Absicht, die gentechnische Veränderung des Menschen als eine erstrebenswerte Entwicklung zu preisen, sondern möchte nur feststellen, dass sie stattfinden wird, ob wir wollen oder nicht.* (Nus: 173)

Für einen Wissenschaftler, der bereits als Gast in einer «Star Trek»-Episode mit Isaac Newton, Albert Einstein und Commander Data auf dem Holo-Deck des Raumschiffs «Enterprise» pokern durfte und der die Tücken von Zeitreisen durch Wurmlöcher hindurch beschrieb, mögen solche Sätze nichts Besonderes an sich haben. Wer sich über den Anfang und die Zukunft des Universums oder die Kolonialisierung des Weltalls Gedanken macht, hat sich eben auch längst mit den langfristigen Auswirkungen der sich abzeichnenden gentechnischen Fortschritte vertraut gemacht und eine pragmatische Haltung dazu eingenommen.

Aber die Weltöffentlichkeit horcht auf. Wer ist dieser Mann, dessen öffentliche Äußerungen wie Orakelverkündungen gehandelt, von beflissenen Hofberichterstattern rund um den Globus geschickt, von konstruktiven Kritikern zurechtgerückt und von manchen Kollegen gnadenlos zerrissen werden? Wie begegnet man einem zeitgenössischen Physiker, der beinahe schon den Status eines Popstars erreicht hat? Wo zwischen unverhohlener Missgunst (NZZ) und maßloser Verehrung als «Master of the Universe» (MaU) muss man Stephen

Hawking ansiedeln? Wie könnte man seinen historischen Rang angemessen definieren?

Gelähmt und gefangen in einem durch Muskelschwund ausgezehrten Körper, sitzt Stephen Hawking als Opfer der Amyotrophen Lateralsklerose (ALS), aber bei vollem Bewusstsein und im Besitz ungetrübter kognitiver Fähigkeiten, in seinem elektrischen Rollstuhl und kann nur zwei Finger der linken Hand bewegen. Seine Gesichtsmuskulatur lässt noch die minimale Anspannung der Augen und des Mundes zu und bewahrt ihn dadurch vor der völligen kommunikativen Erstarrung. So ist sein zur Seite hängender Kopf mit dem breiten Lächeln zu seinem Markenzeichen geworden. Eine Narbe am Hals zeugt von einem Luftröhrenschnitt, der ihn mitten in der Arbeit zu *Eine kurze Geschichte der Zeit* vor den tödlichen Folgen einer Lungenentzündung bewahrte, ihm jedoch für immer die Stimme raubte. Der an seinem Rollstuhl befestigte Monitor ist die Schnittstelle zu einem Text- und Sprachgenerator, mit dessen Hilfe er Gespräche führt, seine Gedanken zur Veredelung des Menschen formuliert oder Artikel und Bücher über sein eigentliches Forschungsgebiet schreibt: über Schwarze Löcher und den Beginn der Zeit. Stephen Hawking war der erste Physiker, der sich fragte, ob es möglich sei, mit den Gleichungen der Allgemeinen Relativitätstheorie Albert Einsteins die Entstehung der Zeit zu ergründen. Ist sie ein stetig fließender, von Planeten und Galaxien ungestört durchs Universum rauschender Strom? Hat sie ein Ziel? Wird sie ewig dauern? Kann mit der Forschung über den Beginn der Zeit womöglich auch der Anfang und das Warum des Universums mathematisch geklärt werden?

Wann genau die Wehen einsetzten, ist nicht überliefert, aber um Punkt 18 Uhr mitteleuropäischer Zeit wurde sie entbunden. Es war der 22. Oktober. Ein Samstag im Jahre 4004 vor Christus: als Gott die Welt gebar. Dieses erstaunlich präzise Datum haben wir dem irischen Bischof James Ussher zu verdanken, einem der großen Universalgelehrten des 17. Jahrhunderts. Zwanzig Jahre seines Lebens widmete er der Forschung nach dem Alter der Erde, trieb unter abenteuerlichen Umständen im Vorderen Orient alte Bibeln auf, stieß auf neue Namen und Daten, addierte die Lebensspannen der biblischen Patriarchen, die als Nachkommen Adams galten. Und – siehe da – der Aufwand hatte sich gelohnt, denn das Ergebnis seiner Berechnungen fand Eingang in die offizielle Bibel der anglikanischen Kirche.

Entgegen der weit verbreiteten urreligiösen Auffassung, das Universum existiere seit ewigen Zeiten, vertrat die jüdische Religion den Standpunkt, Gott habe die Welt erschaffen und mit seiner Schöpfung auch einen Anfang der Zeit festgelegt. Diese Idee wurde vom Christentum übernommen und von dem berühmten Kirchenlehrer Augustinus im 5. Jahrhundert zum Dogma erhoben. Daraus ergab sich zwingend: Vor Adam und Eva konnte es keine Zeit gegeben haben. Seitdem aber floss sie unaufhaltsam auf den Jüngsten Tag zu, Gottes Gericht entgegen. Und es gab eine ganze Reihe kluger Menschen vor Bischof Ussher, die ehrgeizig genug waren, den Schöpfungstag der Erde – und damit gleichzeitig den Anfang des Universums – auf der Grundlage biblischer Daten zu berechnen. Dass sie dabei zu unterschiedlichen Resultaten kamen (Luther: 4000 v. Chr.; Kepler: 3992 v. Chr.), lag zum Teil an den unterschiedlichen Zahlen der hebräischen und griechischen Bibelversionen.

Isaac Newton, herausragende Gestalt in der Physik der Moderne und einer der Vorgänger Hawkings auf dem Lukasischen Lehrstuhl in Cambridge, veröffentlichte 1687 seine «Principia», fast genau 300 Jahre vor *Eine kurze Geschichte der Zeit.* Darin postulierte er eine absolute Gleichmäßigkeit der Zeit, die sich, unbeeinflusst durch die Ereignisse im Raum, auf ewig in Vergangenheit und Zukunft ausdehne. Was hätte wohl Augustinus zu diesem Konzept gesagt, dem zufolge sein Gott schon eine halbe Ewigkeit vor dem Schöpfungsakt untätig herumgesessen und auch die andere Hälfte zur freien Verfügung gehabt hätte, mal abgesehen von der kurzen Ablenkung, irgendwo auf der Strecke in Richtung zukünftiger Ewigkeit einer Verhandlung des Jüngsten Gerichts vorzusitzen?

Ungeachtet der weltanschaulichen Differenzen über den Ursprung der Zeit waren die Menschen immer schon bestrebt, sie zu messen, zum Beispiel indem sie damit anfingen, die Spanne zwischen Frühstück und Mittagessen anhand der Länge ihres Körperschattens zu bestimmen.

Während unsere Vorfahren in den Wäldern Germaniens die schweißtreibende Variante wählten und riesige Findlinge auf die spärlichen Lichtungen wälzten, um damit den Lauf der Sonne zu markieren, waren transmediterrane Tüftler in einer verlässlich sonnigen Umgebung vermutlich eher geneigt, die Beobachtungsdaten der Schattenlängen zu systematisieren und Sonnenuhren zu konstruieren, die weniger gravitätisch waren als im Norden. Diese schicken Hightech-Instrumente avancierten im Römischen Reich um Christi Geburt herum zu begehrten Prestige- und Lifestyleobjekten. Die ungezählten Versuche und Fehlschläge, zuverlässigere Zeitmessgeräte herzustellen, führten von einem ungemein erfolgreichen, mit Löchern versehenen Eimer, der vornehm Wasseruhr genannt wurde, über die Festlegung der richtigen Winkel für konische Sanduhrgläser und temperaturkompensierte Unruhfedern schließlich bis zum Bau einer Cäsiumatomuhr. Es dauerte also gut 2000 Jahre, bis das wetterabhängige Schattenspiel der Sonnenuhr von der Präzision eines kontrolliert zerfallenden Radionuklids abgelöst wurde. Die 1967 unter Aufbietung eines maliziös in zwei Häppchen tranchierten Fünffachgenitivs grandios gescheiterte Definition der wichtigsten Zeiteinheit lautet: «Die Sekunde ist das 9 192 631 770 fache der Periodendauer der dem Übergang zwischen den beiden Hyperfeinstrukturniveaus des Grundzustandes von Atomen des Nuklids ^{133}Cs entsprechenden Strahlung.» (2) Anders und etwas verständlicher gesagt: Ein Cäsiumatom schwingt innerhalb einer Sekunde mehr als 9 Milliarden Mal zwischen zwei möglichen Energiezuständen hin und her. Und da dieser Takt so zuverlässig messbar ist wie nichts anderes auf der Welt, wurde er ausgewählt, um die Dauer einer Sekunde zu repräsentieren.

Die parallel zu dieser Entwicklung verlaufende Suche nach einem natürlichen Chronometer, das das wahre Alter der

Materie und damit womöglich auch den Beginn der Zeit erschließen konnte, führte während der Aufklärung dazu, dass die Autorität heiliger Texte infrage gestellt wurde. Mit wissenschaftlicher Methodik wurden nun Erkenntnisse über die Natur gesammelt. Und schon bald wurde deutlich, dass die geologischen Zeitalter viel größer sein mussten, als Bischof Usshers Berechnungen je zugelassen hätten.

Als Henri Becquerel an der Schwelle zum 20. Jahrhundert die radioaktive Strahlung des Urans entdeckte, schätzte Lord Kelvin das Alter der Erde auf mittlerweile immerhin 20 bis 400 Millionen Jahre. Marie und Pierre Curie wühlten ohne Schutzvorrichtungen mit bloßen Händen in Pechblendenrückständen, extrahierten und purifizierten ihre «substantia nigra» vier Jahre lang, bis sie ein neues Element gefunden hatten, das sie Radium nannten und bedenkenlos mit der Post verschickten. An manchen Abenden betraten sie staunend ihr dunkles Labor und sahen ein schwaches magisches Leuchten an Flaschen, Schalen und Bottichen. Die Radioaktivität des Radiums war die Quelle der Leuchtkraft und wohl auch die Ursache der aplastischen Anämie, an der Marie Curie starb. «Noch hundert Jahre später gelten Marie Curies Labornotizbücher als so gefährlich, dass sie in bleiverkleideten Kisten aufbewahrt werden.» (Sac: 324)

Schließlich war es der in Cambridge arbeitende neuseeländische Physiker Ernest Rutherford, der 1905 ein Verfahren entwickelte, um mit Hilfe der Radioaktivität das genaue Alter von Gesteinen zu bestimmen. Hier war es endlich: das jahrhundertelang gesuchte natürliche Chronometer zur präzisen Erforschung des Erdgeburtstags. Gefunden in dem Jahr, in welchem Albert Einstein Newtons absolute Zeit anzweifelte und seine gewöhnungsbedürftigen Gedanken über relative Bewegungen und unterschiedlich tickende Uhren in einer vierdimensionalen Raumzeit zu Papier brachte. (▤ 31–35)

Schon bei den ersten groben Versuchen mit seiner radiometrischen Datierungsmethode konnte Rutherford das Alter eines norwegischen Steins auf 40 Millionen Jahre bestimmen. Vor dem Hintergrund dieser Entdeckungen ist es umso erstaunlicher, dass der 22. Oktober 4004 vor Christus als Geburtstag der Erde noch in den zwanziger Jahren des vergangenen Jahrhunderts in akademischen Kreisen ernsthaft diskutiert wurde. Noch musste fast ein halbes Jahrhundert vergehen, bis Rutherfords Idee so verfeinert war, dass dem Geochemiker Clair Patterson 1953 die historische Bestimmung des Erdalters durch die Messung des Uranzerfalls in einem Stein gelingen konnte. Allein die Entwicklung geeigneter Labortechniken und ausreichend sauberer Umstände für diesen entscheidenden Messvorgang hatte volle zwei Jahre Arbeit in Anspruch genommen. Dann aber stand das Ergebnis fest, das bis heute gültig ist: Die Erde ist 4,5 Milliarden Jahre alt. (MEt: 259–261)

Ernest Rutherford (1871–1937). Foto um 1915

Knabenregiment

Die Zeit ist ein Knabe, der spielt, hin und her
die Brettsteine setzt: Knabenregiment!
Heraklit

Zwischen August 1940 und dem Frühjahr 1941 flog die deutsche Luftwaffe schwere Angriffe auf Südengland und London, um die Lufthoheit für die geplante Invasion Englands zu gewinnen. Wer in diesen Schreckensmonaten in der Hauptstadt wohnte, konnte sich nicht mehr sicher fühlen. Auch Isobel Hawking hatte im Vorort Highgate Bekanntschaft mit der Zerstörungskraft der fliegenden Bomben gemacht, denn einmal explodierte eine in der Nähe des Hauses, in dem sie mit ihrem Mann Frank wohnte. Die Fenster zersprangen und die Glassplitter steckten wie Dolchspitzen in der gegenüberliegenden Wand. (SHW: 15) Zwar fielen während ihrer Schwangerschaft keine Bomben mehr, doch für sie und Frank stand fest, dass ihr erstes Kind im sicheren Oxford zur Welt kommen sollte. Denn es gab eine Absprache zwischen den kriegführenden Nationen, dass Oxford und Cambridge die Zerstörung erspart blieb, wenn die Royal Air Force im Gegenzug Göttingen und Heidelberg verschonte.

Isobel war mit ihren sechs Geschwistern in Glasgow aufgewachsen. Ihr Vater war Arzt und muss sehr fortschrittlich eingestellt gewesen sein, weil er seiner Tochter nicht ohne finanzielle Opfer ein Studium in Oxford ermöglichte. Denn in den 1930er Jahren waren Frauen an Universitäten noch längst keine Selbstverständlichkeit. Isobels Studienfächer waren Philosophie, Politik und Wirtschaftswissenschaften. Nach dem Studium arbeitete sie in Berufen, die ihr keinen Spaß machten, auch als Finanzbeamtin hielt sie es nur wenige Monate aus. Schließlich entschied sie sich dafür, als Sekretärin in einem medizinischen Forschungsinstitut zu arbeiten, auch wenn dies kaum ein Traumjob für eine Oxford-Absolventin sein konnte.

Wenn Isobels Familie schon nicht als wohlhabend galt, so wurde Stephens Vater Frank durch den materiellen Mangel in seinem Elternhaus in Yorkshire entscheidend geprägt. Es hieß, dass seine Eltern zu Beginn des 20. Jahrhunderts Bankrott gegangen waren, indessen reichten die Einnahmen offenbar aus, um Franks Studiengebühren zu bezahlen. Auch er ging nach Oxford, wie Jahre später seine zukünftige Frau. Frank studierte Medizin und spezialisierte sich auf Tropenkrankheiten. Bei Ausbruch des Zweiten Weltkriegs hielt er sich zu Forschungsarbeiten in Ostafrika auf und meldete sich als Freiwilliger zum Militärdienst. Die englischen Behörden aber schätzten seine Erfahrungen und Talente als Tropenmediziner höher ein und schickten ihn in das Forschungsinstitut, wo Isobel Briefe schrieb und Akten ordnete. (Bio: 15–17)

Eine Woche vor Stephens Geburt reiste Isobel Hawking allein nach Oxford. Sie verkürzte sich die Wartezeit im Krankenhaus mit der Lektüre eines astronomischen Atlasses, was viele Jahre später angesichts der Karriere ihres Sprösslings von einer ihrer Schwägerinnen als selbsterfüllende Prophezeiung interpretiert wurde.

Der 8. Januar 1942 ist nicht nur Stephen Hawkings Geburtstag, sondern auch der 300. Todestag Galileo Galileis. Dass Hawking diese Synchronizität später erwähnenswert fand, nährte die Vermutung von Kritikern, er sähe in dem Zu(sammen)fall der beiden Ereignisse eine sinnvolle Koinzidenz und betrachte sich selbst als Nachfolger des bedeutenden Wissenschaftlers. Diese Koketterie wurde ihm oft als Hybris ausgelegt. Auf seine Anhänger übt die Anekdote über die Koinzidenz von Geburts- und Todestag zweier großer Wissenschaftler eine gewisse Faszination aus, die zur Mythenbildung beiträgt. Wer sich hier amüsiert, liegt sicher richtig, wer aber an Schicksal und Vorbestimmung glaubt oder Hawking dergleichen unterstellt, ist selbst dafür verantwortlich. Vier Jahre nach der Veröffentlichung von *Eine kurze Geschichte der Zeit* kommentiert er selbst: *Ich schätze aber, dass noch ungefähr zweihunderttausend andere Kinder an diesem Tag geboren worden sind. Ich weiß nicht, ob sich eines von ihnen später für Astronomie interessierte.* (SHW: 16)

Isobel Hawking mit Stephen, 1942

Der kleine Stephen wuchs bis 1950 in einem Haus viktorianischen Stils auf, das seine Eltern während des Krieges im Londoner Akademikerviertel Highgate zu einem Schnäppchenpreis erworben hatten. Denn als die deutschen V2-Raketen ihre todverheißenden Parabeln am Himmel zwischen Usedom und London zogen, sanken die Immobilienpreise in London ins Bodenlose. Im zarten Alter von zweieinhalb Jahren sollte Stephen in einem Privatkindergarten seine ersten näheren Erfahrungen mit fremden Kindern sammeln, da seine gebildeten Eltern aus Büchern gelernt hatten, dass dies der rechte Zeitpunkt für soziale Kontakte sei. Doch der «Wizard Of Space» in spe brüllte am ersten Tag aus Leibeskräften, sodass Frank und Isobel ihn erst eineinhalb Jahre später wieder dort hinzuschicken wagten.

In der privaten Byron House School wurden andere Akzente gesetzt als in einer staatlichen Grundschule. Doch Stephen Hawking konnte von den als fortschrittlich geltenden Lernkonzepten offenbar nicht profitieren: *Ich weiß noch, dass ich mich bei meinen Eltern beklagte, man bringe mir dort nichts bei. Die Lehrer dieser Schule glaubten nicht an die damals üblichen Methoden, Kindern den Stoff einzutrichtern. Stattdessen sollten sie lesen lernen, ohne zu merken, dass es ihnen beigebracht wurde. Schließlich lernte ich doch lesen, aber erst, als ich bereits mein achtes Lebensjahr erreicht hatte.* (EiT: 13)

Trotzdem galt er bei Familienmitgliedern als außerordentlich mitteilungsfreudig und phantasievoll. Er erzählte gerne, und wenn manchmal die Begeisterung mit ihm durchging und seine Worte mit den Gedanken nicht mehr Schritt halten konnten, geriet er ins Stottern. Freunden der Familie waren Sprachstörungen vertraut, denn Stephens Vater Frank lispelte auffällig. Die wohlwollende Interpretation dieser Eigenarten lief darauf hinaus, dass man sie als Tribut der Sprache an die übermächtige Intelligenz von Vater und Sohn betrachtete. Andere wiederum amüsierten sich wenig respektvoll über das «Hawkinesisch» der beiden. (Bio: 19)

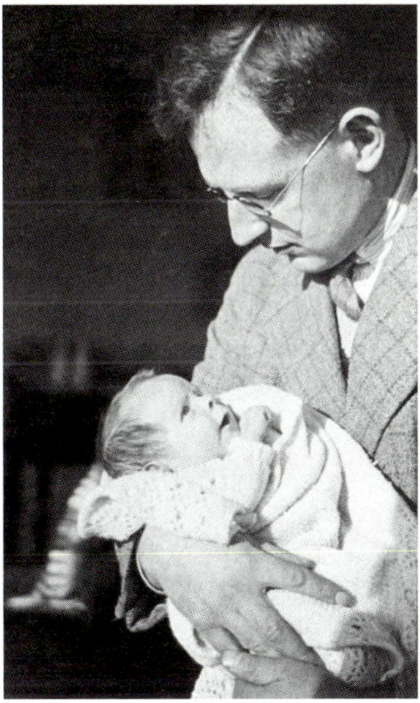

Frank Hawking mit Stephen, 1942

Die Geburt der eineinhalb Jahre jüngeren Schwester Mary stürzte Stephen anscheinend in beträchtliche primärnarzisstische Irritationen, ein Schicksal der Erstgeborenen. Die Spannungen zwischen Stephen und Mary setzten sich die ganze Kindheit hindurch fort. Erst im Erwachsenenalter besserte sich das Verhältnis zwischen den Geschwistern. Wesentlich freundlicher nahm Stephen im Alter von fünf Jahren die Geburt seiner zweiten Schwester Philippa auf. Mit ihr verstand er sich auf Anhieb blendend und hielt sie für klüger als sich selbst. Philippa galt als die Künstlerin unter den Geschwistern, während die beiden Älteren eher die naturwissenschaftlich Interessierten waren. Der adoptierte Edward wurde als Kleinkind in die Familie aufgenommen, als Stephen schon vierzehn war, sodass er in dessen Kindheit keine Rolle spielte. Er wurde

Die Geschwister Stephen, Philippa und Mary Hawking

später Bauunternehmer, während Mary, sehr zur Freude ihres Vaters, Medizin studierte und Ärztin wurde.

Frank Hawking war nach dem Krieg Leiter der Abteilung für Parasitologie am National Institute of Medical Research geworden. 1950 wurde das Forschungsinstitut in einem Neubau in Mill Hill untergebracht, einem Außenbezirk Londons. Da bot es sich an, in die Nähe zu ziehen. Deshalb kauften sich die Hawkings ein weiträumiges Haus in der Kleinstadt St. Albans. Auch für Stephen hatte dieser Umzug Vorteile. So war er seiner Lieblingscousine Sarah näher gekommen, die er nun häufiger im Nachbarort Harpenden besuchen konnte. Ihre Mutter war die Ärztin Janet Humphrey, Isobels Schwester.

Die Hawkings galten in dem kleinbürgerlichen Nest als exzentrisch. Für Stephens Schulkameraden eröffnete sich eine fremde Welt, wenn sie die satten Klänge von Wagneropern durchs Haus wabern hörten oder ein Familienmitglied beim Abendessen in ein Buch vertieft sahen. Auch Vater Franks eiserner Wille zur Sparsamkeit, der ihn dazu brachte, mit möglichst geringem Materialaufwand das stets renovierungsbedürftige Haus in Schuss zu halten, mochte zu diesem Eindruck beigetragen haben. Da mussten schon mal halbmorsche Latten genügen, um den wackligen Zaun zu stabilisieren. Eine Zentralheizung konnte man sich nicht leisten, ein neues Auto erst recht nicht, und über das billig erstandene Londoner Vorkriegstaxi, das in einer mit Stephens Hilfe selbst gezimmerten Wellblechgarage stand, tuschelten die Nachbarn hinter vorgehaltener Hand. (EiT: 18)

Die Arbeit an tropenmedizinischen Forschungsprojekten führte Frank Hawking regelmäßig jeden Winter für drei Monate nach Afrika, was in Schwester Mary den Eindruck hinterließ, «Väter seien wie Zugvögel. Zu Weihnachten waren sie da, und dann verschwanden sie, bis es wärmer wurde» (SHW: 27). Die Abwesenheit des Vaters wurde von den Kindern als selbstverständlich hingenommen, sodass sie eher geneigt waren, die winterliche Präsenz von Vätern in anderen Familien für eine Abweichung von der gesellschaftlichen Norm zu halten.

Als die Entscheidung näher rückte, welche weiterführende Schule der älteste Sohn besuchen sollte, kam für Frank Hawking nur eine Privatschule infrage. Ohne Mühe bestand Stephen die Aufnahmeprüfung für die St. Albans School. Doch fiel er dort zunächst keineswegs durch überdurchschnittliche Leistungen auf. Mutter Isobel machte sich sogar Sorgen, weil er anfangs auf einem der letzten Ränge seines Jahrgangs festklebte. Seine Intelligenz schien normal entwickelt zu sein, doch sein Ehrgeiz ließ offenbar sehr zu wünschen übrig. Wegen seiner miserablen Handschrift musste er regelmäßig ein Schönschreibheft führen. Ein ehemaliger Mitschüler erinnert sich (SHW: 35 f.), dass Stephen zu denen gehörte, die unter der Dusche gepiesackt und als Letzte in die Fußballmannschaften gewählt wurden, was ihm aber nicht viel auszumachen schien, da er sich stets als Kumpel erwies, der sich auch so zu amüsieren wusste. Seine Zukunftsaussichten wurden kontrovers diskutiert. Zwei seiner Freunde schlossen eine Wette um eine Tüte Bonbons ab, dass nie etwas aus ihm werden würde. Hawkings Kommentar, kurz nach der Veröffentlichung von *Eine kurze Geschichte der Zeit: Ich weiß nicht, ob diese Wette je entschieden wurde, und wenn, wer sie gewonnen hat.* (EiT: 20)

Doch Frank Hawking wollte höher hinaus und seinem Sohn unter allen Umständen den Besuch einer renommierteren Privatschule ermöglichen. Deshalb hatte er bereits die Westminster School ins Auge gefasst, die zu den besten im Land gehörte. Um allerdings die hohen Schulgebühren aufbringen zu können, brauchte Stephen unbedingt ein Stipendium. Als der Tag der Stipendienprüfung kam, lag er krank im Bett, und das Thema Westminster School hatte sich damit erledigt.

Im Rückblick erwies sich die St. Albans School für die Ansprüche des Vaters und die Zufriedenheit des Sohnes als eine sehr gute Wahl. Im dritten Schuljahr stieß der stets etwas linkisch wirkende Pennäler endlich in den Elitekreis der klügsten Schüler vor und bekam von seinen Kameraden den Spitznamen «Einstein» verpasst. Ein engagierter junger Lehrer namens Finley wusste die pubertierenden Jungen mit Tonband-

Das Haus der Hawkings in St. Albans

aufnahmen von Radiosendungen zu begeistern und würzte seine Diskussionskurse mit fortschrittlichen Themen wie nukleare Abrüstung und Geburtenkontrolle.

Stephen hatte inzwischen eine Gruppe von Freunden um sich versammelt, mit denen er sich regelmäßig traf. Man plauderte altklug über Guy de Maupassant, diskutierte über die brandheißen Romane von Aldous Huxley und William Golding und lauschte gemeinsam den Klassikprogrammen der BBC. In der zweiten Hälfte der fünfziger Jahre, der Rock 'n' Roll war längst auch in England etabliert, berauschten sie sich an Wiener Klassik. Zwischen gemeinsam erledigten Hausaufgaben und dem Basteln mehr oder weniger aerodynamischer Flugzeugmodelle kreisten die Gespräche um religiöse Fragen und den Sinn des Lebens.

Ein besonderes Faible entwickelte Stephen für Brettspiele. Das handelsübliche Monopolyspiel mit Schwester Mary wurde dem Zwölfjährigen schnell zu langweilig. Um es komplizierter zu machen, zeichnete er neue Linien auf das Brett und erfand zusätzliche Regeln. (SHW: 40) Doch was war ein ödes Monopolybrett im Vergleich zu einem selbst entworfenen Spielfeld auf Karton mit viertausend Quadraten, auf denen man ganze Armeen in den Krieg ziehen lassen konnte! Stephen entwarf immer weiter ausufernde Spiele und stellte hoch komplexe Regeln für ganze Fabriken und die dazugehörigen Aktienmärkte auf. «Dynasty» taufte er ein Ritterspiel, bei dem jeder Spieler eine eigene Dynastie mit Stammbaum repräsentierte. Mary hasste es, weil es nie beendet werden konnte, während Stephen es mit Inbrunst und heiligem Ernst zelebrierte. Manche dieser Spiele, für die er seine besten Freunde begeistern konnte, zogen sich über fünf bis sechs Stunden oder gar über eine ganze Woche hin. Seine eigene Motivation lag in der Herausforderung, die Dinge und Zusammenhänge wirklich zu verstehen.

Den Sportunterricht und die Rugbypflichtspiele am Samstagnachmittag ertrug der klein gewachsene Stephen mit stoischer Geduld, doch die vormilitärische Ausbildung, die in fast allen englischen Privatschulen auf dem Lehrplan stand, hasste er. Wer sich indessen weigerte, bei Eis und Schnee, Regen und Hitze uniformiert am Boden zu robben und auf dem Exerzierplatz den Befehlston hoch motivierter Mitschüler zu ertragen, wurde dazu gezwungen, durch schwere körperliche Arbeit die Vorliebe des Direktors für das klassische Altertum zu befriedigen und am Bau eines griechischen Theaters auf dem Schulgelände mitzuwirken. Stephen entschied sich gegen Spitzhacke und Schaufel und trat als «Gefreiter» bei den Fernmeldern an, wo sich seit jeher die sportlichen Versager und die Cracks in den naturwissenschaftlichen Fächern versammelten.

Als Vierzehnjähriger geriet er in Konflikt mit seinem Vater, weil er sich für die verbleibenden beiden Schuljahre, die auf ein entsprechendes Studium vorbereiteten, auf Mathematik und Physik konzentrieren wollte. Inzwischen war auch seinem Mathematiklehrer aufgefallen, dass er zu hervorragenden Leistungen in diesem Fach fähig war, ohne allzu viel dafür tun zu müssen. Frank aber wollte seinen Sprössling als künftigen Medizinstudenten sehen und versuchte daher, dessen Entscheidung zugunsten der Biologie zu beeinflussen. Doch Stephen ließ sich nicht umstimmen. Für ihn war es auch eine Frage des intellektuellen Ranges, denn so viel wusste er mit Sicherheit: Die intelligentesten Jungen wählten Mathematik und Physik. Biologie war ihm zu deskriptiv und nicht fundamental genug. Nach hitzigen Debatten lief der Kompromiss zwischen Vater und Sohn darauf hinaus, dass Stephen im letzten Schuljahr einen zusätzlichen Chemiekurs belegte, der ihn noch im Bannkreis der Medizin festhielt. So wurde die Frage nach dem endgültigen Studienfach auf das nächste Jahr vertagt.

Ein Blick zurück in die Zeit

Frank Hawking besaß ein Fernrohr, das alle Familienmitglieder gerne benutzten, um die Sterne zu betrachten. Bei Stephen aber waren im Alter von vierzehn oder fünfzehn Jahren auch die ersten Anzeichen einer rein intellektuellen Auseinandersetzung mit astronomischen Themen erkennbar. In der Schule hatte er von Edwin Hubbles Entdeckung Ende der 1920er Jahre erfahren, dass das Licht einer Galaxie umso stärker in den roten Bereich des Spektrums verschoben wird, je weiter sie vom Beobachter entfernt ist. Diese so genannte Rotverschiebung war demnach das Maß für die Distanz einer Galaxie vom Standort der Messung. Galaxien haben sich aus Gaswolken entwickelt und bestehen aus Milliarden von Sternen, Staub und Gas. Diese fernen Materieinseln treiben aber nicht etwa ziellos im leeren Raum dahin. Die Rotverschiebung zeigt, dass sie sich systematisch von uns Beobachtern hier auf der Erde fortbewegen – und zwar umso schneller, je weiter sie bereits von uns entfernt sind. Die Zunahme der Geschwindigkeiten deutete darauf hin, dass das Universum sich ausdehnte. Eine atemberaubende Erkenntnis mit unabsehbaren Folgen für Wissenschaft, Religion und Philosophie. Doch der Teenager Stephen Hawking zeigte – wie bei seinen Monopoly-Derivaten – erstaunlich früh einen Hang zur eigenwilligen Gestaltung und Interpretation von Beobachtungsdaten: *Aber ich war mir sicher, es müsse irgendeinen anderen Grund für die Rotverschiebung geben. Vielleicht ermüdete das Licht auf dem Weg zu uns und wurde röter. Ein im Wesentlichen statisches Weltall von ewiger Dauer erschien mir viel natürlicher.* (EiT: 21)

Wie war es zu Edwin Hubbles Jahrhundertentdeckung gekommen? Bereits 1676 hatte der dänische Astronom Ole Rømer festgestellt, dass das Licht keineswegs unendlich schnell den Weltraum durchquerte. Heute scheint uns diese Tatsache selbstverständlich zu sein, doch bis zu Rømers Zeiten hatten die Astronomen angenommen, das Licht eines Sterns träfe im selben Augenblick auf ihre Netzhaut, in dem er das Licht aussandte. In Wirklichkeit aber musste das Licht dieses Ereignisses erst viele Jahre aus den Tiefen des Alls heraus bis zur Erde reisen. Das aber bedeutete im Umkehrschluss: Je tiefer man ins Weltall hinausblickte, desto weiter schaute man zurück in die Vergangenheit des Universums.

Was hatte der Däne gesehen, dass er mit seiner Erkenntnis auf ein revolutionär neues Chronometer für kosmische Dimensionen gestoßen war? Für einen Umlauf um die Sonne braucht die Erde weniger Zeit als der weiter entfernte Jupiter. Rømer erkannte die Umlaufgeschwindigkeit des Jupitermondes Io als verlässliches Uhrwerk, mit dessen Hilfe er jederzeit Ios Standort bestimmen konnte. Und doch schwankte Ios Laufpräzision im Jahresrhythmus auf verdächtige Weise. Im Januar schien Io der erwarteten Umlaufbahn voraus zu sein, im Juli dagegen trödelte der Mond hinterher. Rømers Auflösung ist so einfach wie genial: Schuld war das Licht, das im Januar, wenn die Erde dem fünften Planeten so nah wie möglich rückte, weniger Zeit benötigte, um von Io zu Rømers Teleskop zu gelangen, als im Juli, dem Zeitpunkt der größten Entfernung der beiden Welten. Als Rømer nun die «Winterzeit» des Io-Lichtes von dessen «Sommerzeit» abzog, konnte er erstmals die Geschwindigkeit des Lichts annähernd bestimmen, da diese Strecke bereits mit der für damalige Verhältnisse optimalen Genauigkeit gemessen worden war. So kam er auf 224000 Kilometer pro Sekunde. (IGZ: 29)

Im Laufe des 18. Jahrhunderts wurden die Berechnungen präziser. Fachleute und Laien mussten erst einmal begreifen, dass sie mit dem Fernrohr, aber auch schon mit bloßem Auge zurück in die Zeit blicken konnten. Das Licht braucht vom Mond eineinhalb Sekunden zur Erde, vom Neptun immerhin schon vier Stunden. Wenn Sie selbst in diesem Augenblick in die Sonne schauen, sehen Sie das Licht, das sie einige Zeit zuvor abgestrahlt hat. Würde unser Zentralgestirn in diesem Augenblick explodieren, könnten Sie also in aller Ruhe noch acht Minuten und zwölf Sekunden weiterlesen, bevor Sie das grandioseste Feuerwerk aller Zeiten erlebten.

Die Astronomen mussten jetzt «nur noch» eine verlässliche Methode finden, um die Distanz zu den am weitesten entfernten sichtbaren Sternen zu messen. Denn wenn sie wüssten, in welcher Zeit das Licht der Himmelskörper zur Erde gelangt war, hätten sie en passant auch noch das Mindestalter des Universums herausgefunden.

Der deutschstämmige Astronom William Herschel hatte 1813 eine gute Idee, die aber leider auf den falschen Voraussetzungen aufbaute. Da mit zunehmender Distanz auch das Licht der Sterne blasser wurde, war er davon überzeugt, die Entfernungen zwischen den Sternen anhand der Abnahme ihrer Helligkeit messen oder zumindest gut schätzen zu können. Allerdings fanden die Forscher bald heraus, dass nicht alle Sterne die gleichen Eigenschaften hatten. Manche strahlten unglaublich viel heller als andere, sodass eine Entfernungsmessung, die allein das Kriterium der Helligkeit in Betracht zog, zum Scheitern verurteilt war.

Es sollte noch hundert Jahre dauern, bis die Wissenschaftlerin Henrietta Leavitt einen Sternentyp fand, dessen absolute Helligkeit sie aus bestimmten Eigenschaften ableiten konnte. Leavitt wertete im Observatorium der Harvard University Aufnahmen von der Kleinen Magellanschen Wolke aus. Dabei entdeckte sie so genannte Cepheide, das sind Sterne mit besonders hoher Leuchtkraft. Die Cepheiden durchlaufen zuverlässig berechenbare Perioden zwischen aufeinander folgenden Helligkeitsmaxima. Mit bewundernswerter Geduld und einem Gespür für das Besondere stellte Leavitt eine konstante mathematische Beziehung zwischen Periode und Helligkeit fest. Die Leuchtkraft der Cepheiden nimmt nämlich mit wachsender Periode zu. «Sind zwei Cepheiden am Himmel in ihrem Maximum gleich hell, so ist derjenige mit der längeren Periode weiter entfernt als der mit der kürzeren. Auf diese Art und Weise können wir also nur durch die Messung einer Periodenlänge Entfernungen im Universum bestimmen.» (🖳 3)

Oder anders formuliert: Alle Cepheiden mit derselben Periodenlänge haben die gleiche Leuchtkraft. Wenn einer von ihnen schwächer erscheint, dann liegt es daran, dass er weiter entfernt ist. Henrietta Leavitt hatte also die Leuchtkraft der Cepheiden als ein universelles kosmisches Messinstrument entdeckt, mit dem die Astronomen nun endlich über die Grenzen des eigenen galaktischen Territoriums hinaus die Entfernungen zwischen Sternen präziser messen und damit dem wahren Alter des Universums näher kommen konnten.

In den 1920er Jahren forschte Edwin Hubble, der eine Karriere als Schwergewichtsboxer zugunsten der Astronomie aufgegeben hatte, an der Mount-Wilson-Sternwarte, 2000 Meter über der kalifornischen Stadt Santa Barbara an der Pazifikküste. Vor ihm lagen 4000 Meilen Ozean. Das bedeutete staubfreie Luft ohne Turbulenzen über einem 30 Zentimeter starken und fünf Tonnen schweren Parabolspiegel aus massivem Glas mit einem Durchmesser von zweieinhalb Metern. Allein das Schleifen des Spiegels hatte fünf Jahre in Anspruch genommen. Das darüber aufgehängte Teleskop wog über hundert Tonnen und konnte dank eines raffinierten Mechanismus mit einer einzigen Hand bewegt werden. Mit diesem Hightech-Instrument fand Edwin Hubble den Schlüssel zum Universum.

1923 war die Frage nämlich noch offen, ob die Milchstraße das gesamte Universum darstellte oder ob es nicht viele Tausende, wenn nicht gar Millionen von Galaxien gäbe. In einer Oktobernacht dieses Jahres stieß Hubble auf Cepheiden im Andromedanebel und konnte mit Hilfe der bekannten Beziehung zwischen Helligkeit und Entfernung nachweisen, dass Andromeda nicht in der Milchstraße lag, sondern eine selbständige Galaxie ist, eine Million Lichtjahre von unserer Heimatgalaxie entfernt. Weitere Cepheidenfunde in anderen Spiralnebeln folgten und ließen die Zahl der Galaxien im Universum steigen. Ein Jahr später war Hubble davon überzeugt, dass es Milliarden von Galaxien geben müsse. Doch wenn manche Sterne viele Millionen Lichtjahre entfernt waren, dann musste das Universum nicht nur enorm groß, sondern auch unermesslich viel älter sein, als man bisher für möglich gehalten hatte. (MEt: 222)

Zehn Jahre zuvor hatte der Astronom Vesto Slipher herausgefunden, dass die Nebel mit erstaunlichem Tempo durchs Weltall jagen. Er hatte dies mit einer Methode entdeckt, die

Die Milchstraße

man Spektroskopie nennt. Entfernt sich ein Objekt von einem Beobachter, verlängert sich die Wellenlänge seines Lichts. Sie verschiebt sich dann in den roten Bereich des sichtbaren Spektrums. Kommt umgekehrt ein Licht aussendendes Objekt auf den Beobachter zu, erscheint dessen Licht blauer als üblich. Wenn nun das Licht einer Galaxie durch das Prisma eines Spektroskops geleitet wird, kann man daraus auch indirekt die Veränderung der Wellenlänge ableiten und die Geschwindigkeit erhalten, mit der sich die Galaxie bewegt. Sliphers Spektralanalysen ergaben, dass sich die Spiralnebel mit Spitzengeschwindigkeiten bis zu 1100 Kilometer pro Sekunde von der Erde fortbewegten.

Niemand hatte eine Ahnung, was die Ursache dafür sein konnte, bis Edwin Hubble die Untersuchung der Beziehung zwischen Entfernung und Rotverschiebung zur Chefsache machte. Gemeinsam mit seinem vielseitigen Assistenten Milton Humason, der sich sogar schon als Eseltreiber bewährt hatte – die Tiere schleppten Bauteile für das Teleskop auf den Berg – und sich schließlich als exzellenter Cepheidenjäger erwies, machte er sich an die Arbeit. Im Winter durfte die Observatoriumskuppel nicht geheizt werden, da sonst die Turbulenzen in der Luft die Sicht verdorben hätten. Also zitterten sich die beiden Männer durch die kalte Jahreszeit und legten im Januar 1929 Spektren und Entfernungen für 24 Galaxien vor. Darunter war auch der Virgohaufen, schätzungsweise 6,5 Millionen Lichtjahre entfernt. «Alle weit entfernten Galaxien wiesen Rotverschiebungen auf und bewegten sich mit zunehmender Geschwindigkeit von der Milchstraße fort. Als Hubble Geschwindigkeit und Entfernung jeder Galaxie in ein Diagramm einzeichnete, erhielt er eine gerade Linie. Ein bemerkenswertes Ergebnis. Eine Galaxie, die doppelt so weit entfernt war wie eine andere, schien auch zweimal so schnell unterwegs zu sein, während bei dreifacher Entfernung sich auch das Tempo verdreifachte ...» (MEt: 230)

Für Hubble und Humason hatte sich das Frieren auf dem Berg gelohnt. Mit ihren Erkenntnissen hatten sie die Vorstellung von einem statischen, ewigen Universum gekippt. Wie tief diese Idee unter den Kosmologen verwurzelt war, zeigt der Fall Albert Einstein. Der war von der zeitlichen Unveränderlichkeit des Universums so überzeugt, dass er sogar Hand an seine gefeierte Allgemeine Relativitätstheorie legte. Erst mit Hilfe eines kleinen, nachträglich eingeführten Zusatzgliedes (▤ 74) war es dem Meister gelungen, innerhalb seiner Theorie ein stati-

Edwin Hubble (1889–1953) entdeckte die Expansion des Universums.

sches Universum zu modellieren. Mit Hubbles Entdeckung war Einsteins Modell vom Tisch. Die Allgemeine Relativitätstheorie war deshalb aber nicht falsch. Im Gegenteil, es zeigte sich, dass ein expandierendes Universum sich als natürliche Konsequenz aus der Theorie ergibt. Entsprechende Lösungen hatten ein russischer Mathematiker und ein belgischer Priester-Astronom bereits gefunden. Alexander Friedmann und Georges Lemaître hatten die Einstein'schen Feldgleichungen auf ihre Weise korrekt gelöst und ein expandierendes Universum als Ergebnis erhalten. Und das war die Ursache für Hubbles Rotverschiebungen. Mit einem enorm wichtigen Unterschied: Es waren nicht die Galaxien, die durchs All rasten, sondern es war der Raum selbst, der sich ausdehnte. (🕮 EHu)

Hubble und Humason hatten eine Jahrhundertentdeckung gemacht. Ein expandierendes Universum konnte nicht ewig gleich geblieben sein, sondern musste eine Evolution durchlaufen haben, eine Geschichte, deren Zeitspanne man genauer würde messen können. Denn nun wusste man ja, wie schnell die Galaxien sich voneinander fortbewegten. Vorausgesetzt, die Expansionsrate war immer gleich geblieben, konnte das Universum höchstens 2 Milliarden Jahre alt sein. Aber die Geologen, die mit der radiometrischen Datierungsmethode von Ernest Rutherford arbeiteten (▤ 12 f.), schätzten zu Beginn der 1930er Jahre das Alter der Erde bereits auf drei bis vier Milliarden Jahre. Und das Universum konnte ja wohl kaum halb so alt sein wie die Erde.

Alles ist relativ

Die Lichtgeschwindigkeit spielt eine entscheidende Rolle bei der Suche nach den Maßstäben von Zeit und Raum. Denn wie wir gerade gesehen haben, können wir die Größe des Universums und den Anfang der Zeit bestimmen, indem wir die Spanne messen, die das Licht benötigt, um von fernen Sternen zu uns zu gelangen. Dazu müssen wir aber wissen, wie schnell genau das Licht nun eigentlich ist. Die erste Schätzung legte im 17. Jahrhundert Ole Rømer vor, als er «Januarzeit» und «Julizeit» des Lichts vom Jupitermond Io miteinander verglich und wusste, dass die Differenz genau der um dem Durchmesser der Erdumlaufbahn verlängerten Laufstrecke des Lichts entsprach. So kam er auf 224 000 Kilometer pro Sekunde. (💻 4)

Als James Clerk Maxwell in den 70er Jahren des 19. Jahrhunderts elektrische und magnetische Wechselwirkungen untersuchte, stellte er fest, dass seine Gleichungen eine ganz besondere Art von Lösungen zuließen: elektromagnetische Wellen, die sich mit knapp 300 000 Kilometer pro Sekunde im Raum ausbreiteten. Damit entspricht ihre Ausbreitungsgeschwindigkeit aber gerade der Lichtgeschwindigkeit. Also, schloss Maxwell, mussten seine Wellen so etwas wie Licht sein. Inzwischen wissen wir, dass es noch andere elektromagnetische Wellen als die des sichtbaren Lichts gibt. Ultraviolettes Licht sowie Röntgen- und Gammastrahlen können wir nicht mit den Sinnen wahrnehmen, ihre Effekte aber sehr wohl mit speziellen Detektoren nachweisen. Ihre Wellen sind kürzer als die des Lichts, während Mikrowellen und Radiowellen länger sind. Alle diese Wellen breiten sich mit knapp 300 000 Sekundenkilometern aus. Sonnenlicht ist nicht rein, sondern ein Farbengemisch. Wie Isaac Newton in einem der berühmtesten Versuche der modernen Naturwissenschaft zeigte, lässt sich das Licht in die verschiedenen Farben des Spektrums aufteilen. Rotes Licht und blaues Licht sind insofern rein zu nennen, als sie nicht weiter zerlegbar sind. Im Jahr 1887 führten der amerikanische Physiker Albert Michelson und sein Landsmann, der Chemiker Edward Morley, ein Experiment durch, das alle bisher gehegten Vorstellungen über relative Bewegungen und Geschwindigkeiten über den Haufen werfen sollte. Sie konstruierten einen Apparat, mit dem sich ein Lichtstrahl aufteilen und je zur Hälfte nach Norden und Osten schicken ließ. Über zwei Spiegel wurde er dann wieder in die Versuchsanordnung zurückgeholt. Ihre Überlegung: Der Apparat bewegt sich mit der Erde auf deren Umlaufbahn um die Sonne, also mit 30 Kilometer pro Sekunde, durch den Raum. Das Licht ist 300 000 km/s schnell. Der parallel zur Erdbewegung reisende Strahl müsste also länger brauchen als das senkrecht zur Erde verlaufende Licht. Allerdings ergab sich aus den Messungen von Michelson und Morley, dass die Bahngeschwindigkeit der Erde keineswegs die Ausbreitung des Lichts beeinflusste. Vielmehr schien das Licht stets mit der gleichen Geschwindigkeit voranzukommen, ganz gleich, in welche Richtung es sich ausbreitete oder wie schnell sich die Lichtquelle bewegte. (Nus: 14–16) Aber welche Konsequenzen hatte diese erstaunliche Entdeckung für die klassische Auffassung vom absoluten Raum und der universellen Zeit?

In den ersten Jahren des 20. Jahrhunderts war ein junger Staatsbeamter im Berner Patentamt neben seiner Routinearbeit noch Lehrstuhlinhaber der kompaktesten und produktivsten physikalischen Fakultät der Welt. Sie bestand aus der obersten Schublade seines Schreibtisches, in der er seine Entwürfe für wissenschaftliche Aufsätze deponierte. Im Sommer 1905 veröffentlichte er eine dieser Arbeiten. Sie sollte eine Revolution in der Physik auslösen. Die Konstanz der Lichtgeschwindigkeit für unterschiedlich schnell bewegte Beobachter machte nur Sinn, so schrieb Albert Einstein, wenn man auf das Newton'sche Konzept der absoluten Zeit verzichtete. Jeder Mensch habe seine individuelle Zeit, sodass zwei unterschiedlich schnell sich bewegende Beobachter nicht dieselbe Distanz zwischen zwei Punkten messen werden.

Für einen Physikstudenten in Cambridge etwa, der unentschlossen über den Universitätscampus schlendert und nur noch den kühlen Luftzug von Stephen Hawkings elektrischem Rollstuhl an seinem Arm bemerkt, hat der zu seinem Seminar eilende Physikprofessor in den nächsten drei Sekunden zehn Meter zurückgelegt, während er selbst nur drei Schritte vorangekommen ist. Für einen Beobachter dieses Vorgangs, der mit dem neuesten Taschenteleskop auf dem hypothetischen Planeten «Quantumjazz» in einer Nachbargalaxie der Milchstraße steht, hat der mobile Hawking aber womöglich das Äquivalent der Strecke Paris–Peking bewältigt, weil sich im Bezugssystem des «Quantumjazz»-Bewohners in diesen drei Sekunden ja auch noch die Erde um die Sonne und die Sonne um die Milchstraße und die Milchstraße um das außergalaktische Sonnensystem des Planeten «Quantumjazz» gedreht hat und alle zusammen dabei insgesamt eine Strecke zurückgelegt haben, die der Entfernung zwischen der französischen und chinesischen Hauptstadt entspricht. Wer aber andere Entfernungen misst, kommt auch zu anderen Zeitresultaten, vorausgesetzt, man ist sich grundsätzlich über die Lichtgeschwindigkeit einig. Alle anderen Geschwindigkeiten sind relativ und alle Bezugssysteme gleichberechtigt.

Wir Menschen bewegen uns im Raumschiff Erde mit einer Geschwindigkeit von 30 Kilometer pro Sekunde durch den Raum und um die Sonne. Da diese Bewegung konstant ist, dürfen wir uns nach Einsteins Theorie näherungsweise als ruhend betrachten. Deshalb gehorchen alle in Bewegung befindlichen Objekte in unserem speziellen Bezugssystem den Newton'schen Gesetzen, und die Lichtgeschwindigkeit «c» über- oder unterschreitet niemals ihren Wert von knapp 300 000 km/s.

Allerdings ist auch «jeder, der sich mit konstanter Geschwindigkeit zu [uns] [...] bewegt, ebenfalls zu der Aussage berechtigt, er befinde sich im Ruhezustand. Alle Objekte in seinem Labor gehorchen, wie er feststellen wird, den Newton'schen Gesetzen, während Messungen der Lichtgeschwindigkeit stets den Wert von c ergeben [...].» (Bio: 41)

Nichts im Universum ist schneller als das Licht, und jede andere Bewegung ist relativ. Das ist die erste Aussage der Speziellen Relativitätstheorie. Selbst bei technisch überlegenen Zivilisationen wäre das Scheinwerferlicht eines mit 3600 Sekundenkilometern auf den Cambridger Campus zurasenden «Quantumjazz-Ufos» nicht etwa 303 600 Sekundenkilometer schnell, sondern kommt nie über knapp 300 000 km/s hinaus.

Der quadrierte Wert der Lichtgeschwindigkeit c ist auch Bestandteil von $E = mc^2$, der wohl berühmtesten Formel der Welt. Sie ist die unmittelbare Schlussfolgerung aus der Speziellen Relativitätstheorie und der Schlüssel zum Atomzeitalter. Dabei steht E für Energie, m für Masse und c für die Lichtgeschwindigkeit. Und das bedeutet: Eine geringe Masse lässt sich in enorme Energiemengen verwandeln. Der Faktor c ist mit seinen 300 000 Kilometer pro Sekunde für sich allein genommen schon eine imposante Größe. Aber in dieser speziellen Gleichung ist die Lichtgeschwindigkeit sogar noch mit sich selbst multipliziert. Dieser ungeheure Wert gewinnt in der Konstellation mit Masse und Energie noch an Brisanz. Bei geeignetem Ausgangsmaterial und zündendem Arrangement war auf kleinstem Raum eine unvorstellbare Raserei zu erwarten, eine fatale Entfesselung von Kräften. Ihre unmittelbare praktische Anwendung durch die Atombombe bestätigte 1945 Einsteins Formel. Tatsächlich konnte eine grapefruitgroße Menge Plutonium eine bis dahin unvorstellbare zerstörerische Energie freisetzen.

In den Teilchenbeschleunigern des Europäischen Kernforschungszentrums CERN bei Genf wird Albert Einsteins berühmte Formel $E = mc^2$ täglich neu bestätigt. Mit annähernder Lichtgeschwindigkeit «c» sausen die Teilchen aufeinander zu, wobei ihre Masse stetig anwächst.
Beim Zusammenprall wird schließlich aus der Bewegungsenergie «E» neue Materie «m» erzeugt.

Erkennt man die Konstanz der Lichtgeschwindigkeit an, muss man aber auch seltsame relativistische Effekte in Kauf nehmen. Dramatisch langsamer gehende Uhren und die Zunahme der Masse von bewegten Objekten treten jedoch erst dann auf, wenn sie mindestens zehn Prozent der Lichtgeschwindigkeit erreicht haben. Dann allerdings sagt die Spe-

Albert Einstein als Beamter in Bern

zielle Relativitätstheorie voraus, dass sich Objekte in Richtung ihrer Bewegung zusammenziehen und von einem ruhenden Beobachter als kürzer gemessen werden.

Dass Uhren bei zunehmender Geschwindigkeit minimal langsamer laufen, ist in den letzten Jahrzehnten immer wieder bewiesen worden, indem äußerst genaue Cäsiumatomuhren an Bord von Flugzeugen gebracht und mit Uhren auf der Erde verglichen wurden. (💻 5) Dieses eindeutige Messergebnis hat aber schockierende Konsequenzen, denn je näher ein Raumschiff der Lichtgeschwindigkeit käme, umso zäher würde die Zeit für einen Beobachter von außen fließen. Theoretisch müssten die Uhren also stehen bleiben, wenn man die Lichtgeschwindigkeit erreichte. Und wenn man sie überschritte? Könnte man dann in der Zeit zurückgehen? Wären Zeitreisen möglich? (▤ 143–145)

Die Spezielle Relativitätstheorie beschreibt also im Wesentlichen die Hochgeschwindigkeitsphysik elektromagnetischer Strahlung in Verbindung mit den Newton'schen Bewegungsgleichungen. Eine weitere umwälzende Erneuerung des physikalischen Weltbildes ergab sich aus der Frage, warum als einzige Konstante, auf die sich alle konstant bewegten Beobachter in einem relativ gewordenen Universum einigen können, ausgerechnet die Lichtgeschwindigkeit übrig blieb. Diese Größe musste eine überragende Bedeutung haben, die bisher noch nicht erkannt worden war. Nun stellt ja eine Geschwindigkeitsangabe beispielsweise mit Kilometer- und Sekundenwerten eine definitive Beziehung zwischen Raum und Zeit her. Die Lichtgeschwindigkeit ist deshalb hervorragend geeignet, Entfernungen im Raum mit Abständen in der Zeit zu vergleichen. Also arbeitete Einstein die Spezielle Relativitätstheorie als ein System von Gleichungen aus, das Längen- und Zeitmessungen zusammenfasste. Er machte ein für alle Mal Schluss mit der universellen Zeit Newtons und verknüpfte sie mit den drei Dimensionen des Raumes zum vierdimensionalen Raumzeitkontinuum. Inzwischen sind die Physiker so weit, dass sie die Zeit präziser messen können als Entfernungen im Raum. Deshalb wird als neue Längeneinheit die Lichtsekunde verwendet, weil dann ausnahmslos alle Beobachter im Universum, auch in den unterschiedlichsten Bezugssystemen und selbst auf dem Planeten «Quantumjazz», zu den gleichen Messergebnissen kommen werden. Die Lichtsekunde ist die Entfernung, die das Licht in einer Sekunde zurücklegt. Sie beträgt knapp 299 793 Kilometer.

Einsteins Essay von 1905, in dem er den Bruch mit dem Newton'schen Universum vollzog, war jedoch erst der Startschuss zu einer einzigartigen wissenschaftlichen Karriere. (🕮 Eam) Die Lichtgeschwindigkeit als Vermittlerin zwischen Raum und Zeit hatte zu dem gewöhnungsbedürftigen Konzept der Raumzeit geführt. In diesem mutigen Schritt zu einem vierdimensionalen Universum schlummerte aber bereits das Potenzial für eine völlig neue Theorie der Schwerkraft, zu deren Ausarbeitung Einstein noch einmal zehn Jahre benötigte.

Auf wessen Schultern stand Einstein, als er die Schwerkraft neu interpretierte? Es war kein Geringerer als Isaac Newton selbst. Aristoteles war 2500 Jahre zuvor zwar davon überzeugt gewesen, dass der vom Baum zur Erde fallende Apfel – wie alle Dinge auf Erden – der Schwerkraft unterliege, war jedoch nicht auf die Idee gekommen, dass die Planeten womöglich von derselben Kraft auf ihren Bahnen gehalten werden. Erst Isaac Newton lüftete anscheinend das Geheimnis: Alle Dinge ziehen sich an. Jedes Teilchen im Universum spürt die Schwerkraft. So möchte der Mond wohl gern auf einer geraden Spur durchs Weltall ziehen. Doch er fühlt die Anziehungskraft der Erde und «fällt» in jedem Augenblick seiner Existenz zu ihr hin. Dadurch wird seine Bahn zu einem unausweichlichen ewigen Kreisen um die Erde herum abgelenkt. Aber auch die Erde fällt buchstäblich – genau wie der zur Erde hin beschleunigte Apfel – auf die Sonne zu. Sie teilt also das gleiche «Schicksal» mit dem Mond und allen anderen Planeten.

Newton fand nun das hinter der Schwerkraft stehende mathematische Gesetz heraus. Demnach gibt es ein festes Verhältnis zwischen der Entfernung eines Planeten von der Sonne und der auf ihn wirkenden Kraft. Bei doppelter Entfernung wirkt nur noch ein Viertel der Kraft auf ihn ein, bei dreifachem Abstand nur noch ein Neuntel und so weiter. Ob Birnen, Pflaumen, Bungee-Springer oder der Jupitermond Io: Alles gehorcht dem gleichen universellen Gesetz.

Was genau ist nun diese mysteriöse Kraft, die angeblich über so große Entfernungen wie den Abstand zwischen Sonne und Erde wirkt? Oder, um bei Newtons berühmtem Apfel zu bleiben: Ist es wirklich die Erde selbst, die da am reifen Obst zieht und zerrt? Einstein konnte nach der Ausarbeitung der Speziellen Relativitätstheorie mit Newtons Interpretation der Schwerkraft als einer über astronomische Entfernungen hinweg wirkenden Kraft keineswegs zufrieden sein. Wie käme denn auch eine solche Verbindung zustande? So sind zum Beispiel Radio- und Fernsehsignale oder E-Mails sehr schnelle Kommunikationsmittel, können aber einen Lichtstrahl nie einholen, gibt die Astrophysikerin Janna Levin in ihrem lesenswerten Buch «How The Universe Got Its Spots» zu bedenken. Keine Masse und keine Information wird sich jemals schneller als mit Lichtgeschwindigkeit fortbewegen können.

Um etwas so universell Alltägliches wie irdisches Fallobst zu produzieren, muss man den Gesetzen von Ursache und Wirkung genügen. Und die sind von der Lichtgeschwindigkeit abhängig. Da mutet die Definition einer Naturgröße, die auf unerklärlicher, überlichtschneller Sofortfernwirkung beruht, etwas seltsam an. Sir Isaac Newton hatte zwar 1666 die mathematischen Regeln der Schwerkraft entdeckt, doch ihre wahre Natur noch nicht erklären können.

Sir Isaac Newton (1643–1727). Anonymes zeitgenössisches Gemälde. Cambridge, Trinity College

Die Schwerkraft, auch Gravitation genannt, und Einsteins Spezielle Relativität wollten sich also nicht vertragen. Deshalb arbeitete der ehemalige Patentbeamte eine neue Theorie aus, in der die Gravitation nicht zu der Speziellen Relativität in Widerspruch geriet. Er ersetzte den Begriff der Kraft durch die geometrische Vorstellung einer gekrümmten Raumzeit. Damit war die Schwerkraft zu einer geometrischen Funktion geworden. Wenn man die Gravitation als ein Feld betrachtet und sich die Masse eines Körpers, die die Raumzeitkrümmung bewirkt, als elektrische Ladung vorstellt, dann ergibt sich dieser Vergleich: «Eine elektrische Ladung erzeugt ein elektrisches Feld um sich herum, dessen Stärke in Beziehung zur Größe der Ladung steht. Wie die elektrische Ladung, erzeugt auch die Masse ein Feld in Form eines gekrümmten Raums in ihrer Umgebung: ein Gravitationsfeld analog zum elektrischen Feld. Der leere Raum ist flach, aber in der Gegenwart von Masse oder Energie irgendeiner Art, etwa eines Sterns wie unsere Sonne, krümmt sich der Raum in ihrer Umgebung, und die Zeit dehnt sich aus.» (HUS: 45)

Newtons Apfel wird nicht mehr von der Erde direkt angezogen, sondern zu ihr hin beschleunigt. Die Masse der Erde krümmt die Raumzeit in ihrer Umgebung, sodass der Apfel entlang dieser Raumzeitkurve zur Erde hin fällt. Entsprechend krümmt die Sonnenmasse die Raumzeit derart stark, dass die Erde «zur Sonne fällt» und sie umkreist.

Die gekrümmte Raumzeit gehört demnach in eine andere geometrische Kategorie als etwa die von Architekten und Landschaftsgärtnern angewandten Berechnungen für die Winkel von Dachschrägen oder den barocken Schwung eines kommunalen Stiefmütterchenbeetes. In dieser vertrauten oder auch «euklidisch» genannten Geometrie ist der kürzeste Abstand zwischen zwei Punkten eine Gerade. Die Winkelsumme eines Dreiecks beträgt verlässlich 180 Grad, der Umfang eines Kreises ist immer Pi mal Durchmesser, und alle Eigenschaften des physikalischen Raumes, wie wir ihn im Alltag erleben, lassen sich anhand der euklidischen Theoreme verstehen.

In der «nichteuklidischen» Geometrie der Raumzeitkrümmung aber werden aus den Punkten der euklidischen Ebene verschiedene Ereignisse, die nicht nur räumlich, sondern auch zeitlich voneinander getrennt sind. Das 180-Grad-Dogma der Dreieckswinkelsumme gerät auf einer Kugeloberfläche zwangsläufig ins Wanken. Und da die Gravitation ein Teilaspekt dieser vierdimensionalen Geometrie ist, beeinflusst sie auch Zeit- und Entfernungsmessungen.

Hatte Einstein in seiner Speziellen Relativitätstheorie bereits bewiesen, dass in Bewegung befindliche Uhren langsamer ticken, fand er bei der Entwicklung der Allgemeinen Relativitätstheorie heraus, dass die Zeit im Gravitationsfeld eines schweren Körpers ebenfalls langsamer vergeht. Die Auswirkungen sind zwar nur minimal, aber zum Beispiel mit einer Cäsiumatomuhr (📄 11) nachweisbar.

In einem Experiment wurde so ein Präzisionsinstrument aus der Physikalisch-Technischen Bundesanstalt (PTB) in Braunschweig hoch auf den Nordturm des Kölner Doms gebracht und nach Ablauf einer Woche mit der Referenzuhr im 80 Meter tiefer gelegenen Braunschweig verglichen. Tatsächlich war das in luftiger Höhe aufgestellte Normgerät zur Herstellung und Überwachung der deutschen Zeit um 7 Nanosekunden (Milliardstel Sekunden) schneller gelaufen als die näher im Wirkungsbereich des Erdgravitationsfeldes positionierte PTB-Uhr. (💻 5) Unsere Intuition mag uns eingeben, alle Uhren gingen gleich, denn schließlich muss ja auch eine ganze Woche verstreichen, damit man einen nicht wahrnehmbaren Unterschied von 7 Milliardstel Sekunden messen kann. Aber der Effekt findet tatsächlich statt.

Die Raumzeitkrümmung ist eine Säule im Gebäude der Allgemeinen Relativitätstheorie, eine weitere ist das Äquivalenzprinzip. In diesem Zusammenhang wird meist die Anekdote erzählt, Einstein sei zu seiner neuen Deutung der Gravitation durch die plötzliche Intuition angeregt worden, ein vom Dach fallender Mensch spüre die Schwerkraft nicht. Eine zweite Version dieser Geschichte spricht von einer Person, die in einem abstürzenden Fahrstuhl steckt und dabei keine Kraft auf sich wirken fühlt. Beide Situationen beschreiben im Prinzip das Gleiche. Man könnte sie als Einsteins katastrophisches Pendant zu Newtons Apfel bezeichnen.

Täglich spüren wir beim Gehen den Widerstand des Erdbodens, sodass wir den Eindruck haben, die Gravitation ziehe uns zum Erdmittelpunkt hin. Das gleiche Prinzip erleben wir im Fahrstuhl. Wenn wir nach oben fahren, drückt uns die Aufwärtsbeschleunigung gegen den Fußboden der Kabine, ja, der Boden scheint uns regelrecht entgegenzukommen und wir fühlen uns ein bisschen schwerer. Einstein erkannte diese beschleunigte Bewegung als gleich bedeutend mit der Gravita-

Die Masse der Sonne (A) verwirft die Raumzeit in ihrer Nähe. Dadurch wird das Licht eines fernen Sterns (B), das dicht an der Sonne vorbeikommt, abgelenkt. Auf der Erde (C) entsteht der Eindruck, es treffe aus einer anderen Richtung (D) ein.

tion und nannte diesen Zusammenhang Äquivalenzprinzip. (Nus: 24 f.)

Und welche Idee kam Einstein bei der Vorstellung eines abstürzenden Fahrstuhls? Laut Galilei fallen Objekte von verschiedener Masse mit der gleichen Beschleunigung. Im freien Fall zwischen dem vierten Obergeschoss und dem Heizungskeller eines Kaufhauses schweben demnach der 80 Kilo schwere Manager, sein Notebook, die 400-Kilo-Palette mit dem neuen Buch von Stephen Hawking, zwei Tafeln Schokolade und eine Thermoskanne Kaffee schwerelos in der Kabine wie im Weltraum, bis sie, unabhängig von ihrer Masse, gleichzeitig auf den erstbesten Widerstand treffen, was in diesem Fall mit hoher

Wahrscheinlichkeit der Kellerfußboden sein dürfte. Während des Absturzes spürt keines dieser Objekte irgendeine Kraft auf sich wirken. Die Gravitation meldet sich bei ihnen erst in dem Augenblick, wenn ihnen der nach oben beschleunigte Fußboden entgegengekommen ist.

Die Gravitation ist also beschleunigte Bewegung. Auch auf den drei Metern freien Falls zwischen dem Ast des Apfelbaums und der Wiese wirkt auf den Apfel keine Kraft ein. Er folgt dem Pfad entlang der gekrümmten Raumzeit, bis ihm die nach oben beschleunigte Wiese entgegenkommt. Nun darf man sich aber nicht vorstellen, dass die Erde bei jedem Fall eines Apfels wie ein Ballon anschwillt und dem Fallobst in entgegenkommender Weise einen Tritt versetzt. Diese Aussage macht nur Sinn, wenn man eine durch die Masse der Erde verursachte Raumzeitkrümmung voraussetzt. (ZEU: 107)

Eine weitere Konsequenz, die sich aus Einsteins neuer Schwerkrafttheorie ergab, war die Einwirkung des Gravitationsfeldes auf das Licht. Im Rahmen seiner neuen Erkenntnisse über Raum, Zeit und Licht gelangte Einstein zu dem Schluss, dass ein Lichtstrahl von der gekrümmten Geometrie in der Nähe eines schweren Körpers abgelenkt werde. Gemeinsam mit dem Astronomen Erwin Freundlich sann er über eine Verifizierungsmethode seiner Idee nach. Da selbst die Masse des Jupiters zu gering war, um den Lichtablenkungseffekt mit irdischen Instrumenten messen zu können, bot sich die tausendmal schwerere Sonne an.

Einsteins Berechnungen ergaben einen bestimmten Abweichungswinkel in unmittelbarer Nähe des Sonnengravitationsfeldes. Eine experimentelle Bestätigung dieser Größe hätte Einstein zum neuen «Master of the Universe» gemacht. Aber wie sollte man wohl das Licht eines fernen Sterns in Sonnennähe beobachten können, wenn das Zentralgestirn jede andere Lichtquelle in den Schatten stellte? Aus dem Briefwechsel der beiden Wissenschaftler (GöF: 90f.) geht hervor, dass Einstein zuvor bereits selbst auf die glänzende Idee mit der Sonnenfinsternis gekommen war. Die einzige Möglichkeit nämlich, das Licht eines Sterns und dessen vermutliche Ablenkung in Sonnennähe zu beobachten, bietet sich während einer totalen Sonnenfinsternis. Denn bei diesem kosmischen Schauspiel steht einerseits die Sonne hoch am Himmel, während der genau auf einer Linie zwischen Erde und Sonne stehende Mond das Tagesgestirn verdeckt und sein über die Erde hinwegwandernder Schatten genügend Dunkelheit erzeugt, um die Sterne beobachten zu können. Gäbe es nun eine Differenz zwischen der zu erwartenden und der tatsächlich beobachteten Position eines ausgewählten Sterns, wäre die Lichtablenkung aufgrund der Gravitationswirkung der Sonne bewiesen.

Im August 1914 scheiterte Erwin Freundlichs Expedition auf die Krim, wo er im Auftrag Einsteins eine Sonnenfinsternis fotografieren wollte. Ausgerechnet in dieser Woche brach der Erste Weltkrieg aus, der verdutzte deutsche Astronom befand sich plötzlich auf feindlichem Territorium und geriet für vier Wochen in russische Kriegsgefangenschaft.

Erst fünf Jahre später überprüfte Sir Arthur Eddington, Direktor der Sternwarte Cambridge, den Gravitationseffekt während einer totalen Sonnenfinsternis auf der Tropeninsel Principe vor der Westküste Afrikas. Um kurz nach 14 Uhr am 29. Mai 1919 trat die Totalität am wolkenfreien Himmel ein, sodass Eddington das Sternenfeld der Hyaden in der Umgebung der schwarzen Scheibe deutlich erkennen und fotografieren konnte. (GöF: 149 f.)

Sir Arthur Stanley Eddington (1882–1944), um 1935

Eddington entwickelte die Fotoplatten sofort an Ort und Stelle und verglich sie mit Positionsaufnahmen derselben dreizehn Sterne des Hyadenhaufens, die zur Kontrolle einige Monate vor der Expedition in Oxford gemacht worden waren. Begeistert stellte der Relativitätsenthusiast fest, dass das Licht im Schwerefeld der Sonne tatsächlich um durchschnittlich 1,6 Bogensekunden abgelenkt wurde. Der Vorhersagewert der Allgemeinen Relativitätstheorie von 1,75 war damit im Rahmen der statistischen Schwankungsbreite grandios bestätigt worden.

Albert Einstein hatte also Recht gehabt und Newtons Vorstellungen wieder einmal auf den neuesten Stand gebracht: Die Raumzeit ist nicht flach, sondern wird von der im Universum vorhandenen Masse und Energie gekrümmt. Für die Physikergemeinde war dies die wohl bedeutsamste Neuigkeit seit Newtons Deutung von Fallobst als Resultat einer Sofortfernwirkungskraft. Am Rande der historischen Konferenz der Königlich Astronomischen Gesellschaft in London im November 1919, die den Beginn von Einsteins Weltruhm markierte, trat das eher skeptische Mitglied des vornehmen Clubs, Ludwig Silberstein, an Eddington heran und fragte ihn, ob es stimme, dass er einer der drei Menschen auf der Welt sei, die Einsteins Relativitätstheorie verstünden. Nach einigem Zögern soll Eddington geantwortet haben: «Tut mir leid, aber ich komme einfach nicht darauf, wer der dritte sein könnte.» (🕮 EMC)

Oxford

Schon früh zeigte sich Stephens Talent für technische Dinge und sein unbändiger Wille, alles verstehen zu wollen. Das hatte bereits sein Faible für selbst ausgedachte Brettspiele offenbart, vor deren Komplexität Geschwister und Spielgefährten am Ende nur allzu bereitwillig kapitulierten. Mutter Isobel bestätigt, ihr Sohn habe neben seiner mathematischen Begabung zwar auch stark ausgeprägte musikalische Neigungen gehabt, diese aber nicht weiter ausgebildet, da es so viele andere interessante Dinge zu entdecken gab. Meistens habe er sich die erforderlichen Kenntnisse selbst beigebracht. Dabei kam ihm seine Fähigkeit zugute, sich leidenschaftlich einer Sache zu widmen und sich uneingeschränkt konzentrieren zu können: «Ich erinnere mich, wie er auf einem Trecker oder einem anderen landwirtschaftlichen Gerät bei irgendeinem befreundeten Bauernjungen saß und sich eingehend mit den technischen Einzelheiten befasste, während die anderen Kinder buchstäblich auf ihm herumkletterten, ihm fast auf den Kopf traten, ohne dass er es zur Kenntnis nahm.» (SHW: 34 f.)

> Stephen hat sich von Anfang an alles selbst beigebracht, und wenn er irgendwelche Dinge nicht lernen wollte, dann lag es wahrscheinlich daran, dass er sie nicht brauchte […] Stephen hat sich nie besonders für die Arbeit seines Vaters interessiert. Er konnte der Biologie nichts abgewinnen und hat sich auch keine Tiere gewünscht. Von Anfang an baute er Sachen, dachte über Sachen nach und redete viel.
>
> Isobel Hawking, 1992

In Stephens letztem Schuljahr an der St. Albans School gelang es einem Team von sechs Schülern unter der Leitung des engagierten Mathematiklehrers Dick Tartar, einen avantgardistischen Apparat zusammenzubauen, den die Jungen stolz LUCE nannten: Logical Uniselector Computing Engine (Logische Drehwahl-Rechenmaschine). Er bestand hauptsächlich aus den Einzelteilen einer alten Telefonvermittlungsanlage und anderem ausgeschlachteten Elektronikschrott. Eine Menge Lötzinn und Schweiß ging bei der Knüpfung neuer Kontakte drauf, bis die Maschine zum viel bestaunten Orakel von St. Albans avancieren konnte. Schüler und Eltern kamen und stellten LUCE Fragen, und wenn sie Glück hatten, wusste der Computer sogar eine Antwort.

Stephen war nicht unbedingt der geschickteste Bastler. Freunde und Verwandte bescheinigten ihm sogar zwei linke Hände. Aber auch er schwang begeistert den Lötkolben und hatte entscheidenden Anteil an der Gedankenarbeit für das Projekt. Und 1958 war eine selbst gebaute funktionsfähige elektronische Rechenmaschine eine Sensation für ein Kleinstadtgymnasium wie die St. Albans School.

Um in Oxford studieren zu können, musste ein Schüler Ende der 1950er Jahre eine Zulassungsprüfung der Universität bestehen. Aber allein schon die heiß begehrte Zulassung zur Zulassungsprüfung war nur möglich, wenn die schulischen Leistungen entsprechend weit über dem Durchschnitt lagen.

Inzwischen hatte Vater Frank dem selbstbewussten Drängen des Sohnes nachgegeben, Mathematik und Physik studieren zu wollen. Er hatte – wie so viele Eltern von Genies in der Geschichte der Menschheit – seinen Sprössling nicht für den eigenen Beruf begeistern können. Eine Karriere als Mediziner kam für Stephen nicht infrage. Er wollte sich die mathematischen Werkzeuge aneignen, die man zum Studium der Physik benötigte, um endlich dem Großen und Ganzen, dem Universum selbst, auf den Grund gehen zu können.

Frank Hawking wiederum quälten bei dieser Studienfachentscheidung die vermeintlich schlechten Berufsaussichten. Würde sein Sohn sich als brillant genug erweisen, um mit einer solchen Ausbildung seinen Lebensunterhalt verdienen zu können? Trotz der hervorragenden Noten, die Stephen in den naturwissenschaftlichen Disziplinen erzielt hatte, glaubte sein Vater, eine Aktivierung alter Beziehungen könne nicht schaden, zumal es ja auch um die Gewährung eines Begabtenstipendiums ging. Also empfing der Tutor des physikalischen Fachbereichs, Robert Berman, den Frank aus seiner eigenen

Studienzeit noch kannte, die beiden Hawkings noch vor den Aufnahmeprüfungen zu einer Plauderstunde, die, wie Berman versicherte, keinerlei Auswirkungen auf die Vergabe des Studienplatzes hatte. (Bio: 56) Denn Stephen bestand die vier schriftlichen Prüfungen in Mathematik und Physik in derart bravouröser Manier, dass alle College-Tutoren seine überragende Begabung erkannten und ihm ein Stipendium gewährten, die höchste Auszeichnung für einen Oxford-Novizen. Am 1. Oktober 1959, vierzig Jahre nach der Verifizierung der Allgemeinen Relativitätstheorie, nahm der siebzehnjährige Stephen Hawking sein Studium am Oxford University College auf.

Als Stipendiat konnte er ein Zimmer im Studentenwohnheim der Universität beziehen, in dem College-Diener für Sauberkeit und Disziplin sorgten. Wer es nicht schaffte, zwischen acht und acht Uhr fünfzehn zum Frühstück im Speisesaal zu erscheinen, stand vor verschlossener Tür. Für einen Oxford-Studenten war Stephen mit seinen siebzehn Jahren außerordentlich jung. Die meisten seines Studienjahrgangs waren einige Jahre älter als er, da sie bereits ihren Militärdienst absolviert hatten. Die Freunde aus St. Albans kamen erst im darauf folgenden Jahr oder gingen nach Cambridge. So fühlte er sich während der ersten drei Semester recht verlassen und unwohl in Oxford.

Die Prüfungsgepflogenheiten am University College machten intelligenten Studenten vom Kaliber Stephen Hawkings das Leben leicht. Der akademische Titel wurde nur aufgrund der Leistungen in den Abschlussexamina am Ende des dritten Studienjahres verliehen. So konnte er problemlos seinen Arbeitsstil aus der St. Albans School fortsetzen: die besten Noten einzufahren, ohne sich allzu sehr dafür ins Zeug legen zu müssen. Rund dreißig Jahre später und von den Höhen des Weltruhms herab kokettierte Stephen Hawking mit der vermeintlichen Unangestrengtheit seines Studiums. So behauptete er, effektiv nur etwa tausend Stunden in den drei Oxford-Jahren gearbeitet zu haben, was einem Tagesdurchschnitt von einer Stunde entspricht. *Damals gehörte es in Oxford nicht zum guten Ton, fleißig zu sein. Entweder man war ohne irgendwelche*

Mühe brillant, oder man fand sich mit seinen Grenzen ab und nahm einen drittklassigen Abschluss in Kauf. Wer fleißig arbeitete, um ein besseres Examen zu machen, galt als «gray man», die schlimmste Bezeichnung, die es damals in Oxford gab. (EiT: 26)

Stephen Hawking gehörte zweifellos zur ersten Kategorie. Sein Physiktutor Robert Berman bezeichnete ihn als den hervorragendsten Studenten, den er jemals hatte. Deshalb beschränkte er sich weise darauf, seinem Überflieger im wöchentlichen Tutorenkurs genügend Aufgabenfutter zu bieten, damit er in Übung blieb. Die Idee, ihm etwas beibringen zu können, hatte er sich bald abgeschminkt.

Robert Berman, Hawkings Physiktutor in Oxford, 1992

Derek Powney, ein Absolvent des Tutorenkurses, dem auch Hawking angehörte, erzählt von seinem ganz persönlichen Aha-Erlebnis. Robert Berman hatte ihnen dreizehn schwierige Aufgaben gestellt, von denen sie möglichst viele lösen sollten. Gemeinsam mit einem Kommilitonen schaffte er in einer Woche Arbeit anderthalb Aufgaben, worauf die beiden voller Stolz Hawking fragten, wie weit er denn sei. Der hatte noch gar nicht damit angefangen, kündigte aber an, sich am nächsten Morgen nach dem Frühstück die Fragen vorzuknöpfen.

«Er ging um neun auf sein Zimmer [...]. Wir kehrten gegen zwölf zurück [...]. ‹Ah, Hawking›, sagte ich. ‹Wie viele hast du denn geschafft?›

‹Na ja›, sagte er, ‹die Zeit hat nur für die ersten zehn gereicht.›

Wir brachen in Gelächter aus, das uns aber auf den Lippen gefror, weil er uns so fragend anblickte. Uns wurde plötzlich klar, dass er die Aufgaben tatsächlich geschafft hatte – die ersten zehn. Ich glaube, da begriffen wir, dass er von einem anderen Stern war.» (SHW: 49)

Die Legendenbildung um das Physikgenie steht in vermeintlichem Widerspruch zu den Aussagen von Freunden und Verwandten über seine schulischen Leistungen. Dass er ein Ass in Mathe und Physik war, zweifelte in St. Albans zwar niemand an. Doch habe er sich – so etwa sein Freund und Klassenkamerad John McClenahan – in keinem Fach jemals überdurchschnittlich hervorgetan. Jedenfalls war man an der St. Albans School verblüfft, dass die berühmte Oxford University dem Siebzehnjährigen, ein Jahr bevor die reguläre Prüfung anstand, ein Begabtenstipendium gewährt hatte.

Vielleicht wurde ja seine spezielle Intelligenz in der Schule nie richtig angesprochen und kam erst beim professionellen Umgang mit physikalischen Themen richtig zur Entfaltung. Womöglich lief der Halbwüchsige erst im Kreise gleichrangiger Geister zur Bestform auf. Und wahrscheinlich bedurfte es auch der Einsichtsfähigkeit erfahrener Tutoren, um das wirkliche Potenzial der Hawking'schen Intelligenz ausloten zu können.

Hawking war dem Universitätslehrplan jedenfalls weit voraus und weigerte sich einmal sogar, die Aufgaben aus einem Lehrbuch zu lösen. Stattdessen zeigte er dem verblüfften Dozenten Patrick Sandars sein Exemplar, in dem er die Fehler angekreuzt hatte, die dem Autor unterlaufen waren. Mit seiner lässigen Arbeitsmoral, die von einem gesunden Selbstbewusstsein getragen wurde, gewann er zum Abschluss des vierten Semesters ohne große Anstrengung auch den Physikpreis der Oxford University, ein Wettbewerb, an dem jeder Stipendiat teilnehmen musste.

Nachdem er sich im ersten Studienjahr als Außenseiter gefühlt und unter Einsamkeit gelitten hatte, geriet durch die Freundschaft mit Gordon Berry einiges in Bewegung. Gemeinsam bewarben sich die beiden Kommilitonen beim Ruderclub des University College. Die Rudergemeinschaften der verschiedenen Fakultäten waren gesellschaftlich hoch angesehen und

Stephen Hawking als Steuermann des B-Achters, Oxford 1961

dienten als sportliche Aushängeschilder einer ruhmreichen universitären Tradition. Deren Mitglieder nahmen ihren Sport sehr ernst und bemühten sich ehrgeizig, möglichst täglich zu trainieren, um für die jährlich im Sommer stattfindenden Wettkämpfe gegen die Rivalen aus Cambridge fit zu sein.

Hawking hatte nicht gerade die Statur eines Ruderathleten, aber als Fliegengewicht mit lauter, durchdringender Stimme schien er für den Job des Steuermanns prädestiniert zu sein. Die bierselige Geselligkeit der Boatclub-Männerrunde, in die Hawking nach den Trainingsfahrten eintauchte, verwandelte mit der Zeit den stets etwas linkisch wirkenden Jungen aus der Provinz in einen verwegenen Draufgänger, der den B-Achter des University College auf der Themse zu waghalsigen Manövern anstachelte, was nicht selten zu Blessuren an Ruderblättern und Boot führte. (Bio: 66)

Jeden Nachmittag gingen nun Berry und er hinunter zum Fluss und schwänzten darüber so manches Praktikum in den

Experimentallabors. Doch wie Berry berichtet, entwickelten die beiden eine erstaunliche Gewandtheit beim raschen Sammeln und Arrangieren von Datenkolumnen, sodass beim Lesen des Berichtes durchaus der Eindruck entstehen konnte, es habe sich um ein tatsächlich durchgeführtes Experiment der beiden Ruderenthusiasten gehandelt. Dennoch weist Berry den Begriff «schummeln» weit von sich. Er und Stephen hätten lediglich «intensive Interpretationsarbeit» geleistet. (SHW: 57)

Der neu gewonnene Schwung fand auch Ausdruck in einer Kapriole, die ihm eine polizeiliche Verwarnung einbrachte. Gemeinsam mit einem Freund pinselte er in einer Nacht-und-Nebel-Aktion die Parole «Wählt Liberal!» auf den Bogen einer Themsebrücke, sodass all seine Ruderkameraden es am nächsten Tag auf dem Fluss sehen mussten. Doch ein Streifenpolizist erwischte die beiden auf frischer Tat. Und während der «Freund» flüchten konnte, saß Stephen mit Farbtopf und Pinsel in der Falle. (Bio: 68)

Stephen war im Vergleich zu uns anderen so intelligent, dass ihm das Leben mit uns manchmal schwer gefallen sein muss. Ich glaube, Stephens Strategie für das Leben mit Menschen, die, an ihm gemessen, ziemlich unterbelichtet waren, bestand darin, geeignete Abwehrmechanismen zu finden [...] Doch selbst in Oxford müssen wir ihm alle nach seinen Maßstäben bemerkenswert dumm erschienen sein, und es ist ziemlich schwer, ständig mit Menschen zusammen zu sein, die viel dümmer sind als man selbst. Ich glaube, dann gibt man wenig von sich preis und präsentiert der Welt zum eigenen Schutz fast so was wie eine Karikatur von sich selbst.

Kommilitone Derek Powney, 1992

Auf einer Fotografie des Ruderclubs von 1962, dem Abschlussjahr Stephen Hawkings, wirft er sich selbst am vehementesten von allen in Pose. Weiß man um die schwere Krankheit Hawkings, könnte man dazu neigen, diese übermütige Gebärde als ein Aufbäumen der nach drei Semestern Langeweile und Isolation gerade erst wieder aufgeblühten Lebensfreude gegen die in den Körperzellen lauernde Lähmung zu deuten. Denn ganz so unbeschwert und ausgelassen, wie das Foto suggeriert, kann der Steuermann des B-Achters sein letztes Semester in Oxford nicht mehr erlebt haben. Es gab bereits die Augenblicke, wo er sich die Schuhe erst nach wiederholten Versuchen

Der University College Boat Club, 1962; rechts, voller Übermut, Stephen Hawking

zuschnüren konnte. Auch die Beine gaben manchmal nach und er stieß gegen Hindernisse.

Einmal geriet er im University College ins Stolpern, stürzte schwer die Treppe hinab und schlug mit dem Kopf auf. Glücklicherweise war Gordon Berry zur Stelle und half ihm wieder auf die Beine. Doch schien er sein Gedächtnis verloren zu haben, denn er brauchte ein paar Stunden, bis er sich an den Sturz erinnern konnte. Da er befürchtete, seine Intelligenz könnte unter dem Unfall gelitten haben, absolvierte er den Mensatest, einen speziellen Intelligenztest, der für die exklusive Minderheit der Höchstbegabten entwickelt wurde. Anscheinend genügte ihm die erreichte Punktzahl, um zu wissen, dass er keinen Schaden genommen hatte. (SHW: 59 f.)

Als die Abschlussprüfungen näher rückten, verbreitete sich auch unter den Kommilitonen des Hawking'schen Jahrgangs jene nervös vibrierende Stimmung aus Examensangst, viel zu lautem Zweckoptimismus und Schicksalsergebenheit. Und selbst der Überflieger des Physikkurses geriet kurz ins

Stephen Hawking bei der Abschlussfeier in Oxford, 1962

Grübeln über den «effizienten» Arbeitsstil seiner Oxford-Jahre. Deshalb legte er sich für die schriftlichen Arbeiten, die sich über vier Tage erstreckten und den Stoff der letzten drei Jahre behandelten, eine Taktik zurecht. Da sich die Studenten bei jedem einzelnen Test aus einem großen Pool die Aufgaben selbst zusammenstellen konnten, hielt er sich an die Fragen aus der theoretischen Physik, denn diese entsprachen seinem intuitiven Zugang zum Stoff am besten, während ihm das Faktenwissen der Experimentalphysik weniger lag.

Am Ende stand er auf der Kippe zwischen einer Eins und einer Zwei. Hawking hatte sich bereits für ein Forschungsstipendium in Cambridge beworben. Er wollte bei Sir Fred Hoyle, dem seinerzeit berühmtesten Astronomen Englands, promovieren. Um dort angenommen zu werden, brauchte er allerdings eine First-Class-Benotung. Das war der Universalschlüssel der Oxford University, der einem Examenskandidaten alle Türen für eine große Forscherkarriere öffnen konnte. Um die Endnote festzulegen, musste Hawking noch zu einer mündlichen Prüfung erscheinen. Offenbar war ihm nicht bewusst, wie wohlwollend ihm die Mitglieder der Prüfungskommission gesinnt waren. Seine Selbsteinschätzung vom faulen und vergnügungssüchtigen Studenten wurde auf den Etagen der Entscheidungsträger anscheinend nicht geteilt. *Sie fragten mich nach meinen Zukunftsplänen. Ich sagte, ich wolle in die Forschung gehen. Wenn sie mir eine Eins gäben, würde ich nach Cambridge gehen, wenn ich eine Zwei erhielte, würde ich in Oxford bleiben. Sie gaben mir eine Eins.* (EiT: 26 f.)

Die Quantentheorie oder Der folgenschwerste Heuschnupfen des 20. Jahrhunderts

Dem frisch gekürten Einser-Absolventen der Oxford University konnte es bei seinem Promotionsthema natürlich nur um etwas Grundsätzliches gehen. Das war ihm schon als Schüler klar gewesen. Und da gab es eigentlich nur zwei Möglichkeiten. Entweder entschied er sich für ein Forschungsprojekt aus der Kosmologie, in der man die Beschaffenheit des großmaßstäblichen Universums untersuchte, oder er konzentrierte sich auf die Quantentheorie, die Erforschung der subatomaren Teilchen und deren Wechselwirkungen.

Stephen Hawkings Herz schlug eindeutig für Albert Einsteins Allgemeine Relativitätstheorie, die die Anziehungskräfte, Geschwindigkeiten und Energieverhältnisse im gekrümmten Raumzeitkontinuum des beobachtbaren Universums am besten erklären konnte. Hier wollte Hawking einsteigen und einen eigenen Beitrag leisten. 1963 erschien ihm der Teilchenzoo der Teilchenphysik zu unübersichtlich. Er wollte nicht als Erbsenzähler enden, der die ständig neu entdeckten subatomaren Partikel in Familien, Gattungen und Arten einteilte.

Natürlich waren die Quantentheoretiker selbst ganz anderer Meinung. Denn ungeachtet der Hawking'schen Vorliebe war zu diesem Zeitpunkt die von Richard Feynman entscheidend weiterentwickelte Quantenelektrodynamik (oder QED) die erfolgreichste physikalische Theorie seit Newtons Bewegungsgesetzen und so ziemlich das Grundsätzlichste, was die Physik zu bieten hatte. Immerhin erklärt sie unter anderem sämtliche vorkommenden chemischen Verbindungen. Die QED macht äußerst präzise Vorhersagen über die Wechselwirkungen zwischen Materie (Elektronen) und Licht (Photonen).

Richard Feynman
(1918 – 1988). Foto von 1954

Wenn es einer Theorie gelingt, die Ergebnisse von Experimenten bis auf die neunte Dezimalstelle hinter dem Komma vorherzusagen, ist sie wohl zu Recht eine würdige Repräsentantin der Realität.

Die Hauptaussagen der Quantenelektrodynamik hat Feynman um einer besseren Anschauung willen in einen griffigen Dreischritt-Merksatz gegossen:

1. Ein Elektron geht von A nach B.
2. Ein Photon geht von A nach B.
3. Ein Elektron emittiert oder absorbiert ein Photon.

(QED: 105 – 107)

Und auf diesen Grundbedingungen lassen sich die meisten Prozesse aufbauen, die unser Leben ausmachen. Die QED erklärt fast alles, mit Ausnahme der Gravitations- und Radioaktivitätsphänomene. Doch was die Physikstudenten des 21. Jahrhunderts als «state of the art» lernen, war für die Forscher des vergangenen Jahrhunderts keineswegs selbstverständlich. Mancher große Geist, Einstein an prominentester Stelle, verzweifelte an den Kapriolen der kleinsten Teilchen, die sich einfach nicht so verhalten wollten, wie Newtons Bewegungsgesetze es vorschrieben. Bis die Quantentheorie des Elektromagnetismus in ihre heutige Form entwickelt war, bissen sich die Physiker in jahrzehntelangen bitteren Auseinandersetzungen die Zähne am merkwürdigen Verhalten der Elektronen aus.

Wieder einmal war es das Licht, das den Anstoß zu einer Revolution in der Physik gab, diesmal durch die Quantentheorie. War in der Speziellen Relativitätstheorie die Lichtgeschwindigkeit als letztes Absolutum im relativen Raumzeitgefüge übrig geblieben, so kam es bei der Entdeckung der wahren Natur des Lichts zu einer erneuten Erschütterung des newtonschen Weltbildes. Und es war wiederum Albert Einstein, der der neuen Quantentheorie auf die Sprünge half.

Isaac Newton ging bei seinen Untersuchungen optischer Phänomene davon aus, dass das Licht Teilchencharakter hat. Er sprach sogar von «Korpuskeln», wenn er an die Lichtteilchen dachte, ein Wort, in dem es so richtig schön materiell rumpelt und poltert. James Clerk Maxwell wiederum bestätigte in den 70er Jahren des 19. Jahrhunderts während seiner Arbeiten zur Vereinigung von Elektrizität und Magnetismus die Erkenntnis von Christiaan Huygens, der bereits 200 Jahre zuvor das Licht als Wellenphänomen erklärt hatte. Aber Einstein erkannte scharfsinnig die Unvollständigkeit der Maxwell'schen Wellentheorie. Er bewies mit seiner Arbeit über den «Photoeffekt», dass sich ein Lichtstrahl unter bestimmten Voraussetzungen wie ein Strom winziger Teilchen verhält, die Photonen genannt werden. Trifft so ein Photonenstrahl auf ein Metallatom, werden Elektronen aus dem Atom herausgeschlagen. Einstein wies nach, dass sich dieser Vorgang allein durch das Verhalten der Licht*teilchen* erklären ließ. Er musste dabei nicht auf den Wellencharakter der elektromagnetischen Energie zurückgreifen, den Maxwell als Natur des Lichts definiert hatte. (APh)

Darüber hinaus zeigte sich, dass das Licht nur in bestimmten Einheiten abgestrahlt wurde und nicht etwa in beliebig kleinsten Schwankungen, wie man bis zu Beginn des 20. Jahrhunderts vermutet hatte. Die Energie dieser «Lichtpakete» ist proportional zu ihrer Frequenz. Damit verifizierte Einstein das Konzept von Max Planck, der 1900 die Existenz solcher Pakete postuliert und sie Quanten genannt hatte. Für jedes Teilchen, das von dem Metallatom abgegeben wird, ist ein einzelnes Lichtquant verantwortlich, das beobachtbar und nachweisbar ist. Für diese Arbeit aus dem Jahr 1905, in dem auch der Aufsatz über die Spezielle Relativität erschien, erhielt Einstein siebzehn Jahre später den Nobelpreis und nicht etwa für seine Relativitätstheorien.

Max Planck (1858 – 1947). Foto um 1906

Licht hat also sowohl Wellen- als auch Teilchencharakter. Diese die Intuition unterwandernde Gegensätzlichkeit wird im subatomaren Bereich der Materie zur Normalität. Die Welle-Teilchen Dualität, die sich beim Licht gezeigt hatte, kommt auch bei Elektronen und allen anderen Objekten der Quantenwelt zum Ausdruck. Das Elektronenteilchen kann sich wie eine Welle verhalten und plötzlich an einem Ort auftauchen, wo es sich eigentlich gar nicht aufhalten dürfte.

Der Wissenschaftsautor Paul Davies beschreibt mit einem anschaulichen Beispiel den so genannten Tunneleffekt der Elektronen. Wenn wir einen Stein gegen eine Fensterscheibe schleudern, hängt das Resultat von der Energie ab, die wir in den Wurf legen. Entweder prallt der Stein von der Scheibe ab, oder wir hören das charakteristische Splittergeräusch eines erfolgreichen Versuchs. Im Quantenbereich wäre ein atomares Gitter oder eine elektrische Spannung das Äquivalent zur Fensterscheibe. Nähert sich nun ein Elektron, hängt es ebenfalls von dessen Energie ab, ob es von diesem Hindernis abprallt oder hindurchdringt. Bei entsprechenden Energieniveaus geschieht beides. Allerdings gibt es in der Quantenwelt noch eine viel merkwürdigere Möglichkeit. Davies schreibt: «Noch wesentlich bizarrer erscheint es, wenn ein Elektron zwar nicht genug Energie hat, um das Hindernis zu überwinden, wenn es aber trotzdem wie durch ein Wunder auf der Seite hinter dem Hindernis erscheint. Wir müssen uns dazu vorstellen, dass wir einen Kieselstein ganz leicht gegen ein Fenster werfen, und sehen, wie er durch das Glas auf die andere Seite der Scheibe dringt, ohne das Glas zu zerstören! Genau diese Art von Tricks führen Elektronen uns vor. Sie durchtunneln unüberwindliche Barrieren.» (DUr: 33)

Zwar nehmen wir den Tunneleffekt mit unseren Sinnen nicht wahr, dennoch ist er aus unserem Alltag nicht mehr wegzudenken. Eine mächtige Industrie hat ihn sich zunutze gemacht. So ist er zum Beispiel Bestandteil vieler mikroelektronischer Schaltungen. Wann immer wir also unseren Fernseher oder Computer einschalten, gehen ungezählte Elektronen ihrem Tunnelhandwerk nach, liefern bewegte Bilder oder ermöglichen uns schnelle, weltweite Kommunikation.

Die philosophischen Schmerzen, die solche Quantenphänomene auch heute noch dem gesunden Menschenverstand bereiten, lassen erahnen, wie es den Physikern in den ersten drei Dekaden des 20. Jahrhunderts ergangen sein muss, als sie verzweifelt nach einem mathematischen Verfahren zur Bewältigung und Vorhersage dieses anarchischen Verhaltens von Elektronen suchten, das sich so ganz und gar nicht ins deterministische Uhrwerkuniversum des Sir Isaac Newton fügen wollte.

Im Frühling 1925 kurierte der junge deutsche Physiker Werner Heisenberg einen akuten Heuschnupfen im Reizklima der Nordseeinsel Helgoland aus. Hier, auf dem abgelegenen roten Felsen im Meer, gewann er die Einsicht, dass man das Konzept einer wohl definierten Lokalisierung kleinster Materiepartikel im Atom ein für alle Mal aufgeben musste. Heisenberg erkannte oder besser: errechnete die grundsätzliche Unmöglichkeit, den Ort eines Teilchens präzise zu messen, wenn man gleichzeitig dessen exakte Geschwindigkeit ermitteln will. Leider teilt er uns in seinen Erinnerungen (TuG: 76–78) nicht mit, welchen Anteil sein fiebriger Zustand oder der Genius Loci von Helgoland am entscheidenden Durchbruch zur Formulierung des quantentheoretischen Grundgesetzes hatte.

Heisenbergs «Erleuchtung» in der stillen Klausur mitten im Meer lässt sich gut mit dem Prinzip des Photoeffekts illustrieren, den Einstein in seiner Arbeit über den Teilchencharakter des Lichts zwanzig Jahre zuvor beschrieben hatte. Um überhaupt Position und Geschwindigkeit eines Teilchens messen zu können, kann man zum Beispiel einen Lichtstrahl darauf richten. Diese Lichtmenge wird in einem Paket abgestrahlt, dessen Energie seiner Frequenz proportional ist und Quant genannt wird. Diese von der Natur geforderte Mindestenergie des Lichtquants übt nun aber eine einschränkende Wirkung auf die Messbarkeit des Elektrons aus. Das Licht tritt nämlich mit ihm in Wechselwirkung und verleiht ihm einen Impuls. Diese Wirkung ist unvermeidbar und stört den Messvorgang. Wir sehen das Elektron nur, wenn es das Licht zu uns zurückwirft. Bei dieser Rückstoßaktion aber wird das Elektron sozusagen vom Licht beiseite geschubst.

Das Dilemma des Beobachters liegt darin, dass er zur Steigerung seiner Messgenauigkeit eigentlich Licht mit einer kürzeren Wellenlänge einsetzen müsste. Dieser Versuch wäre allerdings kontraproduktiv, weil eine kürzere Wellenlänge gleichbedeutend ist mit einer Energieerhöhung des Lichtquants. Und es ist genau dieser Mehraufwand an Energie, der das Teilchen massiv stört und noch weiter auf unvorhersehbare Weise abdriften lässt. Es gibt also keinen Ausweg. Diese berühmt gewordene Heisenberg'sche Unschärferelation hat nichts zu tun mit der Qualität eines Messgerätes oder der Ungeschicklichkeit eines Beobachters. Sie ist eine unausweichliche Eigenschaft der Materie, ein eisernes Naturgesetz, das für jedes Quantenteilchen gültig ist. (IGZ: 70–72)

Dieses Grundgesetz der Quantentheorie nennt sich «Heisenberg'sches Unbestimmtheitsprinzip» oder eben Unschärferelation. Es macht Schluss mit der Vorstellung, ein Quantensystem genau bestimmen, geschweige denn alle Teilchenorte und Bewegungen zu einem festen Zeitpunkt vorhersagen zu können. Was bleibt, sind lediglich Wahrscheinlichkeiten von

Ereignissen. Dass auf der grundlegendsten Ebene der Physik, nämlich im Inneren des Atoms, der Zufall lauerte, Sand ins Getriebe der perfekten Newton'schen Mechanik streute und dennoch seine Berücksichtigung bei der Formulierung eines wichtigen Naturgesetzes forderte, schockierte die Physiker der älteren Generation wie etwa Planck und Einstein, wenn sie auch mit ihren Ideen die Geburtshelfer der Quantentheorie gewesen waren. Konfrontiert mit einer Unbestimmtheit, die den Rang eines Naturgesetzes einnahm, brach für sie eine Welt zusammen. So weigerten sich beide zeitlebens, die Tatsache zu akzeptieren, dass die Vorgänge in der Quantenwelt grundsätzlich nicht vorhersagbar sind. (📖 QSP)

Aber es half ja nichts. Die «Göttinger Physik», wie Heisenbergs neue Theorie stolz an der Universität Göttingen genannt wurde, wo er zum Zeitpunkt dieses produktivsten Heuschnupfens des 20. Jahrhunderts als Privatdozent lehrte (Hei: 35), ließ gar keinen Zweifel aufkommen: Wenn es nicht einmal möglich ist, die gegenwärtige Position und Geschwindigkeit eines Teilchens zu messen, wie sollte man dann wohl das künftige Verhalten eines Quantensystems vorhersagen können?

Einstein und Planck hatten mit ihren Quantenideen unfreiwillig eine Lawine losgetreten, die am Ende ihre lieb gewordenen Vorstellungen von einem berechenbaren Universum gnadenlos unter sich begrub. Doch eine unvoreingenommere Gruppe von Physikern, zu der Niels Bohr, Erwin Schrödinger, Paul Dirac und natürlich Heisenberg gehörte, erarbeitete bis zum Ende der 1920er Jahre die Mathematik für den Umgang mit den Wahrscheinlichkeiten auf der untersten Ebene der Materie. Man gab sich mit der grundsätzlichen Unbestimmtheit in der Mikrowelt zufrieden und wies den Elementarteilchen einen «Quantenzustand» zu, der die Wahrscheinlichkeitsverteilung sowohl der Position als auch der Geschwindigkeit eines Teilchens repräsentierte. Damit war der erste Schritt auf dem Weg getan, die Maxwell'sche Theorie des Elektromagnetismus an die Quantenmechanik anzupassen. Die neue Quantentheorie der Wechselwirkung zwischen Licht und Materie wurde später dann Quantenelektrodynamik oder QED genannt.

Seitdem lautet die heiß diskutierte Frage, ob ein Beobachter mit seinem Messgerät tatsächlich auf das Geschehen einwirkt und es verändert. Der Physiker John Wheeler, der 1969 den Begriff «Schwarzes Loch» geprägt hat, sagt dazu: «Früher dachten wir, das Elektron existiere im Atom an einem bestimmten Ort mit einer bestimmten Geschwindigkeit. Heute wissen wir, dass es keinen Ort und keine Geschwindigkeit im Atom hat. Erst wenn ich die Messgeräte installiere und den Ort oder die Geschwindigkeit messe, bekomme ich eine Antwort. Die Welt hat also zwangsläufig diesen partizipatorischen Charakter: Wir sind nicht einfach Beobachter, wir sind auch Beteiligte an dem Prozess, durch den entsteht, was wir als das Geschehene bezeichnen dürfen.» (SHW: 165) Wheeler erzählt von der 28 Jahre währenden Debatte zwischen Albert Einstein und Niels Bohr, in deren Verlauf Einstein immer wieder darüber wetterte, die Quantentheorie widerspreche jedem ver-

Werner Heisenberg und Niels Bohr

nünftigen Wirklichkeitsbegriff, worauf Bohr ihm eine zu begrenzte Vorstellung von der Wirklichkeit attestierte.

Denkt man tiefer über den Tunneleffekt der Elektronen nach, könnte man zu dem Schluss gelangen, dass ein Elektron auf dem Weg von A nach B mehr als nur einen Weg wählt, um das Hindernis zu umgehen. Dabei verhält es sich wie eine Welle. Auch für die Welle-Teilchen-Dualität der Quantenobjekte wurde schließlich ein mathematisches Verfahren entwickelt, das tatsächlich beschreibt, wie ein Elektron alle möglichen Wege von A nach B geht: Richard Feynmans «Summe über Geschichten». Mit diesem Werkzeug zur Berechnung der Wahrscheinlichkeit von Elektronenbewegungen durch die Raumzeit gelang es Feynman, tatsächlich alle möglichen Wege eines Elektrons nachzuzeichnen und zu addieren. Dabei weist er jedem möglichen Weg eine komplexe Zahl zu, deren Summe die Wahrscheinlichkeit ergibt. So wird also die Summe aller Bahnen von A nach B berücksichtigt, wobei sich für makroskopische Objekte am Ende alle Bahnen bis auf eine aufheben.

Richard Feynman
Jahrhundertphysiker, Bonvivant, Sambamusiker. Geboren 1918 in New York, gestorben 1988. Promotion 1942 an der Princeton University. Er gehörte zum Team des Manhattan Projects unter der Leitung von J. Robert Oppenheimer, das die erste Atombombe entwickelte. Als Lehrer am California Institute of Technology in Pasadena war er außerordentlich beliebt wegen seiner innovativen Lehrmethoden und seines unkonventionellen Lebensstils. Für seine grundlegenden Beiträge zur Quantenelektrodynamik bekam er 1965 den Nobelpreis für Physik.

In den frühen Tagen der Atomphysik hatte Niels Bohr die Hypothese aufgestellt, Elektronen könnten den Atomkern nur in genau festgelegten Bahnen umkreisen. Unter dem quantenmechanischen Mikroskop betrachtet, erkennt man das Elektron auf seiner Umlaufbahn als Welle. Eine zulässige Bahn ist definiert durch ein ganzzahliges Verhältnis der Bahnlänge zur Wellenlänge des Elektrons. Bei zulässigen Wegen treffen bei jeder Umrundung die Wellenkämme aufeinander und addieren sich. Umlaufbahnen, bei denen sich Wellenkamm und Wellental gegenseitig aufheben, sind demnach unzulässig. (IGZ: 78) Akzeptiert man die von der Unschärferelation vorgegebene Einschränkung der Messgenauigkeit, erreichen die Vorhersagen der Quantenelektrodynamik jene phantastische Genauigkeit, die diese Theorie so erfolgreich werden ließ.

So bekamen die Physiker die kontraintuitiven Phänomene der Quantenwelt, wie etwa den Tunneleffekt, wenn schon nicht philosophisch, so doch wenigstens mathematisch in den Griff. Die Techniker bedankten sich bei den Theoretikern, indem sie deren Erkenntnisse in Transistoren und elektronische Schaltungen umsetzten, die Fernsehen und Computer überhaupt erst ermöglichten. Ohne die Quantenmechanik würden diese weltverändernden Technologien noch heute nur in der Ideenwelt nicht ernst genommener Spinner existieren. Und mit den Werkzeugen der Heisenberg'schen Unschärferelation und der Feynman'schen «Summe über Geschichten» sollte es Stephen Hawking gelingen, die wahre Natur der Schwarzen Löcher zu enträtseln und die Natur der Zeit neu zu interpretieren. (🕮 WpG)

Cambridge

Stephen Hawking verlor jetzt hin und wieder die Kontrolle über seine Sprache. Zu dem «Hawkinesisch» genannten Lispeln, das er mit dem Vater gemeinsam hatte, kamen nun also noch Artikulationsprobleme hinzu. Obwohl er spürte, dass hinter seinen gelegentlichen körperlichen Koordinationsschwächen eine ernst zu nehmende Krankheit stecken musste, behielt er seine Sorgen für sich und vertraute sich nicht einmal seiner Familie an.

Nach dem Abschlussexamen in Oxford brach er im Sommer 1962 mit einem Studienkollegen zu einer Reise in den Iran auf. Kurze Zeit später gab es ausgerechnet in dieser Gegend ein schweres Erdbeben, und unterwegs in Täbris ging es Stephen so schlecht, dass er die Reise unterbrechen und einen Arzt konsultieren musste. Nach seiner Rückkehr fand Mutter Isobel ihren Sohn in einer miserablen körperlichen Verfassung vor. Im Rückblick deutet sie die Strapazen der Busreise durch das Erdbebengebiet als einen Schub, der den Ausbruch der im Nervensystem ihres Sohnes lauernden Krankheit beschleunigt haben muss. (SHW: 64)

Cambridge University. Isaac Newton, berühmt geworden durch seine Prismaversuche und die Formulierung des Schwerkraftgesetzes, dem alle Materieteilchen im Universum gehorchen müssen, hatte hier gewirkt. Charles Darwin frönte als Student am Christ's College seiner Käfersammelleidenschaft und das Forscherteam James Watson und Francis Crick hatte neun Jahre vor Stephen Hawkings Ankunft im Oktober 1962 in genau diesen heiligen Hallen die Struktur des DNS-Moleküls entschlüsselt. 1919 war Arthur Eddington von hier aus zu seiner legendären Expedition aufgebrochen, um auf der westafrikanischen Insel Principe die Lichtablenkung ferner Sterne während einer totalen Sonnenfinsternis zu fotografieren. Mit den gewonnenen Daten bestätigte er Einsteins Vorhersage eines entsprechenden Gravitationseffekts, was eine triumphale Verifizierung der Allgemeinen Relativitätstheorie bedeutete. (▤ 42 f.)

Cambridge University: ein intellektuelles Erbe, das weniger selbstbewusste Neuankömmlinge einschüchtern musste. Doch in diesen Colleges war ohnehin nur die Weltelite der Lehrenden und Lernenden versammelt.

Die 1960er Jahre sollten sich als ein fruchtbares Jahrzehnt bahnbrechender astronomischer Entdeckungen und als Renaissancedekade der Allgemeinen Relativitätstheorie erweisen. Als nämlich ein Jahr nach Hawkings Studienbeginn die «Quasare» entdeckt wurden, die am weitesten von uns entfernten QUAsiStellARen Himmelskörper, gewann die Einstein'sche Gravitationstheorie, die über 40 Jahre lang eher ein Schattendasein geführt hatte, plötzlich wieder an Bedeutung. Sie allein konnte den Gravitationskollaps erklären, aus dem diese seltsamen Objekte entstanden sein mussten.

Hier sahen die Relativitätsforscher plötzlich eine Anwendungsmöglichkeit für eine andere merkwürdige Klasse kosmischer Objekte, die so genannten Schwarzen Löcher. Was war das Schicksal dieser ausgebrannten Sonnen? Im Sinfonieorchester der Allgemeinen Relativitätstheorie ergab sich aus dem delikaten Ensemblespiel von Vektoren, Energie-Impuls-Tensoren und der nichteuklidischen Raumzeitgeometrie ein erstaunliches Extremszenario: Eine sterbende Sonne, die ihren Kernbrennstoff aufgezehrt hat, kann unter gewissen Umständen so stark schrumpfen, dass ihr Schwerefeld gewaltig genug wird, um das eigene Licht so zu beeinflussen, dass es der eigenen Gravitationsfalle nicht mehr entkommen kann. Ein solcher Sonnenkadaver wäre perfekt getarnt: als schwarzes Loch im Weltall, das, für unsere Augen unsichtbar, mit seiner unglaublichen Anziehungskraft und mit enormem Appetit gnadenlos alles verschlänge, was ihm zu nahe käme. Es sollte Stephen Hawking vorbehalten bleiben, bei der Untersuchung Schwarzer Löcher eine überraschende Entdeckung zu machen.

Aber zunächst einmal hatte Hawking, ähnlich wie in Oxford, mit gewissen Anfangsschwierigkeiten zu kämpfen. Denn der berühmte Astronom Fred Hoyle war viel zu beschäftigt und in der ganzen Welt unterwegs, um – wie Stephen es sich erhofft hatte – sein Doktorvater sein zu können. Stattdessen geriet er in den Doktorandenkurs von Dennis Sciama, dessen Name ihm nichts sagte. Jetzt rächte sich auch schon sein nachlässiger Arbeitsstil, den er in Oxford gepflegt hatte, denn bei der Beschäftigung mit der anspruchsvollen Mathematik der Allgemeinen Relativitätstheorie geriet er recht bald an die Grenzen seines Könnens und lief Gefahr, den Überblick zu verlieren. Zu der persönlichen Krise seiner voranschreitenden Behinderung gesellte sich nun noch das Problem, ein angemessenes Dissertationsthema zu finden. (Bio: 73)

Dennis Sciama war Mathematikdozent in Cambridge und Stephen Hawkings Doktorvater, 1992

Am Silvesterabend 1962 fand eine Party im Haus der Hawkings statt. Auch dem Bekannten- und Freundeskreis der Familie waren die mit Stephens zunehmender Ungeschicklichkeit verbundenen Malheurs nicht verborgen geblieben. Es hatte sich herumgesprochen, dass der Cambridge-Doktorand ernsthaft krank sein musste, und manch einer war wie Tropenmediziner Frank Hawking der Meinung, er habe sich auf seiner Reise in den Vorderen Orient ein schlimmes Virus eingefangen. Im Laufe der Feier wurde ihm die Gymnasiastin Jane Wilde vorgestellt, die in St. Albans zur Schule ging und im nächsten Herbst ein Sprachenstudium beginnen wollte. Die beiden verstanden sich auf Anhieb prächtig, und es entwickelte sich eine enge Freundschaft.

In diesem strengen Winter sprach Mutter Isobel endlich ein Machtwort. Während der Weihnachtsferien hatte sie ihren Sohn überreden können, gemeinsam mit ihr auf dem zugefrorenen See Schlittschuh zu laufen. Er machte ihr die Freude, obwohl er wusste, dass es nicht gut gehen konnte. So stürzte er zwangsläufig und schaffte es nicht mehr, allein wieder auf die Beine zu kommen. Auf Drängen der Mutter vertraute er sich ihr an und eröffnete ihr die ganze Dimension seiner Behinderung. Auf ihre Initiative hin ließ er sich endlich vom Hausarzt untersuchen, der ihn an einen Spezialisten überwies. Kurz nach seinem 21. Geburtstag unterzog er sich in der Londoner Barts-Klinik verschiedenen Tests.

Die Ärzte rieten ihm, seine Studien in Cambridge wieder aufzunehmen, und teilten ihm kurz darauf die Diagnose mit. Er litt an einer seltenen, unheilbaren Krankheit, die ALS genannt wird: Amyotrophe Lateralsklerose. Sie schädigt das motorische Nervensystem und bringt die Steuerung von Muskelbewegungen durcheinander. Die Nervenzellen in der Hirnrinde und ihre Verbindungen zum Rückenmark degenerieren. Das führt zu Muskelschwund und allgemeiner Schwäche, unwillkürlichen Muskelzuckungen und Beeinträchtigungen im Bereich der Sprech-, Kau- und Schluckmuskulatur. Diese Art von Lähmung ist ein schleichend langsamer Prozess, der sich über Jahre hinzieht, bis er den ganzen Körper in Besitz genommen hat und der Patient schließlich am Versagen der Atemmuskulatur, an einer Lungenentzündung oder durch Er-

Sie entnahmen meinem Arm eine Muskelprobe, pflanzten mir Elektroden ein, injizierten ein Kontrastmittel in meine Wirbelsäule und beobachteten meine Bewegungen auf dem Röntgenschirm, während sie das Bett kippten. Danach teilte man mir aber nicht mit, was ich hatte, nur dass es keine multiple Sklerose und ich ein atypischer Fall sei. Ich begriff jedoch, dass die Ärzte mit einer Verschlechterung meines Zustandes rechneten und nichts tun konnten […]. Allerdings war ich auch nicht in der Stimmung, nach Einzelheiten zu fragen, weil sie mit Sicherheit nicht erfreulich gewesen wären.

Stephen Hawking 1987 in einem Vortrag vor der Englischen Gesellschaft für Muskelkrankheiten

sticken stirbt. Da ALS ausschließlich das motorische Nervensystem betrifft, wird die sinnliche Wahrnehmung nicht in Mitleidenschaft gezogen. Der Kranke kann ohne Beeinträchtigung sehen, hören, riechen und schmecken. Schmerz- und Berührungsempfindungen bleiben normal. Die Funktionen von Blase und Darm sind ebenfalls nicht gestört. Und auch die Großhirnrinde ist nicht betroffen, sodass sämtliche kognitiven Fähigkeiten erhalten bleiben. (6)

Bei einer ALS-Diagnose muss der Arzt selbstverständlich auch die verkürzte Lebenserwartung ansprechen. Inzwischen aber gehört die Lebenserwartungsprognose von zwei Jahren, die der behandelnde Arzt nach den Tests abgegeben haben soll, unauflöslich zur mythischen Figur Stephen Hawking. In fast jedem Medienporträt Hawkings wird der Satz «Zwei Jahre gaben ihm die Ärzte noch» kolportiert und seinem jeweils aktuellen Alter gegenübergestellt. In Interviews dementiert und relativiert der Betroffene selbst diese Zahl aber auch nicht. Wäre die ärztliche Prognose zutreffend gewesen, hätte er um seinen 23. Geburtstag herum sterben müssen.

Vielleicht dient es der Wahrheitsfindung, die bei der Bildung zeitgenössischer Legenden ins Spiel kommende Reduzierung von Informationen auf ein mythoskompatibles Niveau in Betracht zu ziehen. Das hieße hier: Von allen Zahlen, die der Arzt an diesem Januarmorgen des Jahres 1963 tatsächlich erwähnte, überlebte nur die kleinste, weil sie die sensationellste war. Bei einer solch erschütternden Konfrontation mit dem eigenen Ende wäre die kühle Wahrhaftigkeit der Darstellung wohl das Letzte, was man von einem Einundzwanzigjährigen erwarten dürfte. So pflanzt sich diese Zahl fort und trägt zum Mythos bei. Vor diesem Hintergrund ist die differenzierte Erinnerung eines Oxforder Studienkollegen Hawkings umso erstaunlicher. Derek Powney erzählt: «Man hatte ihm gesagt, dass die Krankheit unheilbar sei und dass sich ihr Verlauf überhaupt nicht vorhersagen lasse. Sie könne für längere Zeit zum Stillstand kommen, sie bessere sich nicht, könne aber Pausen einlegen, und es lasse sich nicht sagen, ob er in sechs Monaten oder zwanzig Jahren sterben würde. Doch da er die Krankheit in sehr viel jüngeren Jahren bekommen hatte als die meisten anderen Patienten, nahm man an, sie werde eher rascher als langsamer verlaufen.» (SHW: 67)

Der Todgeweihte gab sich zunächst seinen Depressionen hin. Was hatte es noch für einen Sinn, sich auf seine Dissertation vorzubereiten, wenn kaum die Aussicht bestand, sie jemals vollenden zu können? Also zog er sich in sein Schneckenhaus zurück und versank in Richard Wagners Schwermutsklängen. Als großes Glück im Unglück empfand es seine Mutter, dass die Beziehung zu Jane Wilde nicht unter den schrecklichen Aussichten litt. Im Gegenteil: Jane fühlte sich sehr zu Stephen hingezogen. Die beiden waren offensichtlich verliebt, und bald darauf verlobten sie sich. Es sah so aus, als sähe Jane es als ihre Lebensaufgabe an, sich um ihn zu kümmern: «Ich gelangte zu einer Entscheidung und hielt an ihr fest. Er war ungeheuer entschlossen, sehr ehrgeizig. Genau wie heute. Er befand sich bereits im Anfangsstadium seiner Krankheit, als ich ihn kennen lernte. Deshalb habe ich nie einen gesunden, nicht behinderten Stephen gekannt.» (Wiz)

Schon bald besuchte sie ihn an den Wochenenden in Cambridge. Dort lernte sie die anderen Doktoranden aus Dennis Sciamas Kurs kennen, mit denen ihr Verlobter zusammenarbeitete und befreundet war: George Ellis, Brandon Carter und Martin Rees. Diese kleine verschworene Gemeinschaft von Relativitätsspezialisten traf sich im Teeraum des Fachbereichs für angewandte Mathematik und theoretische Physik (DAMTP – Department of Applied Mathematics and Theoretical Physics). Sie diskutierten ihre thematisch verwandten Projekte und gingen gemeinsam ins Kino, in Konzerte und um die Häuser.

Die Verlobung mit Jane Wilde gab dem jungen Physiker neuen Lebensmut, sodass er allmählich auch seine Dissertation besser in den Griff bekam. Durch die neuen Lebensumstände wandelte sich seine Arbeitsmoral radikal. Im Gegensatz zu seinem Studium in Oxford, wo ihn alles gelangweilt hatte, war ihm plötzlich seine Arbeit jede Mühe wert. Er erkannte, dass sein Doktorvater Dennis Sciama ein weiterer Glücksfall in dieser schweren Zeit war, denn die Betreuung ließ nichts zu wünschen übrig. Die beiden sahen sich täglich, und Sciama tat alles, um seinem Schützling die besten Arbeitsbedingungen zu ermöglichen. Dazu gehörten gegen Ende von Hawkings zweitem Postgraduiertenjahr regelmäßige Trips nach London, wo der Mathematiker Roger Penrose am King's College ein Seminar über sein so genanntes Singularitätstheorem abhielt.

Aus den Feldgleichungen der Allgemeinen Relativitätstheorie hatte J. Robert Oppenheimer in den 1930er Jahren eine moderne Theorie für den Zustand ausgebrannter Sterne von der mehrfachen Masse unserer Sonne entwickelt. Sie fallen unter dem Einfluss ihrer eigenen Schwerkraft in sich zusammen. In diesem «Gravitationskollaps» genannten Szenario schrumpfen sie auf eine vergleichsweise winzige Ausdehnung und entwickeln dabei ein so starkes Gravitationsfeld, dass ihre Schwere nicht einmal mehr das Licht entkommen lässt. Manche dieser Schrumpfobjekte haben einen Radius von nur fünfzehn Kilometern, aber eine Dichte von Hunderten von Millionen Tonnen pro Kubikzentimeter.

Der Begriff «Schwarzes Loch» existierte 1964 noch nicht, aber Roger Penrose beschäftigte sich mit dem Zustand im Inneren solcher Sonnenleichen und gelangte dabei zu wegweisenden Erkenntnissen. Denn obwohl die Relativitätstheoretiker wussten, dass ihre Lehre derart seltsame Objekte vorhersagte, glaubte niemand so recht an ihre Existenz. Hinzu kam, dass an dem Punkt, wo der sterbende Stern das Volumen Null sowie eine unendliche Dichte erreichte, eine «Singularität» entstehen sollte, eine extrem gekrümmte Raumzeitregion, in der die Zeit nicht mehr existiert, die Naturgesetze nicht mehr gelten und Einsteins Gravitationstheorie versagt.

So war es nur allzu verständlich, dass Physiker, die mit der Allgemeinen Relativitätstheorie arbeiteten, nichts von den Grenzen ihrer eigenen Theorie wissen wollten und die Existenz der bizarren Schwerkraftfallen ins Reich der astronomischen Fabeln verwiesen. Roger Penrose aber gelang es, die Singularität im Inneren Schwarzer Löcher mathematisch zu beweisen: Stirbt ein Stern im Gravitationskollaps, dann endet für ihn die

Raumzeit, und das Licht kann nicht mehr entkommen.

Als das Doktoranden-Quartett und ihr Mentor Dennis Sciama eines Abends wieder einmal in London in den Zug nach Cambridge stiegen, kam Stephen Hawking die entscheidende Idee, die seinen weiteren Lebensweg langfristig prägen und kurzfristig seine Dissertation retten sollte. Angeregt durch Penrose, stellte sich Hawking die Frage, ob es vielleicht auch eine Singularität in der Geschichte des Universums gegeben hatte, die den Anfang der Zeit markierte. Nun bot Roger Penrose innovative mathematische Verfahren zur Berechnung einer solchen Singularität an. Da lag der Gedanke nahe, ob er nicht das Singularitätstheorem von Penrose anwenden könnte, um den Ursprung des Universums zu verstehen.

Roger Penrose war der zweite Gutachter von Hawkings Dissertation und arbeitete danach eng mit Hawking zusammen an den Singularitätstheoremen für den Anfang des Universums und der Zeit. In Oxford, 1980

Im Rückblick erinnert sich Dennis Sciama an die Situation im Zug, als Hawking ihn mit diesem Einfall konfrontierte: «[…] er dachte, wenn man die Zeitrichtung umkehrt – nur in Gedanken – kann man sich das expandierende Universum als ein kollabierendes System vorstellen, etwa so als würde ein ungeheuer großer Stern in sich zusammenstürzen. Und es gelten die gleichen Gesichtspunkte: Wenn das Universum bei dieser Zeitrichtung kollabiert, gelangt es zu einer Singularität.» (SHW: 98)

Als Stephen Hawking 1965 schließlich seine Dissertation zur Begutachtung vorlegte, war ihm die Übertragung des Penrose'schen Singularitätstheorems zu einem Meisterwerk geraten. Ein mathematisches Verfahren zu entwickeln, um die Befindlichkeit einer Sternenleiche zu errechnen, deren Existenz überhaupt noch nicht nachgewiesen war, mag einem Laien schon abenteuerlich vorkommen. Insofern war Penroses Theorem bereits ein spektakulärer Entwurf. Doch wie viel Selbstbewusstsein und Weitsicht brauchte es wohl, um dieses Theorem auf das gesamte Universum anzuwenden? Stephen Hawking schien mit der Arbeit zur Erlangung der Doktorwürde seine Krise bewältigt zu haben.

Das Schlusskapitel der Dissertation enthielt sein erstes Singularitätstheorem für den Anfang des Universums. In letzter Konsequenz bedeutete es, dass die Allgemeine Relativitätstheorie für den Anfang des Universums keine Aussagen machen konnte. Wo sie sonst eine Beziehung zwischen der Raumzeitkrümmung und der Verteilung von Masse und Energie herstellen kann, versagt sie im Extremfall einer Singularität. Das galt sowohl für den Gravitationskollaps eines Sterns als auch für den Anfang des Universums. War die moderne Physik tatsächlich nicht in der Lage, etwas über den Anfang des Universums auszusagen, oder gab es irgendeine Ergänzung für die offensichtlich unvollständige Allgemeine Relativitätstheorie?

Big Bang

Im selben Jahr, als Stephen Hawking sich der Singularität am Anfang des Universums zuwandte, kam der Anfang vom Ende für eine Theorie, die der in Cambridge lehrende Astronom Fred Hoyle zusammen mit dem Mathematiker Hermann Bondi ausgearbeitet und «Steady State»-Modell genannt hatte. Dabei ging er von einem stationären, also unwandelbaren Zustand eines Universums ohne Anfang oder Ende in der Zeit aus. Er berücksichtigte die 1929 von Hubble entdeckte Expansion des Universums und stellte sich vor, dass beim Auseinanderdriften der Galaxien ständig neue Materie in den Lücken dazwischen entstünde, sodass die Materiedichte erhalten bliebe und das Universum zu jedem Zeitpunkt und an jedem Ort gleich aussähe. Hoyle war der Ansicht, dass diese Materie ständig aus dem Nichts geschaffen werde. (IGZ: 62 f.)

Sir Fred Hoyle war in den 1960er Jahren Englands berühmtester Astronom. Er entwickelte u. a. die damals sehr einflussreiche «Steady State»-Theorie des Universums. Foto von 1982

In einer groß angelegten Untersuchung von Radiogalaxien sammelte ein Forscherteam unter der Leitung von Martin Ryle ausgerechnet an Hoyles Wirkungsstätte in Cambridge Daten, die die Grundannahmen der Steady-State-Theorie widerlegten.

Die Astronomen hatten die Verteilung von Radioquellen im All bestimmt. Wie weit sind diese Quellen von uns entfernt? Wie nimmt ihre Anzahl zu, wenn man tiefer und weiter ins All hinausblickt? Da ein Blick in die Ferne immer auch ein Blick zurück in die Zeit ist, lasen die Radioastronomen sozusagen im großen Geschichtsbuch des Weltalls: Gab es früher mehr Radioquellen als heute? Oder weniger? Oder, wie es die Steady-State-Theorie fordern musste, haargenau gleich viele? Die Antwort war eindeutig: Im Laufe der Evolution des Weltalls hatte sich die Dichte der Radioquellen messbar verändert. Damit war schon einmal die Grundannahme der Steady-State-Theorie widerlegt.

Das Bedürfnis nach einer unwandelbaren Welt schien groß zu sein. Wir erinnern uns an Albert Einstein, der bei der Entwicklung der Allgemeinen Relativitätstheorie herausfand, dass seine Feldgleichungen eine Expansion oder Kontraktion des Universums vorhersagten. Da aber ein in Bewegung befindliches Weltall mit seinen Vorstellungen eines statischen Universums kollidierte, führte er eine Größe in das Formelwerk ein, die der Expansionskraft entgegenwirkte. Als dann Ende der 1920er Jahre Edwin Hubble die Ausdehnung der Raumzeit entdeckte, schlug sich der große Physiker an die Brust und bezeichnete die so genannte kosmologische Konstante als «größte Eselei meines Lebens».

Die Untersuchung der Radiogalaxien von Martin Ryle bestätigte die Befürworter einer anderen Theorie über die Evolution des Universums. Die beruhigende Idee von einer Welt im ewigen Gleichgewicht sowie einer kontinuierlichen Schöpfung neuer Galaxien im Laufe der Raumzeitexpansion war nicht länger aufrechtzuerhalten. Wieder einmal war es den Astronomen gelungen, ein bisschen tiefer in die Vergangenheit des Universums zurückzuschauen (▤ 24), denn das Licht der beobachteten Galaxien hatte eine Milliarde Jahre gebraucht, um die Erde zu erreichen. Und was sie dort sahen, sprach für eine allmähliche Entfaltung des Universums in der Zeit.

Als Edwin Hubble durch sein Zweimeterteleskop an der Mount-Wilson-Sternwarte schaute, bekam er den Eindruck, als bewegten sich die Galaxien bei zunehmender Entfernung von der Erde mit proportional größerer Geschwindigkeit fort. Dieser Schluss lag zwar auf der Hand, ging aber streng genommen knapp an der Wahrheit vorbei. In Wirklichkeit war es die Raumzeit selbst, die sich wie die Hülle eines immer weiter aufgeblasenen Luftballons ausdehnte. Stellt man sich die Galaxien als Farbkleckse auf der Gummihaut des Ballons vor, dann entfernen die sich voneinander, wenn das Volumen des Luftballons zunimmt. (IGZ: 56)

Bei diesem Szenario lag der Gedanke nahe, sich die früheste Vergangenheit des Universums so vorzustellen, dass die Galaxien einmal näher beieinander und enger zusammengeballt waren. Vielleicht bildeten sie ja ganz zu Anfang eine einzige zusammenhängende, superdichte Masse. Dachte man dieses Konzept konsequent zu Ende, dann musste es einen Zeitpunkt von unendlicher Materiedichte und Raumzeitkrümmung gegeben haben, aus dem das Universum mit einer ungeheuren Explosion hervorgegangen war. Diese Evolutionstheorie des Universums setzte sich als «Urknall-Modell» durch.

Pikanterweise war es Fred Hoyle, der der Theorie unfreiwillig diesen buchstäblich durchschlagenden Namen gab. Der weltberühmte Astronom, der auch nach dem Radioquellen-Scan seines Cambridger Kollegen Martin Ryle an eine Fehlinterpretation der Daten glaubte und an seiner Steady-State-Theorie festhielt, hatte sich in einem Rundfunkinterview über das Modell der spontanen Entstehung des Universums aus einem Zustand unendlicher Dichte lustig machen wollen und von einem «Big Bang», einem großen Knall, gesprochen. Der Ausdruck verfehlte seine Wirkung

Wichtige Entdeckungen, die die Existenz Schwarzer Löcher nun doch wahrscheinlich werden ließen, erlebte Stephen Hawking hautnah auf dem Cambridger Campus mit:

- 1963, zu Beginn seines Postgraduiertenkurses, die Entdeckung der Quasare,
- im Dissertations- und Hochzeitsjahr 1965 den Radioquellen-Scan von Martin Ryle und
- 1967, dem Geburtsjahr seines ersten Sohns, den ersten Nachweis von Pulsaren.

Die graue Theorie der modernen Kosmologie, die auf der Allgemeinen Relativitätstheorie gründete, mauserte sich dank verbesserter Radioteleskope zu einer veritablen Beobachtungswissenschaft.

auf die Forschergemeinde nicht, wenngleich Hoyle keinesfalls beabsichtigt hatte, damit das Markenzeichen eines Erfolgsprodukts zu prägen, das seine eigene Theorie völlig verdrängen sollte.

Zu einem etwas kleineren Knall kam es zwischen Fred Hoyle und Stephen Hawking am Rande einer Versammlung der Royal Society in London. Während der Doktorand noch den Schock der ALS-Diagnose verkraften musste und seine eigene Arbeit nicht so recht in Schwung kommen wollte, brütete im Büro neben Hawking der Hoyle-Schützling Jayant Narlikar über den Gleichungen der Steady-State-Theorie. Angeregt von den Details, die er im Gespräch mit Narlikar und beim Blick auf die Formeln aufschnappte, hatte sich Stephen eine Zeit lang mehr dem Hoyle'schen Modell als seinem eigenen Projekt gewidmet, das er lustlos vor sich her schob.

Wenig später gab Hoyle also vor der Royal Society die Resultate einer neuen Arbeit bekannt, ohne sie zuvor von einem Gutachter verifiziert haben zu lassen. In der Diskussion, die dem Vortrag Hoyles folgte, düpierte der Emporkömmling Hawking den renommierten Astronomen:

«‹Die Größe, von der Sie sprechen, divergiert›, sagte er.

Ein leises Murmeln lief durch die Reihen der Zuhörer. Die versammelten Wissenschaftler begriffen augenblicklich, dass Hoyles letzte Behauptungen falsch sein mussten, wenn Hawking Recht hatte.

‹Natürlich divergiert sie nicht›, entgegnete Hoyle.

‹Sie tut es doch›, lautete Hawkings herausfordernde Erwiderung.

Hoyle hielt inne und ließ seinen Blick einen Moment lang über das erwartungsvoll schweigende Publikum schweifen. ‹Woher wissen Sie das?›, fragte er scharf.

‹Weil ich darüber gearbeitet habe›, sagte Hawking langsam.» (Bio: 83)

Und er hatte Recht. Schließlich veröffentlichte er einen Artikel, in dem er die Kritik an den Hoyle'schen Berechnungen wiederholte und sich als hoffnungsvoller Nachwuchswissenschaftler empfahl.

Es waren nicht allein die Ryle'schen Ergebnisse, die der Steady-State-Theorie den Garaus machten. In diesem auch für Stephen Hawking so ereignisreichen Jahr 1965 wurde noch eine weitere wichtige Entdeckung gemacht, die dem Urknall-Modell des Universums den Rücken stärkte: die Existenz der Mikrowellen-Hintergrundstrahlung. Stellt man sich den Urknall bildhaft als gewaltiges Strahlungsfeuerwerk vor, dann ist die heute noch detektierbare Hintergrundstrahlung ein unmittelbares Überbleibsel dieses Ereignisses. Die Mikrowellen sind, wenn man so will, die letzten noch schwelenden Rauchschwaden des Urknallfeuers. Denn geht man von einer dynamischen Evolutionstheorie des Universums aus, dann begann die Raumzeit vor etwa 13,5 Milliarden Jahren in einer unvorstellbar heißen dichten Anfangsphase. Seitdem dehnte sich die Raumzeit ständig aus und kühlte allmählich ab. Auch die Wellen der Restwärmestrahlung dehnten und verteilten sich gleichmäßig in den Weiten des Universums. Sie erkalteten ebenfalls zusehends. Der Abkühlungsprozess ist mittlerweile bei einem Wert von unter 3 Grad Kelvin angelangt. Das sind ein paar Grade über dem absoluten Nullpunkt von minus 273 Grad Celsius.

Aus den ursprünglichen Gammastrahlen wurden so im Laufe der Zeit Mikrowellen mit einer Wellenlänge von etwa einem Millimeter. Die findet man auch in der Kommunikationstechnik wieder. Wenn Sie Ihren Fernseher auf einen leeren Kanal einstellen, dann stammen ein paar der dort auf dem Bildschirm tanzenden Punkte aus den Tiefen des Weltalls. Obendrein ist die Hintergrundstrahlung – wie Stephen Hawking in seiner *Darwin Lecture* an der Universität Cambridge vom Januar 1991 bemerkte, *die gleiche Art Strahlung, die Sie in einem Mikrowellenherd nutzen, nur sehr viel schwächer. Sie würde Ihre Lebensmittel nur auf 2,7 Grad über dem absoluten Nullpunkt erwärmen – also nicht genug, um Ihre Tiefkühlpizza kross zu backen.* (EiT: 145)

Obwohl einige Forscherteams bereits seit Beginn der 1960er Jahre mit verbesserten Radioteleskopen ernsthaft auf der Suche nach der «kosmischen Hintergrundstrahlung» waren, stand dieses spezielle Ziel nicht auf der Wunschliste der beiden Physiker Arno Penzias und Robert Wilson. Sie wollten lediglich einen neuen Detektor aus den berühmten Labors der Firma Bell testen, der die Mikrowellen eines Echosatelliten aus 1600 Kilometer Höhe empfangen sollte. Das Gerät erwies sich als derart empfindlich, dass es auch ein störendes Rauschen aufzeichnete, das sich einfach nicht eliminieren ließ, egal in welche Richtung sie die hornförmige Schüssel hielten. Ein Jahr lang beobachteten sie das Phänomen der unerwünschten zusätzlichen Mikrowellenstrahlung, die stets unverändert blieb und sich auch nicht von der Erdrotation beeindrucken ließ. Da sie alle Fehlerquellen ausgeschlossen hatten und nicht mehr weiter wussten, wandten sich Penzias und Wilson an den Astronomen Robert Dicke von der Princeton University, der als Mikrowellenfachmann galt. Aus ihrer Schilderung des Störgeräusches erkannte er sofort, dass die beiden Bell-Physiker eine nobelpreiswürdige Entdeckung gemacht hatten. Die kon-

Arno Penzias (links) und Robert Wilson vor der Hornantenne in Holmdel, New Jersey, mit der sie völlig unbeabsichtigt den Mikrowellenhintergrund entdeckten.

stante Mikrowellenstrahlung verdankte ihre Gleichförmigkeit ihrem exorbitant raumzeitfernen Ursprung. Es war der 3 Grad Kelvin kalte «Rauch» des Urknallfeuers. Bis dahin hatte Dicke geglaubt, das beste Radioteleskop der Welt gebaut zu haben. Mit ihm hatte er vergeblich gesucht, was Penzias und Wilson völlig unabsichtlich gefunden hatten: die Mikrowellen-Hintergrundstrahlung als fossile Spur und letztes Zeugnis vom Anfang der Zeit und jeglicher Existenz. (EDM: 58–69)

Der Urknall galt nun als Anfang des Universums und der Zeit. Musste sich die Physikergemeinde mit mathematisch nicht akzeptablen Ergebnissen wie den Unendlichkeiten von Dichte und Raumzeitkrümmung tatsächlich abfinden? War der Urknall also ein singuläres Ereignis, bei dem die Allgemeine Relativitätstheorie keine Gültigkeit hatte? Oder war als Ursprung des Universums eine andere Lösung denkbar, in der die Galaxien nicht so unvorstellbar dicht komprimiert, sondern auf irgendeine Weise anders im Raum verteilt gewesen waren? Mit diesen Fragen wollte sich der frisch gebackene Doktor Stephen Hawking nun näher befassen.

Angeblich hat Stephen Hawking selbst nicht mehr als ein halbes Dutzend Mal durch ein Teleskop geschaut. Das war während seines Grundstudiums in Oxford, und seitdem hat ihn praktische Astronomie nie wieder sonderlich interessiert. Er fand die theoretische Physik wesentlich spannender. Jetzt, da er bereits auf einen Gehstock angewiesen war, offenbarte sich seine Vorliebe als ein Segen, denn mit fortschreitender Behinderung hätte er als Experimentalwissenschaftler bald keine Chance mehr gehabt, seinen Beruf auszuüben.

Der private Höhepunkt des aufregenden Jahres 1965 war zweifellos die Hochzeit mit Jane Wilde im Juli. Das junge Paar hatte beschlossen zu heiraten, nachdem Stephens Bewerbung um ein weiteres Forschungsstipendium am Caius College in Cambridge positiv beschieden worden war. Es war verbunden mit einem so genannten «Fellowship» für theoretische Physik, was als hohe Auszeichnung gilt, denn ein Fellow hat das Recht, sich ohne Lehrverpflichtung ganz auf sein persönliches Forschungsgebiet zu konzentrieren: eine ideale Voraussetzung für die Arbeit an seinem Singularitätstheorem und eine weitere Sprosse hinauf auf der akademischen Karriereleiter. Die Braut studierte zu dieser Zeit im dritten Jahr Sprachwissenschaft am Westfield College in London. (Bio: 109)

Die kirchliche Trauung fand in der Kapelle des Trinity College statt. Zu der anschließenden Familienfeier waren rund hundert Leute eingeladen. Das Geld reichte gerade noch für eine einwöchige Hochzeitsreise nach Suffolk, und danach stand ein Sommerkurs in Allgemeiner Relativitätstheorie an der Cornell University im Staat New York auf dem Programm. Auch wenn es aufgrund der beengten Räumlichkeiten im Wohnheim der Universität zu ersten Spannungen mit Jane kam, so war doch die Kontaktaufnahme zu einigen der berühmtesten Relativitätstheoretiker der Welt eine wichtige Erfahrung für den neuen Fellow des Caius College.

Jane Wilde und Stephen Hawking bei ihrer Hochzeit, 1965. Links Hawkings Eltern, rechts die seiner Frau

Zurück in Cambridge, fand das junge Paar nach einigem Suchen ein winziges, aber ideal gelegenes Haus, nur hundert Meter vom Institut für theoretische Physik entfernt, in der Little St. Mary's Lane. Die Nähe zum Arbeitsplatz war ein glücklicher Umstand, denn Stephens Muskelschwund war bereits so weit fortgeschritten, dass die Gehstöcke gegen Krücken ausgetauscht werden mussten. Auch war es Stephen nicht mehr möglich, seine eigenen Arbeiten abzutippen. Seine junge Frau bewältigte ihr Studium in London, am Wochenende die Haushaltsführung in Cambridge, die Pflege ihres behinderten Mannes und den Job einer Privatsekretärin mit bewundernswerter Energie und Bravour. Für die schmale Wendeltreppe hinauf ins Schlafzimmer brauchte Hawking inzwischen bereits eine Viertelstunde. Eisern lehnte er es ab, sich helfen zu lassen, was Jane und dem Freundeskreis oftmals ein hohes Maß an Geduld abforderte. Ansonsten aber galt das Haus der Hawkings als fröhlicher, gastfreier Ort, an dem stets etwas los war und die Luft noch immer von der altvertrauten Wagnermusik in Schwingung versetzt wurde. Die neue Jugendkultur, die Musik der Beatles, Rolling Stones und der Who, die gerade die Welt im Sturm eroberte, war hier verpönt.

Obwohl Jane sich bei der Entscheidung zur Heirat darüber im Klaren gewesen war, dass sie das Schicksal eines «Arbeitstiers» gewählt hatte und wahrscheinlich nie ihren Lehrerberuf würde ausüben können, war es eine Herzensangelegenheit und ein ernstes Versprechen gewesen. Sie wusste, worauf sie sich einließ. Dennoch muss es hin und wieder bitter für sie gewesen sein zu sehen, wie ihr Mann wissenschaftliches Ansehen und bald auch Ruhm und Preise anhäufte und sie selbst nach bestandenem Examen der Doppelbelastung einer Haushälterin und Pflegerin ausgesetzt war. 1967 kamen noch Mutterpflichten hinzu. Denn entgegen allen Prognosen zu den Folgen seiner schweren Muskelschwundkrankheit kam in diesem Jahr der erste Sohn Robert zur Welt.

Inzwischen galt Hawking in den akademischen Kreisen von Cambridge als intellektuelles Schwergewicht und war berühmt-berüchtigt für seine schnörkellosen Debatten mit arrivierten Physikern und seine respektlosen Repliken bei öffentlichen Vorträgen. Im Dezember 1965 stellte er, kaum dass seine Dissertation fertig war, auf einer Relativitätskonferenz in Miami sein Singularitätstheorem vor, wo es begeisterte Aufnahme fand. 1966 gewann er den Adams-Preis für einen Aufsatz mit dem Titel *Singularitäten und die Geometrie der Raumzeit.* Manch junger Bewunderer sprach schon hinter vorgehaltener Hand von dem «neuen Einstein». Stephen Hawking selbst hat gewiss nie unter mangelndem Selbstbewusstsein gelitten. Doch den Vergleich mit Einstein lehnt er strikt ab und verweist darauf, dass es immer andere waren, die diese peinliche Gleichrangigkeitsparade inszeniert hätten.

Zwischen 1965 und 1970 ergab sich eine intensive Zusammenarbeit zwischen Stephen Hawking und Roger Penrose, der als Gutachter für die Dissertation Hawkings bestellt worden war. (RuZ: 17) Beide nahmen die Einstein'schen Feldgleichungen ernst genug, um deren exotischste Vorhersage mit Penroses neuem mathematischen Ansatz zu überprüfen: die Existenz von Raumzeitsingularitäten und – als denkbar destruktivste Form der Selbstbezüglichkeit – das Versagen der Allgemeinen Relativitätstheorie bei solchen «mathematisch pathologischen Ereignissen». (GöF: 180) Roger Penrose hatte gezeigt, dass der Gravitationskollaps eines Sterns zu einer unendlichen Raumzeitkrümmung und somit zu einer Singularität in seinem Inneren führt. Nun lag durch Stephen Hawkings Arbeit über den Anfang des Universums das gleiche Resultat vor. Denn kehrte man in Gedanken die Zeitrichtung der Raumzeitexpansion um, gelangte man ebenfalls unweigerlich zu einem Punkt unendlicher Raumzeitkrümmung und Materiedichte.

Dadurch ergab sich eine seltsame Symmetrie zwischen beiden Ergebnissen: Die Expansion der Raumzeit aus der Anfangssingularität des Urknalls schien das Spiegelbild der Kontraktion von Materie und Raumzeit im Gravitationskollaps eines Sterns zu sein, der zum Schwarzen Loch mutiert. Penrose und Hawking schafften es in diesen fünf Jahren, auf der Grundlage der Allgemeinen Relativitätstheorie Penroses innovative mathematische Verfahren weiterzuentwickeln, die den Beweis dafür lieferten, dass die Umstände der Entstehung eines Schwarzen Lochs ein Spiegelbild des Urknalls sind. Wenn die Vorhersagen der Allgemeinen Relativitätstheorie also zutreffend sind und eine genaue Beschreibung des großmaßstäblichen Universums liefern, dann nehmen Raum und Zeit ihren Anfang in einer Urknallsingularität, einem rational nicht definierbaren mathematisch pathologischen Ereignis, für das die Theorie keinerlei Aussagen machen kann und die Naturgesetze nicht mehr gelten. Was vor dem Urknall geschehen sein mochte, bleibt uns (vermutlich für immer) durch den dichten Schleier der Singularität verborgen. Die Existenz von Zeit vor diesem Punkt zu postulieren ist sinnlos, da sie für Wesen wie uns, die in der Raumzeit leben, keinerlei Bedeutung haben kann. Wenn aber die Zeit mit dem Urknall beginnt, dann endet sie in der Finsternis eines Schwarzen Lochs. Es liegt nahe, diese Dunkelheit «ewig» zu nennen, doch wie könnte ein Ereignis ewig sein, das das Ende der Zeit beschreibt? (🕮 GKo)

Nach der ersten Periode dieser fruchtbaren Zusammenarbeit mit Roger Penrose trat für Hawking eine tief greifende Zäsur ein. Die Krankheit hatte sich bisher zwar langsam, aber stetig entwickelt. Auf den Gehstock folgten Krücken, und Ende der 1960er Jahre war es so weit, dass er diese gegen einen Rollstuhl austauschen musste. Er sträubte sich lange gegen die fatale Endgültigkeit der Entscheidung, zu der ihn die Krankheit zwang. Freunde und Familienmitglieder hatten ihn schon länger zu überzeugen versucht, dass es notwendig sei. Als er sich schließlich ins Unvermeidliche fügte, arbeitete er mit großer Entschlossenheit daran, das Beste daraus zu machen. So erkannte er zum Beispiel sofort, dass er mit dem Rollstuhl letztlich schneller unterwegs war als zuvor. Und selbst eine rudimentäre Form des Tanzens war ihm jetzt möglich. Er, der als junger Erwachsener vor dem Ausbruch von ALS so leidenschaftlich gern getanzt hatte und diese Aktivität schmerzlich vermisste, konnte jetzt während der Studentendiscos bis tief in die Nacht hinein seine Runden über die Tanzfläche ziehen.

Lange bevor es zum Begriff wurde, praktizierte er in vorbildlicher Weise positives Denken.

Seit 1968 hatte er ein eigenes Büro am Institute of Astronomy, das ihm die Mitarbeiter unter der Leitung des Radioastronomen Simon Mitton so behindertengerecht wie möglich eingerichtet hatten. Das Institut befand sich in einem Vorort von Cambridge, mit seinem Rollstuhl konnte er es nicht erreichen. Deshalb besorgte er sich ein dreirädriges motorisiertes Vehikel für Körperbehinderte. (Bio: 140) Auch wenn er auf die Institutsmitarbeiter so manches Mal unduldsam und gereizt wirkte, verlor er im Großen und Ganzen dennoch nicht seinen Humor, sondern blieb angesichts seiner Lähmung erstaunlich heiter und gelassen. Das Wichtigste für ihn war, dass sein Verstand einwandfrei funktionierte. Auch wenn also alle mit der Krankheit verbundenen Schwierigkeiten bei der Berufsausübung überwältigend schienen: Sein «Handwerkszeug» war optimal in Schuss, sodass alle mit der Hinfälligkeit seines Körpers verbundenen Probleme lösbar erschienen.

Die sprachliche Kommunikation wurde extrem schwierig. Nur noch wenigen engen Freunden und Mitabeitern gelang es, ihn zu verstehen. Und auch sie schafften dies nur mit angestrengter Konzentration. Wenn man ihm nicht unmittelbar gegenübersaß und seine Lippenbewegungen mitverfolgen konnte, war eine Verständigung fast unmöglich. Aber auch in dieser Hinsicht blieb Hawking hartnäckig. Er bestand darauf, sich normal zu unterhalten, und verbat sich gut gemeinte Gesprächstaktiken, die etwa darauf abzielten, seine Antworten auf ein Ja oder Nein zu reduzieren.

Erhebliche Probleme bei der Bewältigung der komplexen relativistischen Mathematik bereitete ihm der Umstand, nicht mehr mit der Schreibmaschine oder auch nur handschriftlich arbeiten zu können. Er war ganz allein auf die Speicherkapazität seines vorzüglichen Gedächtnisses angewiesen und musste sich anspruchsvolle Memorierungstechniken aneignen. Offensichtlich bereitete es ihm schon bald keine Schwierigkeiten mehr, zum Beispiel Gleichungen mit vierzig Termen in der richtigen Reihenfolge aus dem Gedächtnis abzurufen.

An drei Vormittagen in der Woche arbeitete er am Institut für Astronomie. Mit zunehmender Reputation wurde sein Büro im Laufe der Jahre zu einem Treffpunkt für Wissenschaftler aus aller Welt, die die neuesten Entwicklungen in der Astronomie mit dem jungen Genie diskutieren wollten. Die Welt kam zu ihm, aber er revanchierte sich auch dafür. Die Einladungen zu Vorträgen und Kongressen rund um den Globus häuften sich. Er nahm sie fast alle an und ließ sich von seiner Behinderung nicht abschrecken, obwohl die Flugreisen mit Rollstuhl ein nicht unerhebliches logistisches Problem darstellten.

Hawking-Strahlung

1969 prägte der amerikanische Physiker John Wheeler den Begriff Schwarzes Loch für ein stellares Objekt, das seinen Kernbrennstoff verbraucht hat, dem Druck der eigenen Schwerkraft also keine Wärmebewegung mehr entgegensetzen kann und deshalb kollabiert. Er hatte es satt, im Gespräch und bei Vorträgen über diese «durch Gravitation völlig kollabierten Objekte» (SHW: 103) ständig genau diese monströse Umschreibung zu verwenden. Ähnlich wie Fred Hoyles «Big Bang», zu Deutsch Urknall, setzte sich Wheelers Schwarzes Loch sofort durch. Wissenschaftler, Science-Fiction-Autoren und Boulevardpresse nahmen den Terminus in seltener Einmütigkeit auf, wenngleich die Vorstellungen dieser Gruppen in nicht unerheblichem Maße voneinander abwichen.

Ein Jahr nach Wheelers sprachlichem Coup verlagerte Stephen Hawking seine Aufmerksamkeit von der Singularität im Inneren des Schwarzen Lochs auf dessen Oberfläche. Im Laufe der nächsten vier Jahre sollte er eine Entdeckung machen, die alle Vorstellungen von Schwarzen Löchern auf den Kopf stellte und dem behinderten Astrophysiker zu Weltgeltung verhalf. 200 Jahre zuvor hatte der Gelehrte John Michell die ersten Gedanken zu den bizarren Himmelskörpern veröffentlicht. Er hatte sich 1783 bei seinen Vorstellungen von Ole Rømers Entdeckung leiten lassen, dass die Lichtgeschwindigkeit nicht unendlich ist, was den Gedanken zuließ, dass eine ausreichend starke Schwerkraft das Licht womöglich abbremsen könnte, wenn man von dessen Teilchencharakter ausging.

Albert Einstein hat in seiner Arbeit über den Photoeffekt (▤ 56) gezeigt, dass ungeachtet der enorm erfolgreichen Maxwell'schen Wellentheorie das Licht auch diesen Teilchenaspekt besitzt. Damit trat er jene Lawine los, die heute Quantenmechanik genannt wird und uns das Paradoxon der Welle-Teilchen-Dualität beschert hat.

Der amerikanische Physiker John Wheeler (Mitte), der den Begriff «Schwarzes Loch» prägte, empfängt im Dezember 1968 aus der Hand von Präsident Lyndon B. Johnson den Enrico-Fermi-Preis. Links der Vorsitzende der Atomenergiekommission Glenn Seaborg.

Michell stellte sich also einen Stern vor, dessen Gravitationsfeld stark genug wäre, um sein eigenes Licht zu sich selbst zurückzulenken. Obwohl ein solcher Stern womöglich unseren Blicken entzogen wäre, könnte ein Beobachter seine Gravitation spüren. 1916 legte Einstein eine schlüssige Theorie der Gravitation vor, die die Wirkung des Schwerefeldes eines massiven Objekts auf Licht zu erklären vermochte: die Allgemeine Relativitätstheorie. Bis dahin blieben Michells aus damaliger Sicht revolutionäre Ideen pure Spekulation.

Der deutsche Astrophysiker Karl Schwarzschild war der erste Wissenschaftler, der eine Lösung für Einsteins Feldgleichungen fand. Dabei entdeckte er ein Phänomen, das heute nach ihm benannt ist, nämlich den Schwarzschildradius eines Sterns. Unterschreitet seine Masse diesen Radius, dann gibt es keine stabilen Lösungen der Einsteingleichungen mehr. J. Robert Oppenheimer trat in den 1930er Jahren Schwarzschilds wissenschaftliches Erbe an und untersuchte auf der Grundlage der Allgemeinen Relativitätstheorie die Vorgänge in einem kollabierenden Stern. Er fand heraus, dass in dem Augenblick, wo er im Schrumpfprozess den Schwarzschildradius erreicht, sein an Stärke zunehmendes Schwerefeld das Licht am Entweichen hindert. John Michells Vision von unsichtbar im Weltall thronenden Schwarzen Sonnen erwies sich demnach als erstaunlich hellsichtig – zumindest aus relativitätstheoretischer Sicht.

Allerdings existiert solch ein Schwarzes Loch in strenger Abgeschiedenheit. Es ist vom Rest des zugänglichen Universums regelrecht abgeschnürt und hinter einer Grenze verborgen, die sich Ereignishorizont nennt. Dieser besteht aus den Lichtstrahlen, die es nicht mehr schaffen, dem Schwarzen Loch zu entkommen. Dessen extreme Raumzeitgeometrie hält das Licht zurück und verbirgt deshalb jedem außenstehenden Beobachter die Ereignisse in seinem Inneren. Und wenn noch nicht einmal das Licht als schnellstes Medium im Weltall den Ereignishorizont in Richtung beobachtbares Universum passieren kann, dann gilt diese Einschränkung erst recht für jedes andere Signal. Insbesondere kann man vermuten, dass der Horizont ganz allgemein die Wirkung hat, die pathologische Singularität im Schwarzen Loch den Blicken äußerer Beobachter zu entziehen. Das ist die «Hypothese der kosmischen Zensur», die Roger Penrose aufgestellt hat (RuZ: 46 f.), in Hawkings saloppperer Forumulierung: *Gott verabscheut eine nackte Singularität.* (IGZ: 115) Das heißt: Wir als außenstehende Beobachter sind von den singulären Vorgängen im Schwarzen Loch nicht betroffen.

Was Hawking aber nicht davon abhält, sich mit einer Prise schwarzen Humors auszumalen, was mit einem Astronauten geschähe, der die Bildung eines Ereignishorizonts miterlebt, ihn überschreitet und der Singularität im Inneren der Sternenleiche entgegenfliegt. Denn ein wichtiger Aspekt des Ereignishorizonts ist die Tatsache, dass er die Mündung einer Einbahnstraße ist. Das Schwarze Loch lässt zwar nichts aus seinem Inneren mehr entweichen, aber es verschlingt auch auf

Mit seinem intensiven Gravitationsfeld entreißt ein kreisendes Schwarzes Loch seinem Begleiter Material und erzeugt eine Akkretionsscheibe, die sich spiralförmig auf den Ereignishorizont zubewegt.

Nimmerwiedersehen alles, was sich dem Rand seines Ereignishorizonts nähert. In seinem Gedankenexperiment nimmt Hawking an, dass die Uhr des auf dem kollabierenden Stern gelandeten Astronauten jede Sekunde ein Funksignal an das Mutterschiff sendet, das in respektvollem Abstand den Stern umkreist.

Erinnern wir uns an die Spezielle Relativitätstheorie und die Vorhersage, dass die Zeit im Schwerefeld eines massiven Objekts gedehnt und verzerrt werden kann (▤ 39). In der Sekunde, wo der schrumpfende Stern den kritischen Radius erreicht und seinen Ereignishorizont bildet, wird das Gravitationsfeld so stark, dass die Funksignale der Astronautenuhr die Kollegen im Mutterschiff nicht mehr erreichen. Sie warten – man möchte fast sagen: «bis in alle Ewigkeit» – vergeblich auf die nächste Sekundenanzeige als Lebenszeichen des Schwarzlochpioniers. Die vom Stern abgestrahlten Lichtwellen würden zusehends schwächer werden, bis der Sternkadaver völlig im Dunkeln läge – ein Schwarzes Loch, das den tollkühnen Astronauten vom Rand des Ereignishorizonts unwiderstehlich zu seinem Mittelpunkt zieht, in die Raumzeitsingularität hinein. Und da die Gravitationskraft auf die Füße stets stärker wirkt als auf den Kopf, würde unter diesen extremen Umständen der bedauernswerte Mann wie Spaghetti in die Länge gezerrt werden. Zuletzt würde es den Astronauten zerreißen, vermutlich bevor er die Singularität erblickt. Doch selbst wenn er sie erlebte, erführen wir nie, was dort geschieht. (IGZ: 111–114)

Hawkings Szenario gründet auf Einsteins Allgemeiner Relativitätstheorie und ist deutlich nüchterner als die Phantasien von Science-Fiction-Autoren, die Schwarze Löcher vornehmlich als bequeme Abkürzungen für pfiffige Zeitreisende oder als Tore zu fernen Welten schildern. Aber auch die Relativitätstheorie lässt unter gewissen Umständen Zeitreisen zu. Stephen Hawking hat sich ebenfalls damit auseinander gesetzt. (▤ 143–145)

Bei so vielen Spekulationen, Gedankenexperimenten und Szenarios stellt sich die Frage, ob die Schwarze-Löcher-Astronomen ausschließlich von theoretisch möglichen Gebilden sprechen oder ob es empirische Anhaltspunkte für die Existenz von Schwarzen Löchern im Weltraum gibt. Auch in dieser Hinsicht erwies sich Cambridge als fruchtbarer Boden für die Evolution einer extremen astronomischen Idee zu einer anerkannten Beobachtungswissenschaft. Zu Beginn der 1960er Jahre fingen Radioastronomen der Universität Cambridge ein starkes Funkrauschen so genannter «Radiosterne» auf. Die Forscher waren sich nicht sicher, ob sie es mit einzelnen Sternen oder ganzen Galaxien zu tun hatten.

Doch 1963 fand Maarten Schmidt von der Sternwarte Mount Palomar in Kalifornien heraus, dass die Rotverschiebung einiger dieser Objekte einen bis dahin unvorstellbar hohen Wert hatte. Seit Edwin Hubbles Entdeckung der Expansion des Universums an genau diesem Teleskop von Mount Palomar gilt die Verschiebung des Lichts eines Himmelskörpers hin zum roten Ende des Spektrums als Maß für seine Entfernung von der Erde. Und da ein Blick in die Tiefen des Weltraums immer auch einen Blick zurück in der Zeit bedeutet (▤ 24), mussten diese fernen Objekte vor rund vier Milliarden Jahren entstanden sein. Ihre genaue Identität blieb zunächst ungeklärt. Man nannte sie aus Verlegenheit Quasare: quasistellare Objekte. (💻 7) Sie sehen aus wie Sterne, sind aber keine. Ihre Energieproduktion ist gewaltig. Heute geht man davon aus, dass die Quasare supermassive Schwarze Löcher sind, die im Mittelpunkt einer Galaxie thronen und mit gesegnetem Appetit eine Sonne nach der anderen verschlucken, wobei deren Materie – streng nach $E = mc^2$ – bis zur Hälfte in Energie verwandelt werden kann.

Wenn ein Quasar jedes Jahr nur ein oder zwei Sonnenmassen Materie schluckt und nur zehn Prozent dieser Masse in Energie umwandelt, dann kann er so hell wie 300 Milliarden Sonnen scheinen. Die Materie wirbelt in Form einer großen heißen Scheibe um das Schwarze Loch. In dieser Scheibe wird die Energie erzeugt, die für das Funkrauschen verantwortlich ist, aber auch das sichtbare Licht hervorbringt, während das Loch selbst natürlich schwarz ist.

Die Hawking-Biographen
Michael White und John Gribbin

Als 1967 der Radioastronom Anthony Hewish aus Cambridge mit einem verbesserten Radioteleskop den Himmel nach weiteren Quasaren absuchte, stieß er auf eine neue Art äußerst kompakter Sterne, die in ihrer Erscheinung einem Schwarzen Loch recht nahe kamen. Schrumpft ein Stern unter dem Druck seiner eigenen Gravitation und nähert sich dem Schwarzschildradius, presst er den größten Teil seiner Materie zu Neutronen zusammen. Deshalb hatten die Astronomen diese exotischen Gebilde hypothetisch Neutronensterne genannt, ihre Existenz aber nie so recht ernst genommen.

Nun war es aber Hewish nicht nur gelungen, ihre Existenz nachzuweisen, er hatte überdies herausgefunden, dass diese nur wenige tausend Kilometer großen Objekte kontinuierlich

Strahlung aussandten, sich dabei aber so schnell drehten, dass die Signale auf der Erde wie ein regelmäßiges Pulsieren ankamen. Aus diesem Grunde taufte er die rotierenden Neutronensterne Pulsare. 1974, als Stephen Hawking seine große Entdeckung machte, bekam Hewish zusammen mit seinem Kollegen Sir Martin Ryle, dessen Radioquellen-Scan die Steady-State-Theorie ins Wanken gebracht hatte, den Nobelpreis für diese Entdeckung. Spaßeshalber nummerierten Hewish und die Mitentdeckerin Jocelyn Bell die ersten vier registrierten Pulsare als LGM 1–4 durch. LGM stand für «little green men», die volkstümliche Bezeichnung für außerirdische Intelligenz – eine ironische Referenz an die gleichmäßigen, absichtsvoll erscheinenden Radiowellen der Pulsare. Die Entdeckung von Quasaren und Pulsaren trug erheblich dazu bei, das Konzept des Schwarzen Lochs von seiner Geisterhaftigkeit zu befreien. Wenn es möglich war, dass ein Neutronenstern kompakt auf ein paar tausend Kilometer Durchmesser schrumpfen konnte, dann rückte auch der Gravitationskollaps eines Schwarzen Lochs in die Nähe des astronomisch Möglichen. All diese Entwicklungen erlebte Stephen Hawking hautnah auf dem Campus in Cambridge. Er erinnert sich noch, dass in dem Saal, in dem Hewish 1967 die große Neuigkeit verkündete, die Wände mit kleinen grünen Männchen geschmückt waren. (SHW: 95)

Kurz nach der Geburt seiner Tochter Lucy im November 1970 steuerte Stephen Hawkings Zusammenarbeit mit Roger Penrose einem neuen kreativen Höhepunkt entgegen. Hawking hatte sein Heureka-Erlebnis, als er eines Abends auf dem beschwerlichen Weg die Treppe hinauf in sein Schlafzimmer war. Plötzlich kam ihm ein Gedanke, der ihn nicht mehr losließ und ihn in dieser Nacht um den Schlaf brachte. Aufgeregt rief er am nächsten Morgen Roger Penrose an, um mit ihm seine neue Einsicht zu besprechen. Gemeinsam hatten sie ja den Ereignishorizont als die Wege der Lichtstrahlen definiert, die es nicht mehr schaffen, dem Schwarzen Loch zu entkommen, aber beim «Fluchtversuch» noch am weitesten nach außen gelangen. Hawking war in jener Novembernacht zu dem Schluss gekommen, *dass die Bahnen dieser Lichtstrahlen nicht näher aneinander rücken können, weil sie sonst schließlich ineinander laufen müssten – so als würde man bei seiner Flucht mit jemandem zusammenprallen [… und mit ihm gemeinsam] in das Schwarze Loch zurückfallen […] Doch wenn das Schwarze Loch diese Lichtstrahlen verschluckt, können sie nicht mehr auf seiner Grenze liegen. Deshalb müssten sich die Wege der Lichtstrahlen im Ereignishorizont stets parallel zueinander bewegen oder voneinander fort. […] Wenn die Lichtstrahlen, die den Ereignishorizont bilden, einander nicht näher rücken können, dann müsste seine Fläche gleich bleiben oder anwachsen, könnte aber niemals abnehmen.* (IGZ: 129)

Welche Konsequenzen hatte nun diese Erkenntnis? Hawking fühlte sich an den Zweiten Hauptsatz der Thermodynamik erinnert, dem zufolge die Entropie oder Unordnung eines Systems ebenfalls entweder erhalten bleibt oder zunimmt, aber niemals abnehmen kann. Die Übereinstimmung war frappierend, aber was sollte ausgerechnet die Lehre von der Wärmebewegung mit völlig ausgebrannten Sonnen zu tun haben? Es schien nicht viel mehr als ein Zufall zu sein, bestenfalls eine hübsche Analogie.

Die Entropie ist das Maß der Unordnung in einem geschlossenen System und hebt die Einsicht, dass alle Dinge dem Zerfall unterliegen, in den Rang eines statistischen Gesetzes. Sie legt fest, dass die Zeit nur von der Vergangenheit in die Zukunft fließen kann. Aus einer Tasse kalten Kaffees auf dem Schreibtisch ist eine Viertelstunde später kein heiß dampfender Muntermacher geworden, während es umgekehrt täglich ungezählte Male passiert. Alle thermodynamischen Bewegungen laufen auf die Zunahme von Unordnung oder Entropie hinaus. Sie kann nur anwachsen oder auf dem gleichen Stand bleiben, aber niemals geringer werden. Diese eindeutig gerichtete Bewegung nennt man auch den thermodynamischen Zeitpfeil. Er sagt uns: Mit dem Verstreichen der Zeit nimmt die Unordnung stets zu.

Die Übereinstimmung zwischen dem Entropiegesetz und der Fläche des Ereignishorizonts brachte den jungen Physiker Jacob Bekenstein von der Princeton University auf die mutige

Idee, die Größe des Ereignishorizonts als Maß für die Entropie des Schwarzen Lochs zu betrachten. Denn die musste ja zunehmen, wenn entropiebehaftete, also ungeordnete Materie ins Schwarze Loch fiel. Die Bekenstein'sche Logik schien auf den ersten Blick bestechend zu sein, doch bei Hawking klingelten sofort sämtliche Alarmglocken. Bekenstein hatte mit seiner These eine Konsequenz in Kauf genommen, die völlig absurd erschien. Denn in einem entropiehaltigen Schwarzen Loch müsste sich folgerichtig auch Wärme entwickeln, also eine Temperatur nachweisbar sein, was unweigerlich mit einer Strahlung verbunden gewesen wäre. Nun zeichneten sich Schwarze Löcher aber gerade dadurch aus, dass sie eiskalt und mausetot waren und deshalb auch nicht das Geringste abstrahlen konnten. Wie kalter Kaffee. Und genauso viel hielt Hawking von Bekensteins Vergleich. Unter diesen Voraussetzungen war es einfach lächerlich, die Horizontfläche als Maß für die Entropie aufzufassen.

Mit einer gehörigen Portion Ärger über Bekensteins forsche Interpretation seiner These schrieb Hawking zusammen mit seinen Kollegen Brandon Carter und Jim Bardeen einen Artikel, der 1973 veröffentlicht wurde. Darin attackierten sie das thermodynamische Modell Bekensteins und legten ihre Auffassung dar, dass bei Schwarzen Löchern bereits deren Name die Abwesenheit von Temperatur und Strahlung suggerierte, eine Analogie zum Entropiegesetz zu keinen fruchtbaren Erkenntnissen, sondern nur in die Irre führen könne.

Doch noch im November desselben Jahres konnte Hawking mit einer Entdeckung aufwarten, die von der wissenschaftlichen Gemeinde als Sensation gefeiert wurde. Seine Berechnungen führten letztendlich tatsächlich zu dem von Bekenstein intuitiv erkannten Zusammenhang zwischen Thermodynamik und Ereignishorizont: Ein Schwarzes Loch gibt genauso viele Teilchen und Strahlung ab, dass der Zweite Hauptsatz der Thermodynamik, also das Entropiegesetz, nicht verletzt wird. Dabei hängt die Temperatur von der Masse des Objekts ab. Je kleiner das Schwarze Loch, desto höher die Temperatur. Aber wie konnte es sein, dass ein Schwarzes Loch gar nicht wirklich schwarz war, dass es entgegen seiner bisherigen Definition Wärme abstrahlte, obwohl doch die Allgemeine Relativitätstheorie darauf bestand, dass absolut kein Signal über den Ereignishorizont hinaus- und ins beobachtbare Universum hineingelangte?

Die Lösung für das vermeintlich paradoxe Phänomen eines Teilchen emittierenden Schwarzen Lochs fand Hawking, indem er die Quantentheorie auf das Ereignishorizont-Szenario anwandte. In *Eine kurze Geschichte der Zeit* spricht er von Quantenfluktuationen im «leeren Raum» außerhalb des Ereignishorizonts. Dieser Raum *ist gefüllt mit Paaren virtueller Teilchen und Antiteilchen. Sie entstehen gemeinsam, entfernen sich voneinander, kommen wieder zusammen und vernichten sich [gegenseitig]. […] In unmittelbarer Nähe eines Schwarzen Lochs kann ein Partner des virtuellen Paares hineinfallen und zu einem realen Teilchen werden. Das andere kann dann dem Einflussbereich eines Schwarzen Lochs entkommen.* (IGZ: 134) Und ebendieses verwaiste Teilchen erscheint dem Beobachter wie Strahlung, die das Schwarze Loch verlässt.

Wie aber können sich denn in einem leeren Raum überhaupt irgendwelche Teilchen tummeln? Nach der Unschärferelation ist es nicht möglich, Position und Geschwindigkeit eines Elementarteilchens gleichzeitig zu messen. Wendet man dieses Prinzip auf das Quantenfeld in der Nähe eines Schwarzen Lochs an, dann bedeutet dies, dass es dort ebenfalls eine von Natur aus festgelegte Unbestimmtheit zwischen der Stärke des Feldes und seiner zeitlichen Änderungsrate gibt. Kennen wir die Änderungsrate, können wir keine exakte Aussage über die Stärke des Schwerefeldes machen und umgekehrt. Da aber keine genaue Messung möglich ist, wird auch niemals das Ergebnis Null für beide Werte zusammen messbar sein. Das heißt: Es gibt keinen absolut «leeren Raum», sondern es bleibt stets diese von Hawking angesprochene Quantenfluktuation übrig. Das sind winzige Schwankungen der Feldstärke, die die Existenz virtueller Teilchenpaare erlauben. Die Paare gleichen ihren Energiehaushalt aus, weil eines von ihnen positive und das andere negative Energie hat.

Die enorme Gravitationskraft in der Nähe des Ereignishorizonts verwandelt nun die virtuellen in reale Teilchen. Das bedeutet: Teilchen und Antiteilchen sind nicht mehr aufeinander angewiesen. Das Teilchen mit der negativen Energie fällt in das Schwarze Loch und sein Ex-Partner mit der positiven Energie kann dem Schicksal entrinnen, vom Schwarzen Loch geschluckt zu werden. Und diese Fluchtbewegung erscheint einem außenstehenden Beobachter als Strahlung, die das Schwarze Loch abgibt.

Zu Ehren ihres Entdeckers wird dieses Phänomen seitdem «Hawking-Strahlung» genannt. Damit wurde aber auch seine ursprüngliche These hinfällig, nach der sich der Ereignishorizont niemals verringern durfte. Wenn das Schwarze Loch Strahlung abgab, dann musste es im Prinzip auch kleiner werden und schließlich sogar verdampfen können – eine Schwindel erregende These für das Verhalten einer eiskalten Sonnenleiche. «Wenn das Schwarze Loch virtuelle Teilchen in reale verwandelt, verliert es an Energie. Wie kann das geschehen, wenn nichts durch den Ereignishorizont entweichen kann? Wie kann da etwas verloren gehen? […] Wenn Teilchen *negative* Energie in das Schwarze Loch transportieren, dann *verringern* sie damit die Energie im Schwarzen Loch.» (USH: 98)

Nimmt aber die Energie ab, dann verlangt Einsteins berühmte Formel $E = mc^2$ (▤ 33) unerbittlich, dass auch weniger Masse vorhanden sein muss. Vorausgesetzt also, man gibt dem Schwarzen Loch sehr viel Zeit, kann es tatsächlich verdampfen. Es kamen also einige höchst bemerkenswerte Erkenntnisse zusammen. Der vielleicht erstaunlichste Umstand aber war, dass es zum ersten Mal in der sechzigjährigen gemeinsamen Geschichte von Allgemeiner Relativitätstheorie und Quantenmechanik einem Physiker gelungen war, die beiden nicht kompatiblen Teiltheorien im Konzept der Strahlung Schwarzer Löcher zumindest ansatzweise zu vereinen.

Hawkings Doktorvater Dennis Sciama war wohl einer der wenigen, die die komplexe Mathematik hinter Hawkings revolutionären Ergebnissen nachvollziehen konnten. Für ihn grenzte sie an ein Wunder. (SHW: 115) Verständlicherweise

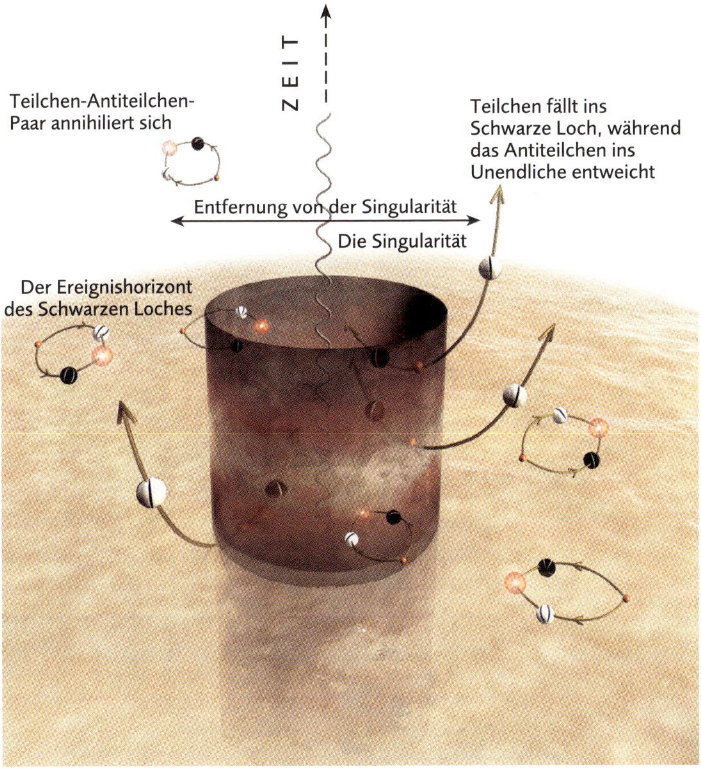

Die Hawking-Strahlung

aber zögerte sein ehemaliger Student die Veröffentlichung der Strahlungstheorie wochenlang hinaus. Die Gefahr, sich damit zu blamieren, schien ihm einfach zu groß zu sein, denn strahlende Schwarze Löcher, die Masse verlieren, verstießen so fundamental gegen die vorherrschende Denkrichtung in der Astrophysik der 1970er Jahre, dass er nicht voreilig und unüberlegt handeln durfte. Immer wieder überprüfte er seine Berechnungen und gelangte jedes Mal wieder zu denselben Resultaten.

Führte man nämlich die Hypothese über Strahlung emittierende Schwarze Löcher konsequent zu Ende, dann kam es zu einem Schlussszenario, das noch viel unglaublicher klang als alles Vorangegangene. Denn es ergab sich ein genau definiertes Verhältnis zwischen zwei Größen des Schwarzen Lochs: Je geringer die Masse war, desto höher stieg die Temperatur. Wenn also die Masse stetig abnahm, wurde das Schwarze Loch wärmer, was zu vermehrter Strahlungsabgabe und infolgedessen zu noch schnellerem Masseverlust führte – eine Kettenreaktion, die schließlich mit einer Explosion von der Kraft einiger Millionen Wasserstoffbomben enden musste. (IGZ: 137)

In dieser stets zwischen Zweifel und Selbstgewissheit schwankenden Stimmung war es Sciama, der Hawking rückhaltlos unterstützte und ihn ermutigte, seine neue These der wissenschaftlichen Gemeinschaft nicht länger vorzuenthalten. Also hielt Hawking Anfang 1974 einen Vortrag mit dem Titel *Explodieren Schwarze Löcher?* am Rutherford-Appleton Laboratory in der Nähe von Oxford. Das Fragezeichen hinter dem Titel konnte man als letztes Hintertürchen interpretieren, das er sich für den Rückzug in die vertraute Welt der herkömmlichen Interpretation Schwarzer Löcher offen hielt. Wie nicht anders zu erwarten war, kam keine Diskussion zwischen den Zuhörern und Hawking zustande, weil der Schock der Neuigkeit und die Konsequenzen für das Selbstverständnis der Astrophysik allen die Sprache verschlug. Hatte der gelähmte Physiker dort auf dem Podium gerade eine sensationelle Vereinigung von Thermodynamik, Relativität und Quantenmechanik verkündet oder war es einfach nur Unsinn? Schließlich stand der Mathematikprofessor John Taylor vom Londoner King's College auf und sagte: «Sie müssen sich irren, Stephen, ich glaube kein Wort davon.» (SHW: 118)

Am 1. März 1974 erschien ein Aufsatz Hawkings in der Zeitschrift «Nature», in dem er seine Erkenntnisse noch einmal zusammenfasste. Mit unverhohlenem Doktorvaterstolz nannte Dennis Sciama in einem Gespräch mit dem Autor John Boslough den «Nature»-Artikel «eine der schönsten Abhandlungen in der Geschichte der Physik» (JEr: 81). John Taylor schrieb gemeinsam mit Paul Davies eine Erwiderung, die eine

Explosion Schwarzer Löcher kategorisch ausschloss. Doch die «Hawking-Strahlung» wurde bereits weltweit diskutiert, überprüft und für richtig befunden.

Da schien es angemessen, dass Stephen Hawking nur wenige Wochen nach dem denkwürdigen Vortrag in Oxford eine der höchsten Auszeichnungen erhielt, die einem britischen Wissenschaftler zuteil werden können: die Aufnahme in die Royal Society. Im Januar war er 32 Jahre alt geworden und gehörte somit zu den jüngsten Kandidaten für den vornehmen Club. Normalerweise tragen sich die neuen Mitglieder auf dem Podium des großen Festsaals der Akademie in das Buch ein, auf dessen erster Seite der Namenszug Isaac Newtons steht. Doch der damalige Präsident der Royal Society, Sir Alan Hodgkin, Nobelpreisträger für Biologie, brachte an diesem Tag das Buch hinunter in die erste Reihe zu Stephen Hawking. Viel Zeit verging, bis er – Buchstabe für Buchstabe – seine Unterschrift geleistet hatte. Und als er mit seinem berühmten Lächeln wieder aufblickte, begrüßten die Honoratioren ihr neues Mitglied mit einem Riesenapplaus. (USH: 115)

Die Theorie war weit vorangeschritten; in der Praxis war allerdings noch kein einziges Schwarzes Loch zweifelsfrei entdeckt worden. Als Stephen Hawking 1974 seine Strahlungstheorie Schwarzer Löcher veröffentlichte, galt ein Doppelsternsystem namens Cygnus X-1 in 6000 Lichtjahren Entfernung von der Erde als vielversprechendster Kandidat. Mit einiger Wahrscheinlichkeit umkreiste dort ein Schwarzes Loch den sichtbaren Stern. Aus dessen Bahn ließ sich nämlich die Masse des unsichtbaren Objekts errechnen, die für einen Neutronenstern einfach zu groß war. (📖 SLK)

Gegen Ende dieses erfolgreichen Jahres 1974 schloss Hawking mit dem Astrophysikprofessor Kip Thorne vom California Institute of Technology eine Wette ab, die eine Ahnung von seiner Ungezwungenheit und seinem Humor vermittelt. Er verpflichtete sich, Kip Thorne ein Jahresabonnement des Männermagazins «Penthouse» zu spendieren, falls weitere Beobachtungsdaten Cygnus X-1 tatsächlich als Schwarzes Loch verifizieren sollten. Im Gegenzug erhielte er von seinem Wettpartner vier Jahre lang ein Abonnement für die Zeitschrift «Private Eye» (💻 8), wenn der Begleiter des Sterns kein Schwarzes Loch sein sollte: Ein kleiner Trost für die vielen Arbeitsjahre, die er in die Erforschung Schwarzer Löcher investiert hatte. Heute gibt es keinen vernünftigen Zweifel mehr an der Existenz Schwarzer Löcher. Deshalb hat Hawking 1990 seine Wettschuld beglichen und das Männermagazin für Kip Thorne, «sehr zum Ärger seiner feministisch gesinnten Frau» (IGZ: 124), abonniert.

Stephen Hawkings Frau Jane hingegen schöpfte Kraft aus ihrem Gottvertrauen. In einem Interview mit der BBC hat sie sich – für die Frau eines Naturwissenschaftlers erstaunlich freimütig – zum christlichen Glauben bekannt, der ihr geholfen habe, all die Jahre als Partnerin, Managerin und Pflegerin an der Seite ihres behinderten Mannes Kraft zu schöpfen, die Kinder allein zu erziehen und den Haushalt zu führen. (MaU) Der ständige Kampf gegen die Präsenz der Krankheit kostete selbstverständlich auch Stephen Hawking selbst zunehmend Energie. Sie drängte sich in den Vordergrund des Familienlebens. Doch für den Gelähmten war selbst ein beiläufiges Reden über ALS und seine spezielle Situation eine Form der Resignation, die er sich nicht zugestand. Mit eiserner Disziplin bemühte er sich, so viel wie möglich allein zu machen und seinen Zustand als Normalität zu betrachten.

Inzwischen wohnte das Paar mit seinen Kindern Robert und Lucy in einer geräumigeren Wohnung im Erdgeschoss eines Hauses an der West Road, das dem College gehörte. Den Weg in sein Institut legte Hawking in zehnminütiger Fahrt mit seinem Rollstuhl zurück. Die Tortur des Treppensteigens im Haus in der Little Saint Mary's Lane fiel also weg, was eine große Erleichterung für Hawking bedeutete. Allerdings fiel es ihm nun zunehmend schwer, allein ins Bett zu gehen und zu essen.

Die zermürbende tagtägliche Konfrontation mit der langsam fortschreitenden Krankheit brachte Jane häufig an den

Jane Hawking (links) und Tochter Lucy

Rand der Erschöpfung. Als sie Mitte der 1970er Jahre einsehen musste, dass sie allein nicht mehr in der Lage war, die notwendigen Assistenzen zu bewältigen, fanden die Hawkings eine geniale Lösung. Sie boten jeweils einem von Stephens Doktoranden freie Unterkunft in ihrem Haus an. Als Gegenleistung half der neue Mitbewohner seinem Doktorvater beim Zubettgehen und beim Aufstehen. Diese Praxis bewährte sich so gut, dass sie bis zu Beginn der 1980er Jahre beibehalten wurde.

Mit dem Weltruhm häuften sich die Ehrungen und Preise. Unmittelbar nach Hawkings Berufung in die Royal Society folgte eine Einladung ans California Institute of Technology (CalTech) in Pasadena, einem Vorort von Los Angeles, wo er ein Jahr lang mit seiner Familie als Gastprofessor lebte. Dort arbeitete er eng mit Kip Thorne zusammen, der die Relativitätsabteilung leitete. Die Atmosphäre in Kalifornien war locker und entspannt. Man bemühte sich, Hawking einen behindertengerechten Arbeitsplatz zu schaffen. Hier hatte er, anders als in Cambridge, ein Büro ganz für sich allein; mit Thornes Dokto-

Kip Thorne, Professor für theoretische Physik am California Institute of Technology, entwickelte Theorien über Zeitreisen im Rahmen der Allgemeinen Relativitätstheorie. Foto um 1980

randen Don Page freundete er sich spontan an und verfasste gemeinsam mit ihm im Laufe des Jahres einen Artikel über Schwarze Löcher. Am CalTech lehrte auch die lebende Legende Richard Feynman. Sein origineller Zugang zur Quantenmechanik (▤ 54 f.) sollte in den kommenden Jahren ein entscheidendes Werkzeug für Hawkings neuen Ansatz zur Vereinigung von Quantenmechanik und Gravitationstheorie werden. John Gribbin und Michael White berichten in ihrer Hawking-Biographie, dass die beiden Kultfiguren der theoretischen Physik, Hawking und Feynman, sich prächtig verstanden und viel Zeit miteinander verbrachten. (Bio: 181)

Anfang der 1980er Jahre hatte Hawking bereits sechs renommierte internationale Preise erhalten und die Ehrendoktorwürde von ebenso vielen Universitäten verliehen bekommen. Den begehrten Albert Einstein Award, der dem Physiknobelpreis an Ansehen am nächsten kommt, nahm er 1978 entgegen. Ein Jahr später jährte sich Einsteins Geburtstag zum hundertsten Mal. Aus diesem Anlass veröffentlichte die Cambridge University Press einen Band, den Hawking zusammen mit seinem Kollegen Werner Israel herausgab: *General Relativity: An Einstein Centenary Survey.* Im Frühling 1979 kam das dritte Kind, Timothy, zur Welt, und im selben Jahr noch wurde ihm die nächste große Ehre erwiesen: die Ernennung zum Lukasischen Professor für Mathematik an der Universität Cambridge im relativ jugendlichen Alter von 37 Jahren. Diesen Lehrstuhl hatte schon Isaac Newton innegehabt – ohne dass dessen Stuhl freilich schon motorisiert gewesen wäre, wie Hawking einmal mit Blick auf den Elektromotor seines Rollstuhls scherzte.

Als Lukasischer Professor bekam Hawking nun endlich ein eigenes Büro. Bis dahin hatte er sich das Zimmer mit einem Kollegen teilen müssen. Nach einigem bürokratischen Hickhack wurde an das Institutsgebäude eine Rampe angebaut, sodass er nicht mehr auf fremde Hilfe angewiesen war, wenn er zu seinem Arbeitsplatz fahren wollte. In seiner neuen Position leitete Hawking die aus einem Dutzend Forschungsassistenten

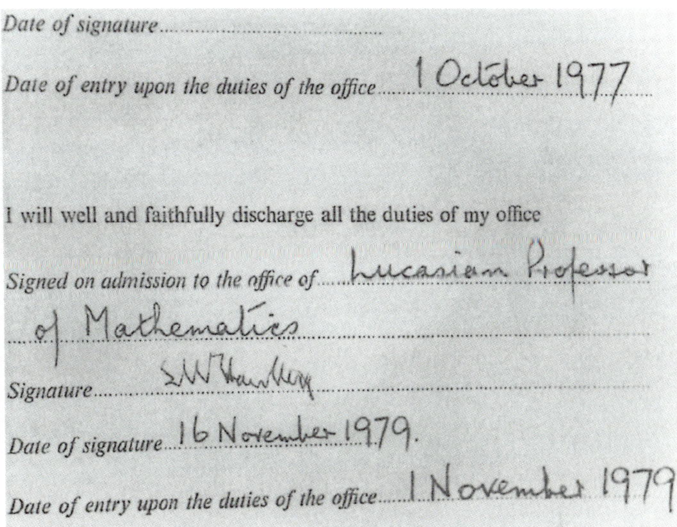

Date of signature.................................

Date of entry upon the duties of the office......1 October 1977

I will well and faithfully discharge all the duties of my office

Signed on admission to the office of......Lucasian Professor of Mathematics

Signature......S W Hawking

Date of signature......16 November 1979.

Date of entry upon the duties of the office......1 November 1979

1979 bestätigte Stephen Hawking mit seiner Unterschrift seine Ernennung zum Lukasischen Professor für Mathematik. Es war das letzte Mal, dass er eigenhändig unterschreiben konnte.

bestehende so genannte «Relativitätsgruppe» und betreute ein paar handverlesene Doktoranden. Abgesehen von diesen minimalen Pflichten konnte er sich ganz auf seine eigene Forschung konzentrieren.

Niemand wusste besser als Stephen Hawking selbst, was er seiner Frau Jane verdankte. Unentwegt hielt sie ihm den Rücken frei, während er im Rampenlicht der Wissenschaftlergemeinde stand und mit weltweiter Anerkennung für seine Arbeit überhäuft wurde. Und wer, außer den engen Freunden und Kollegen aus der Cambridger Szene, fragte schon nach der Frau im Hintergrund? Glücklicherweise fand zu diesem Zeitpunkt auch Jane den Weg zu beruflicher Anerkennung und Identität. Die Pflegelösung mit den Doktoranden-Untermietern hatte ihr genügend Freiraum verschafft, um in mittelalterlichen Sprachen promovieren zu können. Sie nahm eine Stelle als Gymnasiallehrerin an und fühlte sich wohl in ihrem Beruf.

Religiös, wie sie war, hat sie sicher aufgehorcht, als ihr Mann in einem Interview die Auffassung vertrat, Gott höchstens als Sinnbild für die physikalischen Gesetze zu verstehen, und dann hinzufügte: *Wir sind so unbedeutende Kreaturen auf einem kleinen Planeten eines sehr gewöhnlichen Sterns im Randbereich einer von hunderttausend Millionen Galaxien. Es ist schwer, an einen Gott zu glauben, der uns behütet oder auch nur unsere Existenz zur Kenntnis nimmt.* (USH: 106)

Aber gab es denn überhaupt eine Möglichkeit für einen Physiker, der in unserem Kulturkreis lebt, über den Anfang des Universums nachzudenken und dabei um die Frage nach der Existenz Gottes herumzukommen? Schon bald sollte sich Hawking die Gelegenheit bieten, im Vatikan, im Zentrum der Gottgläubigkeit schlechthin, seine ketzerischen Thesen zu erläutern. Und er tarnte sie derart mit mathematischen Begriffen, dass die gutgläubigen Jesuiten im Vortragssaal einem Physiker applaudierten, der gerade die Existenz ihres Glaubensmittelpunktes zu einer höchst fragwürdigen Angelegenheit erklärt hatte.

Ein Universum ohne Rand

Zu Beginn des neuen Jahrzehnts kehrte Hawkings Denken dahin zurück, wo er fünfzehn Jahre zuvor mit einem bemerkenswerten Theorem zur Urknallsingularität zum ersten Mal auf sich aufmerksam gemacht hatte. In einem Aufsatz für die Zeitschrift «Scientific American» schrieb Hawking 1977:

Wenn man versteht, wie Schwarze Löcher Teilchen erzeugen, so wird man vielleicht auch verstehen können, wie der Urknall alle Dinge im Universum geschaffen hat. (EiT: 109)

Erinnern wir uns an die auf den ersten Blick seltsam anmutende Spiegelbildsymmetrie zwischen dem Gravitationskollaps eines Sterns und dem Anfang der Zeit im Urknall. (▤ 82 f.) Nun hatte Hawking ja 1974 mit Hilfe der Quantenfeldtheorie gezeigt, dass Materie, die in ein Schwarzes Loch fällt, nicht in letzter Konsequenz in der Singularität im Inneren festgehalten werden muss. Wenn man der Symmetrie von Schwarzem Loch und Urknall genauer nachging, könnte sich womöglich ein ähnliches Resultat für den Anfang des Universums abzeichnen. Roger Penrose und Stephen Hawking hatten Mitte der 1960er Jahre aus der beobachtbaren gleichförmigen Expansion des Universums den Schluss gezogen und den Beweis dafür erbracht, dass es am Anfang des Universums eine Raumzeitsingularität gegeben haben musste, falls Einsteins Relativitätstheorie uneingeschränkt gültig sein sollte.

Ließen sich also die unerwünschten, von der Relativitätstheorie vorhergesagten Unendlichkeiten der Materiedichte und der Raumzeitkrümmung vermeiden, wenn man mit einem quantenmechanischen Ansatz an den Urknall heranging? Konnte das Unbestimmtheitsprinzip noch einmal zu einem ähnlichen Ergebnis führen wie bei der Entdeckung der Teilchenemission von Schwarzen Löchern? Oder, noch abstrakter formuliert: Bot die Vereinigung von Quantenmechanik und Allgemeiner Relativität eine Lösung an, die Urknall-singularität aufzuheben oder wenigstens zu «verschmieren»? Und konnte man dann endlich auf eine Lösung des «Prima Causa»-Problems hoffen, das sich mit der «ersten Ursache» beschäftigt, einem Ereignis, das womöglich vor dem Urknall geschah und den Anstoß für die Geburt der Raumzeit gab?

Hawkings Antwort auf diese Frage lautet nüchtern und knapp: Es macht keinen Sinn, nach einem Ereignis außerhalb der Raumzeit zu fragen, in der wir leben. Nichts von dem, was vor der Anfangssingularität geschehen sein könnte, hätte irgendwelche Konsequenzen für das heute beobachtbare Universum und somit auch nicht für Menschen, die intelligent genug sind, diese Frage zu stellen. Ähnlich absurd wäre es, am Nordpol zu fragen, in welcher Richtung es nach Norden geht.

> Wenn wir in der Zeit bis zur Anfangssingularität zurückgehen, gelangen wir zunächst zu einer Epoche, in der die Dichte so groß wird, dass Quanteneffekte die Gesetze der Allgemeinen Relativitätstheorie außer Kraft setzen. Die Raumzeit ist nicht mehr homogen, sondern wird zu einem komplizierten schwammähnlichen Raumzeitschaum. Daher zeichnet sich kein klar erkennbarer Weg bis zurück zum Zustand unendlicher Dichte ab. Wir können lediglich sagen, dass wir schließlich an einen Ort kämen, wo Quanteneffekte bedeutsam würden und wo die klassische Allgemeine Relativitätstheorie […] ihre Gültigkeit verlöre.
>
> J. Richard Gott, 2001

So wenig, wie wir über den Urknall hinaus in eine unvorstellbare Dimension außerhalb unserer Raumzeitdefinition zurückgehen können, so wenig sind wir auch in der Lage, den Urknall selbst mathematisch präzise zu beschreiben. Bei der quantenmechanischen Betrachtung der Schwarzen Löcher haben wir erfahren, dass es so etwas wie einen leeren Raum am Ereignishorizont nicht gibt, denn das Heisenberg'sche Unbestimmtheitsprinzip sorgt für Quantenfluktuationen von Teilchenpaaren. Analog dazu gibt es auch eine Unschärfe bei der Erfahrung von Zeit. Hier kommt die Planck-Zeit ins Spiel. In dieser kleinstmöglichen Zeiteinheit von 10^{-43} Sekunden spielt die Quantengravitation eine entscheidende Rolle, da Quanten- oder Gravitationstheorie allein nicht mehr ausreichen, um diese Dimension zu beschreiben. Dieser unvorstellbar kleine Sekundenbruchteil trennt unsere

Mathematik und Physik vom Urknall. Legt man die etwa 13 Milliarden Lichtjahre, den ganzen weiten Weg zum Urknall, zurück, ist die Planck-Zeit der absolut kürzeste Abstand zum Beginn des Universums. 10^{-44} Sekunden gibt es nicht. Das Universum, so wie wir es kennen, begann mit der Planck-Zeit, 10^{-43} Sekunden nach dem Urknall.

Der Augenblick des Urknalls selbst mit einem Universum der Größe Null und unendlich hoher Temperatur ist demnach von einem undurchdringlichen Quantenschleier verhüllt, der den Beginn der tatsächlichen Raumzeit vor unseren Blicken verbirgt. Der amerikanische Teilchenphysiker und Nobelpreisträger Steven Weinberg versucht in seinem Klassiker «Die ersten drei Minuten» trotzdem, den Schleier ein wenig zu lüften und die heißen Frühstadien der Raumzeit zu erklären: «Zu Anfang gab es eine Explosion [...], die sich gleichzeitig überall vollzog, die von Anfang an den gesamten Raum ausfüllte und bei der jedes Materieteilchen von allen übrigen Teilchen fortflog. [...] Nach etwa einer Hundertstelsekunde [...] betrug die Temperatur des Universums etwa hunderttausend Millionen (10^{11}) Grad Celsius. Selbst im Zentrum der heißesten Sterne herrscht nicht eine derartige Hitze.» (EDM: 14)

Diese Temperatur war viel zu hoch, als dass gewöhnliche Materie hätte Bestand haben können. Die Ära der allein regierenden Quarks und Antiquarks – nach heutigem Wissen die elementaren Teilchen schlechthin – war zwar heiß genug, um Stephen Hawkings Tiefkühlpizza (▤ 77) zuverlässig aufzutauen, aber 10^{-10} Sekunden nach dem Urknall schon wieder Geschichte. Nach einer Sekunde war es im inzwischen reichlich ausgedehnten und abgekühlten Universum nur noch so heiß wie im Zentrum einer Wasserstoffbombenexplosion: zehn Milliarden Grad, etwa das Tausendfache der Sonnentemperatur. Viel zu kühl für das wilde Gemisch aus Quarks und Antiquarks, das sich schon bei 10^{-10} Sekunden fröstelnd aus dem Universum verabschiedet und nur einige versprengte Restquarks zurückgelassen hatte. Die hatten sich schon bald zu Protonen verbunden. Kurz darauf verabschiedete sich in ähnlicher Weise das Gemisch aus Elektronen und Positronen und überließ der

Wärmestrahlung die Herrschaft im Universum. Darin war es für die Protonen kuschelig genug, sich zu größeren Atomkernen zu formieren, insbesondere zu Helium. Währenddessen sanken Temperatur und Dichte des Universums unaufhaltsam weiter.

Noch vor dem ersten Geburtstag unseres Weltalls war der Prozess der Kernsynthese abgeschlossen, und die Expansion setzte sich die nächsten 300 000 Jahre fort, ohne dass etwas Bemerkenswertes geschah. Dann jedoch ließ es die gesunkene Temperatur zu, dass sich Elektronen und Atomkerne zu elektrisch neutralen Atomen zusammenschlossen. Das markierte das Ende der vorher recht innigen Beziehung zwischen Strahlung und Materie. Von diesem Zeitpunkt an war das Schicksal der Strahlung von dem der Materie entkoppelt, und sie nahm nur mehr als kosmische Hintergrundstrahlung an der weiteren Evolution des Alls teil. (IGZ: 149)

Sprachen wir zuvor vom Planck-Zeit-Schleier, der unseren ohnehin nur theoretischen Blick auf den Anfang der Zeit nicht zulässt, dann markiert das 300 000. Jahr nach dem Urknall auch eine praktische Grenze der Beobachtbarkeit. Erinnern wir uns daran, dass der Blick durch ein Teleskop immer auch ein Blick zurück in die Vergangenheit des Universums ist. (23 f.) Seit Beginn des neuen Jahrtausends können Astronomen Galaxien aufspüren, die rund 13 Milliarden Lichtjahre von der Erde entfernt sind. Das Universum selbst ist nur etwa eine Milliarde Lichtjahre älter. Angenommen, es gelänge, die Auflösung der heutigen Teleskope noch zu verbessern oder dem Hubble-Teleskop im Weltraum den entscheidenden Dreh zu geben, dann gelangte man schon bald an die besagte magische Beobachtungsgrenze. Jenseits davon war das frühe Universum «lichtundurchlässig, weil es sehr dicht war: Strahlung in Form von Photonen [Lichtteilchen] wurde ständig absorbiert und wieder emittiert. Erst als das Universum rund 300 000 Jahre alt war, wurde es so durchlässig, dass sich Photonen geradlinig ausbreiten konnten. Diese Lichtundurchlässigkeit des frühen Universums erscheint uns als Grenze […], daher können wir ab dieser Entfernung nichts mehr sehen.» (GöF: 182)

Neugeborene Sterne in den Staub- und Gaswolken des Adlernebels. Im eingefügten Bild das Hubble Space Telescope, das diese Aufnahme machte

Nach dem heutigen Stand des Wissens ist es also niemals möglich, tiefer zurück in frühere Anfangsstadien der Zeit zu schauen. Zu den Beschränkungen des Heisenberg'schen Unbestimmtheitsprinzips kommt also noch ein 300 000 Lichtjahre fetter Teilchennebel, der die Sicht auf das Urknallfeuer verhindert. Werden künftige Gravitationswellenteleskope schließlich auch diese Grenze überwinden?

Der Expansions- und Abkühlungsprozess setzte sich weiter fort, bis sich nach etwa einer Milliarde Jahren aus Materiehäufungen die ersten Quasare, Galaxien und Sterne bildeten und später auch ein Planetensystem um eine Sonne mittlerer Größe. Die Evolution des Lebens brachte auf einem dieser Planeten intelligente, auf Kohlenwasserstoffbasis Energie umwandelnde und kommunizierende Wesen hervor, die kraft ihrer Abstraktionsfähigkeit in der Lage waren, die von der Natur gesetzten Beschränkungen zu ignorieren und die Schleier ein wenig zu lüften.

Ein gelähmtes Genie dieser Spezies legte zu Beginn des 198. Jahrzehnts einer aus religiös-kultureller Willkür hervorgegangenen Zeitrechnung den weitesten Weg von allen zurück. Mit einem mathematischen Coup gelang es ihm, die Planck-Zeit-Grenze zu überschreiten und damit einen entscheidenden Schritt weiter zu gehen als andere Abenteurer des Geistes vor ihm.

Neueste Beobachtungsdaten legen nahe, dass sich das Universum ewig weiter ausdehnen wird. (▤ 141 f.) Als Hawking seine ersten Schritte in Richtung Quantengravitation unternahm, schienen die Daten dagegen auf ein anderes Schicksal hinzudeuten. Damals sah es so aus, als würde das Universum nach seiner Geburt aus einer Anfangssingularität sehr lange weiter expandieren, bis es eine maximale Ausdehnung erreicht hätte, um sich dann in einem umgekehrten Bewegungsprozess wieder zusammenzuziehen und in einem «Großen Endkollaps» zu vergehen. Nahm nach diesem Modell die Zeit ihren Anfang vom Urknall aus, so würde sie im Endkollaps enden.

Wie sah nun Hawkings Konzept aus, mit dem es ihm gelang, die Urknall- und Endkollapssingularität zu vermeiden und sogar die konventionellen Bedeutungen vom Anfang und Ende des Universums in einem neuen Licht erscheinen zu lassen? Während seines einjährigen Aufenthalts als Gastprofessor am CalTech in Pasadena, Kalifornien, hatte er viel Zeit mit Richard Feynman verbracht. Vielleicht hatte er sich beim Erfinder der «Summe über alle Geschichten» (▤ 62 f.) die entscheidende Anregung für seinen mathematischen Angriff auf die Urknallsingularität geholt.

Feynmans Ansatz besteht nämlich darin, alle Wege, die ein Elektron durch die Raumzeit zurücklegt, in Betracht zu ziehen und jedem einzelnen Weg komplexe Zahlen zuzuordnen. Die Addition aller Wege führt dann zu einem brauchbaren Ergebnis, das mit der Quantentheorie übereinstimmt. Mit dieser unorthodoxen Interpretation der Quantenmechanik wollte Hawking nun aber nicht die Geschichte eines einzelnen Elementarteilchens vom Urknall bis heute berechnen, sondern die des g a n z e n Universums; eine umwerfend selbstbewusste Idee, die Einiges über die Dimension, den Mut und die Verwegenheit des Hawking'schen Denkens aussagt. Es war eine unmöglich erscheinende, titanische Aufgabe, doch Hawking fand einen Weg, die Berechnungen zu vereinfachen, indem er die Teilchengeschichten nicht in der realen Zeit addierte, wie wir sie täglich erleben, sondern in der «imaginären Zeit». Er rechnete bei der Ausführung der Summe über alle Geschichten also mit imaginären, nicht mit reellen Zahlen. Sobald imaginäre Zahlenwerte ins Spiel kommen, spricht man von einer vierdimensionalen euklidischen Raumzeit, in der sich der Unterschied zwischen Raum und Zeit völlig verliert.

Die aus dem Umgang mit imaginären Zahlen resultierende imaginäre Zeit ist also ein klar umrissener mathematischer Begriff und hat nichts mit Phantasiebegabung oder Imagination zu tun. Allerdings gibt es ernst zu nehmende Kritiker, die den Übergang zur imaginären Zeit in der Allgemeinen Relativitätstheorie für problematisch halten. Hawking selbst sagt:

Wenn wir auf die Einstein'sche Gravitationstheorie die Feynman'sche [Summe über alle Geschichten] anwenden, ist jetzt der Geschichte eines Teilchens eine vollständige gekrümmte Raumzeit analog, die die Geschichte des ganzen Universums repräsentiert. Um die technischen Schwierigkeiten zu vermeiden, auf die wir stoßen, wenn wir die Möglichkeiten tatsächlich aufsummieren wollen, müssen wir diese gekrümmten Raumzeiten euklidisch auffassen. Das heißt, die Zeit ist imaginär und ununterscheidbar von den Richtungen im Raum. (IGZ: 173)

Euklidische Raumzeit und imaginäre Zeit sind mathematische Werkzeuge, um die Gravitation auf der Quantenebene in den Griff zu bekommen; geniale Tricks, um den mathematischen Problemen bei der Anwendung der Feynman'schen Methode auf die Geschichte des gesamten Universums aus dem Weg zu gehen. Mit der Kenntnis der Geschichte des Universums in imaginärer Zeit kann man dessen Verhalten in der realen Zeit berechnen.

Für Stephen Hawking eröffnete die Anwendung der imaginären Zeit auf die Raumzeitkrümmung eine revolutionäre neue Perspektive auf das Standardmodell des Urknalls: Materiedichte und Raumzeitkrümmung sind im frühen Universum extrem groß; sie müssen sich aber nicht zwangsläufig zu unendlichen Werten hochschaukeln, da bei derart komprimierten Räumen und kleinsten Abständen der Quantentheorie zufolge die unerwünschten Unendlichkeiten verhindert werden. Wie das im Einzelnen geschieht, haben wir schon bei der Betrachtung der Hawking-Strahlung Schwarzer Löcher erfahren. (▤ 95 f.) Unter den Extrembedingungen des frühen Universums gibt es derart gewaltige Quantenfluktuationen in der Geometrie der Raumzeit, dass der wesentliche Unterschied zwischen Raum und Zeit verschwimmt. Stephen Hawking präzisiert: *Die Zeit wird völlig raumartig. Es ist dann exakter, nicht mehr von der Raumzeit zu sprechen, sondern vom vierdimensionalen Raum.* (USH: 167)

In der reellen und realen Zeit, wie wir sie kennen, führt das Zusammenspiel von Materie und Energie zu Raumzeitkrümmungen, die zu Beginn des Universums, an dessen vermeintlichem Ende und im Inneren Schwarzer Löcher Singularitäten verursachen, die zum Versagen der Allgemeinen Relativitätstheorie führen.

Eine imaginäre Zeitrichtung hingegen könnte mit den drei Raumrichtungen einen vierdimensionalen Raum bilden, in dem die Zeit, wie wir sie kennen, nicht existiert. Stattdessen gäbe es eine neuartige *Raumzeit*, die, *ohne Grenzen und Ränder, in sich geschlossen wäre. Sie hätte keinen Punkt, der sich Anfang oder Ende nennen könnte, sowenig wie die Oberfläche der Erde einen Anfang oder ein Ende hat.* (EiT: 78) Diese Randlosigkeitsbedingung leitet sich allerdings aus keinem Theorem ab, sondern ist lediglich ein Definitionsvorschlag für die Feynman'sche Geschichtensumme.

Mit anderen Worten: In der imaginären Zeit gibt es keine Urknallsingularität, keinen Kollaps des Universums in einem so genannten Großen Endknall, ja, nicht einmal einen Anfang und ein Ende der Zeit. Hier blitzt sie also wieder auf: die partielle Vereinigung von Quantenmechanik und Relativität zu einer Quantentheorie der Schwerkraft, die in einem grandiosen und eleganten Wurf dafür sorgt, dass keine hässlichen Singularitäten die Naturgesetze außer Kraft setzen.

Um dieses Universum ohne Grenzen und Ränder zu veranschaulichen, benutzt Hawking die Erdkugel-Analogie. Seine Kein-Rand-Bedingung schlägt eine gemeinsame Fläche von Zeit und Raum vor. Wenn sich die Zeitrichtung nicht mehr von den Raumrichtungen unterscheidet, dann kann die Raumzeit – ähnlich wie die Erdkugel – endlich in ihrer Ausdehnung sein, ohne Grenzen oder Ränder haben zu müssen. Die Grenzbedingung des Universums lautet dann: Es gibt keine Grenze! Stephen Hawking schreibt in *Die illustrierte Kurze Geschichte der Zeit* dazu: *Wenn das Universum einen Anfang hatte, können wir von der Annahme ausgehen, dass es durch einen Schöpfer geschaffen worden sei. Doch wenn das Universum wirklich völlig in sich selbst abgeschlossen ist, wenn es wirklich keine Grenze und keinen Rand hat, dann hätte es auch weder einen Anfang, noch ein Ende: Es würde einfach sein. Wo wäre dann noch Raum für einen Schöpfer?* (IGZ: 181)

Mit dieser These im Gepäck reiste Hawking 1981 zu der Kosmologiekonferenz im Vatikan. Gegen Ende der Tagung lauschte er den Worten von Papst Johannes Paul II., der den Kosmologen großzügig zugestand, sich mit der Evolution n a c h dem Urknall beschäftigen zu dürfen, solange sie sich nur vom Schöpfungsaugenblick selbst, der das Werk Gottes sei, fern hielten. Die Hawking-Biographen White und Gribbin berichten vom Abschiedsempfang des Papstes für die Physiker in der Residenz Castel Gandolfo, wo der Stellvertreter Christi auf Erden auf einem erhöhten Sitz auf einem Podium thronte und die Physiker an ihm vorbeidefilierten, niederknieten, ein paar Worte mit ihm wechselten und das Podium wieder verließen. Als schließlich Stephen Hawking, der für seinen schwungvollen Fahrstil berüchtigt ist, seinen Rollstuhl vor dem Thron des

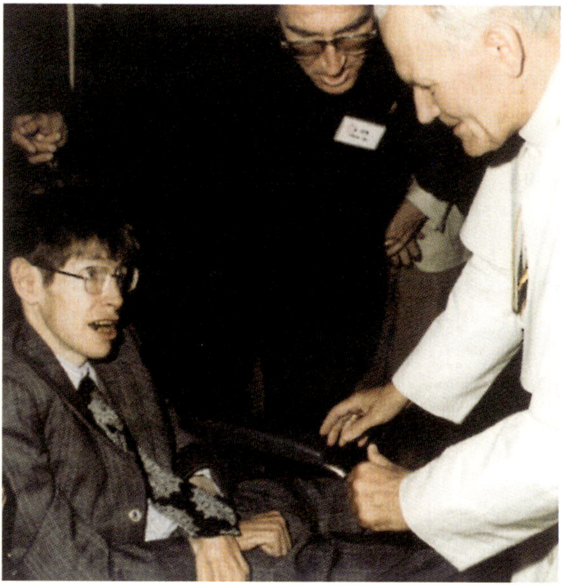

Stephen Hawking bei Papst Johannes Paul II., 1981

Papstes abbremste, erhob er sich und kniete vor Hawking nieder, um besser mit ihm sprechen zu können. «Länger als mit irgendeinem der anderen Gäste unterhielt sich der Papst mit dem Mann im Rollstuhl. Schließlich erhob er sich, klopfte seine Soutane ab und lächelte Hawking zum Abschied zu. [...] An diesem Nachmittag waren viele Katholiken im Saal gekränkt, weil sie die Geste des Papstes als eine unverdiente Auszeichnung des Physikers missverstanden.» (Bio: 233)

Hawking hat keinen Zweifel daran aufkommen lassen, dass die gemeinsam mit seinem amerikanischen Kollegen James Hartle ausgearbeitete Kein-Rand-Bedingung nur ein Vorschlag ist und nicht etwa der Weisheit letzter Schluss. Verfolgt man das Lebenswerk Stephen Hawkings, stellt man schnell fest, dass er immer wieder mit Hypothesen jonglierte, die er so lange überarbeitete, bis sich ein anderes Ergebnis einstellte. Mit seiner Anwendung der Quantentheorie auf den Ereignishorizont Schwarzer Löcher wies er nach, dass die Fläche des toten Sterns abnehmen kann. Vier Jahre zuvor war ihm noch klar gewesen, dass die Fläche niemals kleiner wird.

Doch unter der Beweislast seiner eigenen Berechnungen machte er eine Kehrtwendung um 180 Grad und verkündete, dass ein Schwarzes Loch Strahlung abgibt. Die legendäre Zusammenarbeit mit Roger Penrose führte in der zweiten Hälfte der 1960er Jahre zu dem berühmten Urknallsingularitätstheorem. Die beiden Forscher bewiesen, dass es eine Anfangssingularität gegeben haben muss, wenn die Relativitätstheorie eine korrekte Beschreibung des Universums darstellt. Das klang in den Ohren mancher Freunde und Gegner wie die Bestätigung der Existenz eines biblischen Schöpfergottes. Ein Jahrzehnt später schaffte Hawking schließlich mit seinem grenzenlosen vierdimensionalen Raum in imaginärer Zeit den Urknall ab und machte damit einen Schöpfer überflüssig. Wer will, kann hier Widersprüche und Fehler sehen, doch wer nicht erkennt, dass in beiden Hauptwerken Hawkings zum ersten Mal der Nachweis erbracht wurde, dass bei extrem starken Gravitationsfeldern wie im Schwarzen Loch und beim Urknall die Quantentheorie ins Spiel kommen muss und somit ein viel versprechender Ansatz zu einer Vereinigung von Quantentheorie und Einstein'scher Gravitation vorliegt, verkennt die eigentliche Bedeutung der Arbeit Hawkings.

Hawking selbst empfindet diesen krummen Weg der Erkenntnis als «work in progress» und fühlt sich der Wissenschaftsphilosophie des Positivismus im Sinne Karl Poppers verpflichtet. Nach diesem Ansatz ist eine wissenschaftliche Theorie ein Modell, das die Beobachtungen in einem bestimmten Wirklichkeitsausschnitt am besten beschreibt.

Eine Theorie ist aber immer nur so lange wahr und erfolgreich, wie die Vorhersagen mit den Beobachtungen übereinstimmen. Sollte sich im Laufe der Zeit erweisen, dass durch bessere Instrumente, präzisere Datenauswertung oder vertiefte Einsichten in die jeweiligen Zusammenhänge die Theorie nicht mehr haltbar ist, dann muss sie entsprechend umformuliert oder ganz aufgegeben werden.

Hawkings Berechnungen zur Geschichte des Universums zeigten nun, dass mit zunehmender Größe des Universums auch die Feynmansumme mit immer mehr irregulären Raumzeiten und anwachsender Unordung einherging. Diese Tatsache verleitete ihn zu der Annahme, dass nach dem Erreichen des Maximalwachstums die Unordnung wieder abnehme. So gelangte er zu einer Schlussfolgerung, die er später mit Bedauern zurücknahm: die Theorie von der rückwärts laufenden Zeit in der Kontraktionsphase des Universums.

Stellt man sich im Rahmen der Erdkugel-Analogie den nicht singulären «Beginn» des Universums als Punkt am Nordpol vor, dann sind die nach der Feynman'schen Methode wahrscheinlichsten Geschichten des Universums wie die Oberfläche der Erde. Am Äquator wird sich das Universum zu seiner maximalen Größe ausgedehnt haben. Danach beginnt der umgekehrte Prozess: Das Universum zieht sich wieder zusammen und kollabiert schließlich am Südpol. An beiden Polen besäße der vierdimensionale euklidische Raum zwar die Größe Null, doch da sich die ganze ungeheure Bewegung in imaginärer Zeit vollzieht, gibt es keine Singularitäten, die Anfang und Ende des Universums unzugänglich machten für die Naturgesetze, wie wir sie kennen.

Erinnern wir uns an den Zweiten Hauptsatz der Thermodynamik, der im Zusammenhang mit der Hawking-Strahlung auftauchte. (93 f.) Wir erfuhren, dass mit dem Verstreichen der Zeit die Unordnung eines Systems zunimmt. Das ist die Richtung des thermodynamischen Zeitpfeils. Die trügerische Symmetrie zwischen der Expansions- und der Kontraktionsphase in der Erdkugel-Analogie des Universums in imaginärer Zeit schien den Gedanken nahe

> Zunächst glaubte ich, die Unordnung nähme ab, wenn das Universum rekollabiert. Denn ich meinte, das Universum müsse während des Schrumpfungsprozesses in einen geordneten und gleichmäßigen Zustand zurückkehren. Dann wäre die Kontraktionsphase praktisch die zeitliche Umkehrung der Expansionsphase. Die Menschen in der Kontraktionsphase würden rückwärts leben: Sie würden sterben, bevor sie geboren wären, und mit der Kontraktion des Universums jünger werden.
>
> Stephen Hawking, 1996

zu legen, der thermodynamische Zeitpfeil könne sich umkehren, wenn das Universum kollabiert.

Doch sowohl Hawkings Kollege und Freund Don Page, den er 1975 am CalTech kennen gelernt hatte, als auch sein Student Raymond Laflamme konnten nachweisen, dass das von Hawking benutzte Modell des Universums zu einfach war und dass die Kein-Rand-Bedingung schon bei einem nur geringfügig komplexeren Modell vorhersagt, dass sich der thermodynamische Zeitpfeil auch während der Kontraktionsphase nicht umkehre. So blieb Stephen Hawking nichts anderes übrig, als seinen Fehler einzugestehen.

Die Zunahme von Entropie oder Unordnung mit dem Verstreichen von Zeit ist eine Grundvoraussetzung für die Entwicklung intelligenten Lebens. Bei der Verwertung von Nahrung wird geordnete Energie in chaotische Wärmeenergie umgewandelt. Dabei nimmt die Gesamtunordnung in einem Maße zu, die es den geordneten Zuständen nicht erlaubt, die Oberhand zu gewinnen. Stephen Hawking führt in seinem Buch *Die illustrierte Kurze Geschichte der Zeit* das berühmte Beispiel an, dass beim Lesen und Verstehen seines Buches die Ordnung im Gehirn des Lesers zwar um zwei Millionen Einheiten anwachse, der Körper im Gegenzug allerdings die Unordnung im Universum in Form von Schweißabsonderung und Wärmeleitung während des Lesens um das Zehnmillionenmillionenmillionenfache erhöht habe. Er stellt klar: *Nicht die Expansion des Universums verursacht die Zunahme der Unordnung, sondern die Kein-Rand-Bedingung bewirkt, dass nur in der Expansionsphase die Unordnung zunimmt und die Verhältnisse für intelligentes Leben geeignet sind.* (IGZ: 194)

Aus dem Vorhandensein des thermodynamischen Zeitpfeils lässt sich schließen, dass wir uns noch in der Expansionsphase des Universums befinden und dass das Universum in einem durch Quantenfluktuationen eingeschränkten Ordnungszustand begonnen haben muss. Um zu verstehen, warum unser gegenwärtig beobachtbares Universum in jeder Richtung gleich aussieht, haben die Kosmologen ein Modell vorgeschlagen, nach dem das frühe Universum eine Phase hyperinflationärer Expansion durchlaufen haben muss, damit das Licht in alle Regionen gelangen konnte. (📖 GKN) Dreizehn Jahre nach der Veröffentlichung seines Bestsellers präzisiert Hawking in seinem Buch *Das Universum in der Nussschale* die Konsequenz der inflationären Expansion für das Universum in imaginärer Zeit: *Wäre die Geschichte des Universums in imaginärer Zeit eine vollkommene Kugel, dann wäre die entsprechende Geschichte in der reellen Zeit ein Universum, das seine inflationäre Expansion ewig fortsetzen würde. In einem solchen inflationären Universum könnte sich die Materie nicht zu Galaxien und Sternen zusammenballen, und somit könnte sich auch kein Leben entwickeln, schon gar keine intelligenten Lebensformen wie wir.* (Nus: 101)

Die das frühe Universum am wahrscheinlichsten widerspiegelnden Formen in der Feynman'schen Geschichtenvielfalt sind daher nicht die glatten vollkommenen Kugelflächen, sondern diejenigen mit winzigen Ausbuchtungen und Kräuselungen, die alle verschieden lange inflationäre Phasen durchlaufen, um genügend zusätzliche Gravitation zu erzeugen, sodass die Expansion zum Stillstand kommt und die Materie sich zu Galaxien und Sternen anhäufen kann. Die Kein-Rand-Bedingung Hawkings und Hartles führt also zusammen mit der Feynman'schen Geschichtenvielfalt zu der Vorhersage, dass die gleichförmige Expansion unseres Universums in alle Richtungen, wie sie jetzt durch die moderne Astronomie beobachtet worden ist, zu den wahrscheinlicheren Geschichten gehört.

Wenn nun in der imaginären Zeit die Naturgesetze an den Raumzeiträndern nicht versagen, das Universum endlich und in sich geschlossen ist, aber – wie die Erdoberfläche – keine Grenzen hat, dann könnte ein positivistisch gesinnter Wissenschaftler wie Stephen Hawking den Standpunkt einnehmen, dass die imaginäre Zeit eine nützlichere Beschreibung der Wirklichkeit liefert als die «reale» Zeit, mit der wir vertraut sind. So verteidigt er denn auch die imaginäre Zeit gegen die Einwände von Kritikern, die auf dem Konzept der realen Zeit bestehen. Dabei scheut er sich nicht, den neuen Zeitbegriff mit den bahnbrechenden Ideen von Kopernikus, Galilei und Einstein auf eine Stufe zu stellen. Dass die Erde eine Kugel ist und keine Scheibe; dass sie sich um die Sonne dreht und nicht umgekehrt; dass die Zeit für jeden Beobachter unterschiedlich lang werden kann: Diese Gedanken waren revolutionär und stießen auf Ablehnung. Womöglich geht es den Zeitgenossen des neuen Millenniums ähnlich, wenn sie geistig den Sprung wagen und akzeptieren sollten, das Universum könne statt einer einzigen Geschichte j e d e mögliche Geschichte haben. (EiT: 77)

Natürlich ist die Forschung augenblicklich längst nicht in der Lage, den Feynman'schen Quantenzustand des gesamten Raumzeitgefüges auszurechnen, doch mit der Einführung der imaginären Zeit in die Betrachtung der Evolution des Universums steht ein mathematisches Werkzeug zur Verfügung, mit dessen Hilfe in einer womöglich nicht allzu fernen Zukunft die Vereinigung von Feynman'scher Quantengeschichtenvielfalt und Einstein'scher Gravitationstheorie zu einer vollständigen Beschreibung der Wirklichkeit gelingen könnte.

Eine kurze Geschichte der Zeit

Eine der meistzitierten Sentenzen Albert Einsteins ist sein Urteil über die Quantentheorie: «Der Herrgott würfelt nicht.» Einstein konnte sich einfach nicht damit abfinden, dass auf dem tiefsten Grund der Materie, auf der Quantenebene, nur noch Wahrscheinlichkeiten und Unbestimmtheiten herrschen sollten, noch dazu im Rang von Naturgesetzen. Physikalische Gesetze, die keine klare Vorhersage über das Verhalten von Materie machen konnten, passten nicht in das Weltbild des Mannes, dessen Großtaten die Welt bewegt hatten. Einsteins Abneigung gegen die Quantentheorie trug gewiss dazu bei, dass seine Bemühungen, eine vereinheitlichte Theorie zu entwickeln, scheitern mussten. In Anspielung auf die Rolle der Quantentheorie im Inneren der Schwerkraftfalle eines Schwarzen Lochs nahm Hawking das berühmte Diktum Einsteins viele Jahre später wieder auf, um zu dem Schluss zu kommen: *Einstein hatte also Unrecht, als er behauptete, dass Gott nicht würfle. [...][Gott würfelt] nicht nur, sondern verwirrt uns manchmal dadurch, dass er die Würfel dorthin wirft, wo sie nicht gesehen werden können.* (RuZ: 40)

Der späte Einstein nötigte der nachfolgenden Generation von Elitephysikern ohnehin deutlich weniger Respekt ab als der frühe. Das Bild, mit dem Roger Penrose die dreißig letzten Lebensjahre Einsteins kommentiert, lässt an Deutlichkeit nichts zu wünschen übrig: «In der Tat hätte sich Einstein [...] von 1925 an damit begnügen können, fischen zu gehen. Es stimmt schon, dass er danach keine großen Fortschritte mehr machte [...], weil ein wesentlicher Punkt dort noch fehlte. Dieser Punkt ist die Strahlung Schwarzer Löcher, die Stephen fünfzig Jahre später entdeckte.» (RuZ: 184 f.) Aber auch Werner Heisenberg, dem 1925 auf dem roten Felsen in der Nordsee der entscheidende Einblick in die Natur des Mikrokosmos gelang, suchte bis zu seinem Tod 1976 vergeblich nach einer Synthese von Quantentheorie und Allgemeiner Relativität.

1983, zwei Jahre nach der denkwürdigen Konferenz im Vatikan, hatte Stephen Hawking die Kein-Rand-Hypothese gemeinsam mit James Hartle präzisiert und voll ausgearbeitet. Nach der Arbeit über die Strahlung Schwarzer Löcher war diese Anwendung der Feynman'schen Geschichtenvielfalt auf die Raumzeitkrümmung der Relativitätstheorie bereits sein zweiter Anlauf zur Formulierung einer Quantentheorie der Gravitation, der zu interessanten Ergebnissen geführt hatte.

James Hartle entwickelte gemeinsam mit Hawking die so genannte Kein-Rand-Bedingung. Foto von 2001

Die in Rom, dem Zentrum der Schöpfungsgläubigkeit, erstmals in den Formalismen der mathematischen Sprache präsentierte Antwort auf die ewig bewegende Frage nach dem Woher und Wohin des Universums und damit auch der menschlichen Existenz kam ohne einen Schöpfer aus! Stephen Hawkings Universum war eine von äußeren Einflüssen vollkommen unabhängige, von Naturgesetzen bestimmte, in sich abgeschlossene Raumzeit ohne Anfang und ohne Ende, grenzenlos und voller Möglichkeiten steckend, aber auch mitbestimmt vom Fallen der Quantenwürfel in dunklen Ecken, die dem menschlichen Blick verborgen sind.

Seit einiger Zeit schon machte Hawking sich Gedanken darüber, wie er dieses spannende Thema in einem Buch präsentieren könnte, das sich nicht so sehr an die Fachkollegen rund um den Globus wandte, sondern an den interessierten Laien, der den mathematischen Höhenflügen in den Fachzeitschriften nicht mehr folgen konnte. Zwar gab es bereits einige populäre

Sachbücher über Schwarze Löcher oder den Urknall, doch Stephen Hawking war der Ansicht, dass keines von ihnen die wirklich zwingenden Fragen nach Ursprung und Schicksal des Universums stellte.

Einen nicht unerheblichen Einfluss auf dieses Vorhaben hatte wohl Simon Mitton, Hawkings Verleger bei der Cambridge University Press. 1973 hatte Mitton bereits Hawkings erstes Buch *The Large Scale Structure of Spacetime* betreut, das er gemeinsam mit George Ellis geschrieben hatte, ein Fachbuch, das noch heute als Standardwerk der klassischen Relativitätstheorie gilt. Schon seit Beginn ihrer Zusammenarbeit hatte Mitton sich immer wieder bemüht, Hawking ein allgemein verständliches Kosmologiebuch abzuringen. 1981 hatte er einen mit Formeln gespickten Konferenzband *Superspace And Supergravity* herausgegeben, und nun, im Januar 1983, handelten sie gerade den Vertrag über einen neuen Band *The Very Early Universe* aus, der auf einem ähnlich hohen mathematischen Abstraktionsgrad angesiedelt war. Bei dieser Gelegenheit kamen sie abermals auf das populärwissenschaftliche Projekt zu sprechen, und es stellte sich sehr schnell heraus, dass Stephen Hawking zwar durchaus interessiert war, aber eine Menge Geld dafür haben wollte. Seine Tochter Lucy war nun elf Jahre alt und sollte im nächsten Jahr zur Perse School überwechseln, derselben Privatinstitution, an der schon ihr Bruder Robert unterrichtet wurde. Wenigstens die Schulgebühren wollte sich Hawking mit dem neuen Buch verdienen. Außerdem nahmen die Hawkings seit kurzem den Dienst von Gemeindeschwestern und privaten Krankenpflegerinnen in Anspruch, um Jane zu entlasten. Vielleicht konnte er ja durch ein gutes Honorar obendrein noch die gestiegenen Pflegekosten ein wenig auffangen. Wenn er schon seine Forschung vernachlässigte, um ein populäres Sachbuch zu schreiben, dann sollte es sich für ihn auch lohnen.

Ein erstes Probekapitel war Simon Mitton, der selbst ein recht erfolgreicher Sachbuchautor war, noch viel zu mathematisch und veranlasste ihn zu dem inzwischen unzählige Male zitierten und zum geflügelten Wort avancierten Ausspruch:

«Jede Gleichung halbiert die Verkaufszahlen.» Nach zähen Verhandlungen hatte der als hartnäckig bekannte Hawking seinem Verleger einen Vorschuss von 10000 Pfund abgeknöpft, was einen neuen Rekord in der Geschichte der Cambridge University Press bedeutete. «Am nächsten Tag schickte Mitton Hawking einen Vertrag ins Büro. Er hat ihn nie zurückerhalten.» (Bio: 256)

Denn inzwischen war man auch in der Verlagswelt jenseits des Atlantik aufmerksam geworden. Der Lektor des Bantam Verlags, Peter Guzzardi, und der Literaturagent Al Zuckerman hatten von Hawkings Buchprojekt erfahren und die Witterung aufgenommen. Die bewegende Geschichte eines genialen Wissenschaftlers, der bedeutende Einsichten in Ursprung und Schicksal der Welt hat, in der wir leben, und mit eisernem Willen gegen eine furchtbare Krankheit ankämpft, die ihn zu vollständiger Kommunikationslosigkeit zu verurteilen droht, schien eine aufregende und auch ökonomisch hochinteressante Kombination zu sein. Also mischte sich Zuckerman ein und begann ein Pokerspiel um die Rechte. Er nahm Kontakt mit Hawking auf und überredete ihn, Simon Mittons Vertrag noch nicht zu unterschreiben. Denn er sei davon überzeugt, in den USA mehr als 10000 Pfund Vorschuss aushandeln zu können.

Auf der Grundlage eines hundert Seiten umfassenden Manuskripts versteigerte Zuckerman das Buch unter den größten amerikanischen Verlagshäusern. Am Ende blieb nur noch Peter Guzzardis Angebot von sage und schreibe 250000 Dollar Vorschuss und einer großzügigen Gewinnbeteiligung übrig. Hawking unterschrieb, wobei «Bantams Zusicherung, das Buch werde in jedem amerikanischen Flughafenkiosk erhältlich sein, wesentlich zum Zustandekommen des Abschlusses beigetragen [hatte]» (Bio: 259).

Schnell zeigte sich eine grundsätzliche Schwierigkeit während der achtzehn Monate der Zusammenarbeit zwischen dem Lektor in New York und dem Autor in Cambridge. Stephen Hawking war es wegen seiner Behinderung gewohnt, sich stets so knapp wie möglich auszudrücken. Er riskierte dabei häufig große Gedankensprünge und vertraute darauf (oft vergeblich), dass seine Partner das Ausgelassene schon wieder herstellen und die Zusammenhänge verstehen würden. Peter Guzzardi hatte keine wissenschaftliche Vorbildung, aber er machte sich kundig und beharrte auf dem Anspruch, jede Zeile selbst verstehen zu wollen, bevor er den Text veröffentlichen konnte. Also schickte er Hawking immer wieder lange Listen mit Fragen und Anweisungen zum Umschreiben des Manuskripts – für den hofierten Starphysiker eine völlig neue Erfahrung, die ihn zunächst verärgerte. Doch begriff er recht schnell, dass Guzzardi ihn mit seiner kritischen Betreuung auf die Erfolgsspur in Richtung Bestsellerlisten lenkte.

Zu Weihnachten 1984 war Hawking mit dem Manuskript fertig. In der Branche sickerte die Information durch, dass nach dem Grad der Begeisterung, die man bei Bantam wahrnehme, dort etwas Bombastisches ausgebrütet werde; ein sündhaft teuer eingekauftes Buch über die neuesten Fortschritte in der kosmologischen Forschung, die an die Suche nach dem Gral erinnere.

Anfang August 1985 hielt Hawking sich in Genf auf, wo er am CERN, dem europäischen Kernforschungszentrum, seine Grundlagenforschung fortsetzen und das Manuskript für Guzzardi überarbeiten wollte. Während Jane in Deutschland Freunde besuchte, wurde Stephen in Genf von seinem Assistenten Raymond Laflamme und einer Pflegerin rund um die Uhr betreut. Eines Nachts fanden sie ihren Patienten in einem Zustand akuter Lebensgefahr vor. Seine Luftröhre hatte sich verengt, was eine Lungenentzündung verursacht hatte. Hawking drohte zu ersticken. Es war eine der bedrohlichsten Entwicklungen der ALS-Krankheit, die oft genug zum Tode führt.

Gribbin und White behaupten in ihrer Biographie, dass der Dienst habende Arzt im Genfer Kantonsspital kurz zuvor eine Fernsehsendung über Hawking gesehen hatte und deshalb sofort wusste, welche Medikamente sein berühmter Patient vertrug. (Bio: 264f.) Als Jane im Krankenhaus eintraf, war ihr Mann zwar außer Lebensgefahr, aber an ein Beatmungsgerät angeschlossen, ohne das er erstickt wäre. Seine Überlebenschancen, so bedeuteten ihr die Ärzte, seien allerdings gering, sofern man sich nicht für einen Schnitt in die Luftröhrenvorderwand entschied, um eine Kanüle für die künstliche Zuführung von Atemluft einzusetzen. Nach dieser Operation würde er allerdings nie wieder sprechen können. Es lag nun an Jane, ihre Einwilligung zu geben. Angesichts der Alternative konnte es allerdings nur eine einzige Entscheidung geben.

Nach vielen Wochen der Nachbetreuung in einer Cambridger Klinik kam Hawking wieder zurück in sein Haus an der West Road. «Er erholte sich nur langsam. Seine einzige Möglichkeit, sich mitzuteilen, war, zu buchstabieren. Und auch das ging nur sehr langsam und mühsam vor sich, indem er seine Augenbrauen hochzog, wenn jemand auf den richtigen Buchstaben auf einer Tafel zeigte.» (USH: 178)

In einem wichtigen Stadium seines Buchprojekts hatte Hawkings Behinderung plötzlich eine neue Dimension angenommen. Doch so bitter es auch sein mochte, dass er nie wieder ein Wort würde sprechen können: Wie zu dem Zeitpunkt, als er auf den Rollstuhl umstieg und feststellte, dass er schneller als zuvor überall hinkam, so erlebte er jetzt, auf einem neuen Tiefpunkt seiner Krankheit, eine ähnliche Erweiterung seiner Kommunikationsfähigkeit. Sie kam in Form eines Computerprogramms namens «Equalizer» und stammte von dem amerikanischen Softwaredesigner Walt Woltosz. Aus einer Reihe von Menüs auf dem Monitor konnte Hawking jetzt ganze Wörter aussuchen und sie zu Sätzen aneinander reihen, indem er mit einem der beiden noch beweglichen Finger einen Schalter drückte. Das Vokabular umfasste anfangs 2500 Wörter und etwa 200 mathematische und physikalische Fachbegriffe. *Das Programm lässt sich auch mit Hilfe eines Schalters steuern, den man durch Kopf- oder Augenbewegungen bedient. Wenn ich genügend Text zusammengestellt habe, kann ich ihn an einen Sprachsynthesizer überspielen, der mit einem Computer auf meinem Rollstuhl montiert ist. Dank dieses Systems kann ich mich viel besser verständlich machen als vorher. Ich schaffe bis zu fünfzehn Wörter pro Minute.* (SHW: 180)

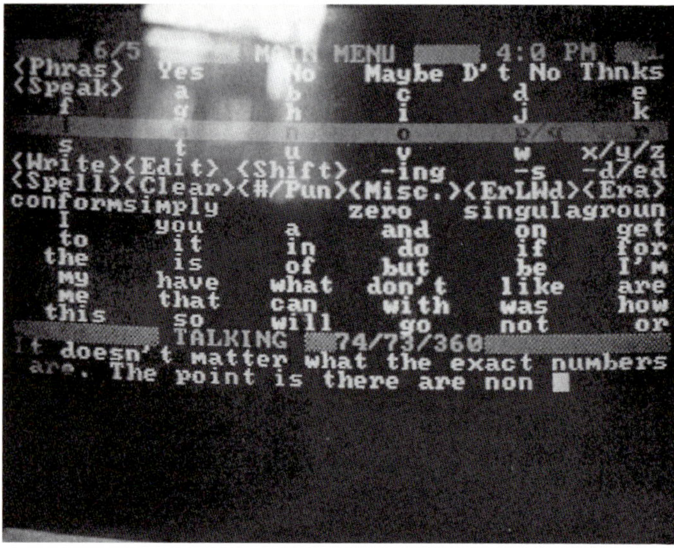

Hawking kommuniziert mit Hilfe dieses Bildschirms. Wenn er die benötigten Wörter herausgesucht hat, erscheint der Satz im unteren Teil des Monitors.

Hawkings Biographin Kitty Ferguson, die eine Serie von Interviews mit ihm führte und deshalb die Synthesizerstimme sehr gut kennt, schreibt: «[Sie] kann ihren Tonfall ändern und klingt auch nicht wie ein Roboter, ein für Hawking äußerst wichtiger Aspekt. Er hätte gern einen britischen Akzent. [...] Einige Leute wollen einen amerikanischen oder skandinavischen Akzent heraushören. Für mich klingt er eher ostindisch. Gefühl kann Hawking seiner Stimme allerdings nicht verleihen. Sie klingt gemessen, nachdenklich und unvoreingenommen.» (USH: 181)

Von nun an konnte Hawking bei Vorlesungen und öffentlichen Vorträgen auf die «Dolmetscherarbeit» seines jeweiligen Assistenten verzichten. Wer sich selbst einen Eindruck von der Synthesizerstimme Stephen Hawkings machen möchte, findet im Internet eine ganze Reihe seiner Vorträge, die sich als Audiodatei herunterladen lassen. Auf der Website der University of California in Santa Barbara kann man sich zum Beispiel in einen Audioclip von Hawking einklinken. (9)

1986 starb sein Vater. Er war schwer erkrankt, als Stephen sich noch von seinem Luftröhrenschnitt erholte. Vater und Sohn hatten sich zwar im Laufe der Jahre auseinander gelebt, doch soll Frank Hawking die Rohfassung von Stephens neuem Buch noch interessiert gelesen haben. (SHW: 183)

Die Veröffentlichung von *Eine kurze Geschichte der Zeit* war jetzt für den April 1988 vorgesehen. Guzzardi hatte diesen Titel gegen Hawkings anfängliche Skepsis durchgesetzt. Während beide in bewährter Teamarbeit dem Manuskript den letzten Schliff gaben, telefonierte Agent Al Zuckerman wegen der Lizenzvergabe in der Welt herum und war von der Resonanz überrascht: Selbst aus der Sowjetunion und Süd-Korea trafen Angebote ein. Völlig unerwartet für alle Beteiligten verließ Peter Guzzardi kurz darauf den Verlag, sodass das ganze Projekt in die Hände eines neuen Lektors geriet. Diesem wurde angesichts der Größe der Planung, die er vorfand, etwas mulmig, und er reduzierte die Startauflage auf 40 000 Exemplare. Und die wurde sofort wieder eingestampft, nachdem ein Wissenschaftler, der eine Rezension für die Zeitschrift «Nature» schreiben wollte, entdeckt hatte, dass sein Vorabexemplar von Fehlern strotzte. Stephen Hawking erinnert sich in *Einsteins Traum* daran: *Fotos und Diagramme standen am falschen Platz oder waren falsch beschriftet. Sofort rief er bei Bantam an, wo man ebenso entsetzt war. [...] Drei Wochen fieberhafter Korrektur- und Lektoratsarbeiten waren nötig, um das Buch doch noch rechtzeitig zum angekündigten Erscheinungstermin im April in die Buchhandlungen zu bringen.* (EiT: 273)

Ein groß aufgemachtes Feature über Hawking im renommierten «Time Magazine» unmittelbar vor der Auslieferung der ersten Auflage stimmte alle Beteiligten optimistisch, aber letzten Endes war niemand auf den überwältigenden Erfolg und den Siegeszug vorbereitet, mit dem das Buch den Spitzenplatz der Bestsellerlisten in vielen Ländern eroberte. Auch in

Deutschland katapultierte das große Interesse der Öffentlichkeit das im Rowohlt Verlag erschienene Buch in kürzester Zeit auf Platz eins der «Spiegel»-Bestsellerliste, wo es mehr als ein Jahr an der Spitze blieb.

Eine kurze Geschichte der Zeit wurde zum Kultbuch und sein Autor endgültig zur lebenden Legende. Fünf Jahre später stand das Werk noch immer auf der Bestsellerliste der Londoner Zeitung «Sunday Times»; ein halbes Jahr zuvor war es wegen der höchsten Zahl von Platzierungen ins «Guinnessbuch der Rekorde» aufgenommen worden. Es wurde mit über zehn Millionen weltweit verkauften Exemplaren das mit Abstand erfolgreichste Sachbuch des 20. Jahrhunderts. Hawking gelang damit abermals Unglaubliches, nämlich die Popularisierung eines Zweigs der Naturwissenschaften, der für eine Komplexität des Denkens steht, die im Grunde nur noch einer Hand voll Elitephysikern zur Gänze sich erschließt. Kurz nach dem Start des Buches in Deutschland machte sich der «Spiegel»-Autor Henry Glass Gedanken über das Phänomen, dass die bis dato unzugänglichen Theorien über den Beginn des Universums seit der Veröffentlichung von Hawkings Buch plötzlich wie selbstverständlich im Party-Smalltalk rund um den Globus auftauchten. Glass erklärt die Faszination durch das Buch damit, dass es «eine Art weltlicher Genesis» präsentiere, «die eine diesem kurzgläubigen und beweisorientierten Zeitalter entsprechende Antwort gibt auf die letzte Frage – die nach dem Warumwoherundwohin. Der mit dem weißen Bart [...] hat als Schöpfer nun endgültig ausgedient; an seine Stelle tritt eine

Hawking mit Frau Jane und den Söhnen Robert (links) und Tim auf dem Weg zur Verleihung der Ehrendoktorwürde der Cambridge University, Juni 1989

mathematische Gleichung, die nur lösbar ist mit Hilfe des Computers, des Götzen der neuen Zeit.» (Spi: 258)

Zum Erfolg des Buches hat zweifellos beigetragen, dass es in bester anglo-amerikanischer Tradition auch die anspruchsvollsten Fragen unangestrengt und eingängig vermittelt und eine bis ins letzte Detail verständliche Sprache pflegt. Die Großartigkeit des Hawking'schen Gedankengebäudes, seine unerschütterlichen Versuche, die Gegensätze von Gravitation und Quantentheorie zu vereinen, erfordern vom Leser freilich Vorurteilsfreiheit: Wer bereit ist, ihm zu folgen in die bizarren Dimensionen des Allergrößten und Winzigkleinsten, die so gar nichts menschlich Vertrautes bieten, kann das Buch mit großem Gewinn lesen.

Selbstverständlich mischten sich unter die allgemeine Begeisterung über das Buch auch die Stimmen kritischer Rezensenten. So empfand Hans Günter Holl in der Wochenzeitung «Die Zeit» Hawkings imaginäre Zeit als «nebulösen Begriff» und deren Anwendung auf Urknall und Endkollaps als «metaphysische Fehldeutung». Er setzte sich auf die Spur erkenntnistheoretischer Unsicherheiten und Ungenauigkeiten Hawkings und geißelte dessen angebliche «Unkenntnis der philosophischen Grundlagen der neuzeitlichen Physik». (Zei)

Gleichsam stellvertretend wurde hier der ablehnenden Haltung eines Teils des wissenschaftlichen Establishments Ausdruck verliehen, die nicht zuletzt Hawkings launigen Stil und unakademischen Esprit verdächtig fanden und deshalb unnachgiebig Flüchtigkeitsfehler in Sekundärbereichen suchten, um seine innovativen Konzepte abqualifizieren zu können. Hawkings Popularität hat es keinen Abbruch tun können. Im Gegenteil: Sie war auf ihrem Gipfel angelangt.

Quarks – Quasare – Quantenschwerkraft

Im August 1990 waren weltweit acht Millionen Exemplare des Buches verkauft, und der Rummel um Hawkings Person nahm teilweise groteske Züge an. Im Gegensatz zu Jane und den Kindern genoss er es, wenn er auf dem Weg durch Cambridge auf sein Buch angesprochen wurde. Und für den Fall, dass wieder einmal amerikanische Touristen mit dem Finger auf ihn zeigten und ausrufen sollten: «Schaut mal, da ist Steve Hawkins!», hatte er einen Standardspruch für seinen Computer programmiert: *Ich werde ständig mit diesem Mann verwechselt.* (Obs) Während Hawking also auf der Woge seines grandiosen Erfolges schwamm, gaben sich Journalisten, Fernsehteams, Rechtehändler und Biographen in Hawkings Institut und in seinem Haus in Cambridge die Klinke in die Hand, um dem Phänomen Stephen Hawking auf die Spur zu kommen. In einer Szene des BBC-Dokumentarfilms «Master of the Universe» (1989) fährt Hawking im Rollstuhl durch das Eingangsportal des Londoner King's College. Nach der Fernsehausstrahlung registrierte die dortige Zulassungsstelle eine ungewöhnlich hohe Zahl an Studienbewerbern, die in ihrer Begeisterung fälschlicherweise davon ausgegangen waren, Hawking lehre am King's College. (Bio: 304)

1989 wurde er von Königin Elizabeth II. in den Rang eines «Companion of Honour» befördert – eine der höchsten Ehrungen des Landes. Die Verleihungen internationaler Ehrendoktorwürden und Preise rissen nicht ab. Selbst seine eigene Universität ernannte ihn zum Doktor h.c., eine höchst seltene Auszeichnung für Mitglieder der eigenen Fakultät, die Hawking aus der Hand von Prinz Philip, dem Rektor der Universität, entgegennahm. Seine wissenschaftliche Arbeit trat bei all den Auszeichnungen und Einladungen, mit denen er jetzt überhäuft wurde, ein wenig in den Hintergrund. Da er das

Reisen liebte, ließ er kaum eine Veranstaltung aus, auch wenn sie am anderen Ende der Welt stattfand.

In der schon erwähnten BBC-Dokumentation von 1989 sagte Jane Hawking Sätze, die aufhorchen ließen: «Ich war immer schon sehr optimistisch, und ich habe Stephen damit angesteckt. Seine Entschlossenheit hat die meine inzwischen weit überholt. Ich komme da nicht mehr mit. Ich glaube, er neigt dazu, seine Behinderung dadurch überzukompensieren, dass er absolut alles tut, was ihm in den Sinn kommt.» (USH: 215)

Lief Stephen Hawking Gefahr, dass ihm die vielen Superlative zu Kopf stiegen? Freunde und Kollegen, die ihm den Erfolg von Herzen gönnten, zeigten sich überrascht davon, wie genüsslich er den Ruhm auskostete. Neigte er dazu, sich tatsächlich als Master of the Universe zu betrachten, ein Titel, den ihm die als seriös geltende BBC verliehen hatte? Hatte er sich seiner Familie, vor allem aber Jane entfremdet? Die gläubige Christin hatte, wie Freunde wohl wussten, ihren Mann in letzter Zeit manches Mal zurechtgewiesen, er sei nicht Gott.

Trotz solcher Probleme zwischen Stephen und Jane fielen die Freunde der Hawkings aus allen Wolken, als sie im Frühjahr 1990 erfuhren, dass diese so außergewöhnliche Ehe zerbrochen war. Hawking hatte sich von seiner Frau getrennt. Keiner von beiden äußerte sich öffentlich über die genauen Gründe, doch wäre es mit Sicherheit zu einfach, sie nur auf die Schwierigkeiten, die der überwältigende Erfolg mit sich brachte, oder auf einen religiösen Konflikt zu reduzieren. Stephen Hawking zog mit Elaine Mason, einer seiner Krankenpflegerinnen, in eine gemeinsame Wohnung. Schon seit Jahren war sie es gewesen, die ihn auf seinen Auslandsreisen und am Arbeitsplatz betreute, während Jane von den Pflegearbeiten weitgehend befreit war und sich ihrem Beruf, dem religiösen Freundeskreis und ihren Hobbys widmete. Seine neue Lebensgefährtin war mit David Mason verheiratet, dem Techniker, der Hawkings Rollstuhlcomputer montiert hatte.

Seit der Trennung von Jane verschanzt sich Stephen Hawking wieder hinter seiner Arbeit, hartnäckiger als je zuvor. Es

Stephen Hawking mit seiner zweiten Ehefrau Elaine, 2001

kommt so gut wie nie mehr vor, dass er über seine Familie oder sein neues Privatleben spricht. Die Gretchenfrage wehrt er jetzt höflich, aber bestimmt ab.

In einem 1988 geführten Interview mit dem «Spiegel» gab Hawking noch eine eindeutige Antwort auf die Gretchenfrage:
«Spiegel: Glauben Sie an Gott oder an die Vorstellung irgendeiner höheren Macht?
Hawking: Ich glaube nicht an einen persönlichen Gott.
Spiegel: Heißt das, dass Sie an einen unpersönlichen Gott glauben?
Hawking: Wenn Sie wollen, können Sie sagen, Gott sei die Verkörperung der physikalischen Gesetze. Aber das ist nur verwirrend, da die meisten Menschen das Wort Gott mit einem Wesen verbinden, zu dem man eine persönliche Beziehung haben kann. Die Gesetze der Physik aber haben wenig Persönliches an sich.»
(Spi: 265f.)

Die Filmrechte an dem außergewöhnlich erfolgreichen Buch erwarb der amerikanische Fernsehproduzent Gordon Freedman. Drei Jahre lang arbeitete er mit einem Budget von dreieinhalb Millionen Dollar an einer dokumentarischen Filmversion des Buches. Seinem Regisseur Errol Morris gelang es, dem Menschen Stephen Hawking näher zu kommen, der sich hinter dem weltberühmten Physiker verbirgt. Er forschte dazu nach Verwandten, Freunden, Schulkameraden, Kommilitonen und Kollegen, die Hawking ein Stück seines Lebens begleitet hatten, interviewte sie und gelangte auf diese Weise zu einer erfrischend vielseitigen dokumentarischen Bestandsaufnahme. Selbstverständlich erschien auch ein Buch zum Film zum Buch unter dem Titel *Stephen Hawkings Welt. Ein Wissenschaftler und sein Werk.* Interviews mit Stephen Hawkings Ex-Frau Jane aber suchen Betrachter des Films und Leser des Buchs vergeblich.

Welche Leistungen durfte man jetzt noch von Stephen Hawking erwarten? Der Titel seiner Antrittsvorlesung als neuer Lukasischer Professor für Mathematik im April 1980 hatte gelautet: *Ist das Ende der theoretischen Physik in Sicht?* Und seine Zuhörer schienen sich zu fragen, ob er gleich zu Beginn der prestigeträchtigen Professur seine Arbeit für überflüssig erklären wollte. Diese rhetorische Überschrift war natürlich nur eine kleine, typisch Hawking'sche Koketterie und wollte lediglich darauf hinweisen, dass die Chancen für die Erarbeitung einer vereinheitlichten Theorie der Physik gut standen. Die Suche nach der «Weltformel» – sie treibt Hawkings Forschungen bis heute voran.

Was muss eine solche vereinheitlichte Theorie leisten? Ist es überhaupt vorstellbar, dass sich alle physikalischen Wechselwirkungen in einem einzigen Gleichungssystem zusammenfassen lassen? Kann man die Teiltheorie der Einstein'schen Gravitation mit der Quantentheorie verbinden, ohne dabei die absurden unendlichen Energie- und Massewerte zu erhalten, die auf dem Papier zu einer unendlichen Raumzeitkrümmung führen, was aber nicht mit den empirischen Daten übereinstimmt? Oder wäre dies die Quadratur des Kreises?

Die Suche nach der «Weltformel», die die Kräfte zwischen den Elementarteilchen mit der Schwerkraft verbindet, begann schon in den 20er Jahren, als die erste befriedigende Form der Quantentheorie vorlag. Wie wir bereits gesehen haben, scheiterten Einstein und Heisenberg mit ihren Versuchen. (▤ 120) Gegenwärtig müssen die Physiker noch drei Teiltheorien bemühen, um alle Naturphänomene zu erklären. Die erste ist die Allgemeine Relativitätstheorie. Als Theorie der Gravitation beruht sie auf der «klassischen» Annahme, das Universum könne als Kontinuum aufgefasst werden, in dem beliebig kleine Energie- oder Zeiteinheiten gemessen werden können. Sie ist daher nicht vereinbar mit der Quantentheorie, die die Kräfte zwischen den Elementarteilchen beschreibt und ein diskontinuierliches Bild des Universums zeichnet. Hier gibt es sehr wohl eine kleinste Einheit und unterste Grenze, mit der das Licht abgestrahlt wird: das «Quant» nämlich, das der neuen Theorie ihren Namen gab. Maxwells ebenfalls klassische Theorie des Elektromagnetismus wurde in den 1940er Jahren vor allem von Richard Feynman mit den Erkenntnissen der Quantentheorie aktualisiert und Quantenelektrodynamik (QED) genannt. (▤ 54 f.) Sie beschreibt zwar hervorragend die Beziehungen zwischen Licht und Materie, zeichnet aber nicht verantwortlich für die Kraft, die «starke Wechselwirkung» genannt wird und die Teilchen im Atomkern zusammenhält. Zur Gravitation, Quantenelektrodynamik und starken Wechselwirkung gesellt sich noch eine vierte Kraft, die «schwache Wechselwirkung» heißt und die Gesetze des radioaktiven Zerfalls regelt. 1983 fand ein Team am Genfer CERN Spuren von Teilchen, die eine Vereinigung von schwacher Wechselwirkung und der Quantenbeschreibung des Elektromagnetismus «zur elektroschwachen Theorie» zuließen, sodass nur noch drei Teiltheorien übrig blieben.

Bei seiner Antrittsvorlesung 1980 war Hawking optimistisch genug, um eine vereinheitlichte Theorie für den Beginn des 21. Jahrhunderts vorauszusagen. Inzwischen ist er bescheidener geworden. In den ersten Jahren des neuen Jahrhunderts wird die starke Wechselwirkung noch immer unter dem Begriff Quantenchromodynamik (QCD) untersucht. Hier geht es um die nach dem aktuellen Stand der Forschung grundlegenden Teilchen des Universums, sozusagen um den Leim, der alle Materie auf der untersten Ebene zusammenhält. Diese Teilchen heißen «Quarks» und sind die Bausteine der Protonen und Neutronen im Atomkern. Die Silbe «chromo» steht für eine bestimmte Bindungseigenschaft der Quarks, die als «Farbe» definiert wird, aber mit Grün, Blau oder Rot nichts zu tun hat. Eine andere Eigenschaft wird als «flavour» (Geschmack) bezeichnet: willkürliche Namensgebungen, die mehr über die Phantasie und den Humor einer neuen Physikergeneration aussagen als über die Eigenschaften selbst. (📖 QUW)

Gegenwärtig gibt es zwar ein paar viel versprechende Ansätze, dass die starke Wechselwirkung der Quarks mit der elektroschwachen Theorie, die den radioaktiven Zerfall und die Wechselwirkung zwischen Licht und Materie abdeckt, vereinigt werden kann; allerdings gilt es dazu noch einige Hindernisse aus dem Weg zu räumen. Doch selbst wenn eine große allumfassende Quantentheorie vorläge, stünde die theoretische Physik noch immer vor dem Hauptproblem, die Schwerkraft in das einheitliche Weltformelwerk einzubeziehen. Denn die sträubt sich noch immer hartnäckig, den Quantenregeln zu gehorchen.

Die Quantentheorie erklärt die Wechselwirkungen subatomarer Teilchen, deren kleinste Komponenten die Quarks sind. Die Allgemeine Relativität ist die Einstein'sche Theorie der Schwerkraft und beschäftigt sich mit dem großmaßstäblichen Universum. Die am weitesten von der Erde entfernten Schwerkraftfallen heißen Quasare. (▤ 91) So repräsentieren die Quarks die Quantenwelt und das Allerkleinste, wogegen die Quasare als die am weitesten von uns entfernten Objekte im Weltall für die Schwerkraft stehen. Zurzeit können Quarks und Quasare noch nicht in einer einzigen konsistenten Theorie der «Quantenschwerkraft» beschrieben werden. Der Merksatz Quarks – Quasare – Quantenschwerkraft fasst aber recht anschaulich zusammen, worum es bei der vereinheitlichten Theorie geht.

Welche Bedingungen müsste eine solche künftige Quantengravitationstheorie erfüllen? Stephen Hawking schreibt in seinem 2001 erschienenen neuen Buch *Das Universum in der Nussschale*, die Superstringtheorie sei in den frühen 1980er Jahren die aussichtsreichste Kandidatin gewesen, um die Gravitation mit der Quantentheorie zu verbinden. Denn sie betrachtete die Teilchen nicht mehr als unendlich kleine Punkte, sondern als ausgedehnte Fäden mit endlicher Länge. *Strings (Fäden, Saiten) sind wie ihre Namensvettern aus der Alltagswelt eindimensionale, ausgedehnte Objekte. Sie besitzen nur Länge. In der Stringtheorie bewegen sie sich durch den Raumzeithintergrund. Verschiedene Schwingungszustände des String werden als verschiedene Teilchen interpretiert.* (Nus: 60)

Behandelt man alle Elementarteilchen als Erscheinungsformen kleinster vibrierender Fäden, so könnte es möglich sein, alle fundamentalen Kräfte und Teilchen als Konsequenzen einer einzigen Stringtheorie zu beschreiben. Selbst die sonst so widerspenstige Gravitation könnte sich in die Gleichungen einfügen: Tatsächlich ergeben die Formeln der Stringmodelle zwangsläufig die Existenz des hypothetischen «Gravitons», des für die Schwerkraft postulierten Kraftteilchens. Ein Haken an dieser eleganten Theorie war und ist, dass zur Vermeidung der Unendlichkeiten die Raumzeit zehn statt der üblichen vier Dimensionen haben müsste. Eine Lösung dieses Problems lag in der Annahme, dass nach dem Urknall sich nur die drei Dimensionen des Raumes und die eine Dimension der Zeit herausgebildet hatten, während die zusätzlichen sechs oder sieben Raumzeitdimensionen sehr eng zusammengerollt und für die menschliche Wahrnehmung verborgen blieben.

Fragt man nach dem Warum von ausgerechnet drei Raumdimensionen, kommt für Hawking ein Konzept ins Spiel, das «anthropisches Prinzip» genannt wird. Betrachtet ein Kosmologe die Organisation des Universums, dann könnte die Welt, in der wir leben, wie ein Netz aus physikalischen Wechselwirkungen erscheinen, das nur in der Absicht geknüpft wurde, ein intelligentes, auf Kohlenwasserstoffbasis lebendes Wesen namens Anthropos hervorzubringen, das nach einer Antwort für diese scheinbare Absichtlichkeit sucht.

Noch erstaunlicher, kostbarer und verletzlicher erscheinen die Randbedingungen für die Evolution von Bioorganismen, wenn man Modellrechnungen betrachtet, die zeigen, wie schnell dieses filigrane und wohl temperierte Gewebe aus Naturkonstanten ins Wanken geraten kann. Bei einem geringfügig höheren Wert für die Schwerkraft, die jedes Teilchen im Universum zu spüren bekommt, hätten keine Galaxien und Sonnensysteme mit dem Potenzial für lebensfreundliche Planeten entstehen können. Veränderungen anderer Konstanten wie etwa der Masse der Protonen oder der Wechselwirkungen zwischen den Quarks würden – vom menschlichen Standpunkt betrachtet – ein lebensfernes Chaos in Biomolekülen erzeugen.

Ein Universum mit mehr als vier entfalteten Dimensionen wiederum ließe zum Beispiel keine stabile Umlaufbahn der Erde um die Sonne zu. Die Gravitationsanziehung zwischen den Körpern wüchse überproportional an und katapultierte den hypothetischen Planeten entweder hinaus in die Tiefen des Weltraums oder zwänge ihn auf Konfrontationskurs mit der Sonne. (Nus: 96) Da sich diese Szenarien nicht mit den Beobachtungsdaten decken, leben wir offenbar in einem menschenfreundlichen Universum, in dem Stephen Hawking und alle anderen Befürworter des anthropischen Prinzips die richtigen Fragen nach den heiklen Bedingungen für ein menschenfreundliches Universum stellen können.

Wie eng hier Mathematik und Philosophie miteinander verknüpft sind, wird deutlich, wenn man sich bewusst macht, wie hochgradig unwahrscheinlich ausgerechnet jene Konstellation der Naturkonstanten ist, die uns das Rechnen und Philosophieren überhaupt erst ermöglicht. Hätte es zu Beginn der inflationären Ausdehnung des Raums geringfügig größere Unregelmäßigkeiten bei der Energieverteilung oder einen winzigen Schrumpfprozess an der falschen Stelle gegeben, wäre heute niemand da, der über die immense Geschichtenvielfalt des Universums nachdenken könnte.

Zurück zur Stringtheorie: Ihr zufolge, so hatten wir schon festgehalten, müssten jenseits der drei in der Urknallexpansion entfalteten Raumdimensionen und der einen Dimension der Zeit noch sechs zusätzliche Raumdimensionen aufgewickelt existieren, wenn diese Theorie eine bessere Beschreibung des Universums liefern soll als jede Teiltheorie für sich betrachtet. (🕮 DeU) Nun stellte sich aber bald heraus, dass es fünf verschiedene Typen Stringtheorie geben konnte. Jede erwies sich in unterschiedlichen Situationen als ein nützliches Rechenwerkzeug und verkörperte einen bestimmten Aspekt desselben zugrunde liegenden theoretischen Rahmens, der M-Theorie genannt wurde. (Nus: 64 f.) Der Mann, der den größten Anteil an der Entdeckung dieses wichtigen Zusammenhangs hatte, ist der Physiker Edward Witten aus Princeton.

Derzeit ist die M-Theorie nur bruchstückhaft bekannt, doch wird sie durchaus bereits als viel versprechende Kandidatin für eine vereinheitlichte Theorie gehandelt. Womöglich eröffnet sie einen Weg, die Unendlichkeiten zu vermeiden, die zwangsläufig auftauchen, wenn man die klassische Schwerkraft mit der Quantentheorie verbinden will. Das M steht für eine zweidimensionale Membran, kurz «Bran» genannt. Der deutsche Wissenschaftsautor Ernst Peter Fischer hat in einer ungnädigen Rezension von *Das Universum in der Nussschale* recht anschaulich beschrieben, worum es bei der Hilfskonstruktion namens Bran eigentlich geht. «Mit Hilfe von Branen können Physiker zum ersten Mal verstehen, wie die Gravitation sich bei extrem kleinen Abständen auswirkt, wenn man das Universum in einer Nussschale hätte. [...] Der Trick besteht darin, dem Kosmos quasi eine Hülle zu geben, die nur die Schwerkraft (und zum Beispiel kein Licht) durchlässt, und dies erklärt auch, woher das seltsame Wort Bran kommt. Es ist die zweite Silbe der Membran, mit der die Biologen die Hülle einer Zelle bezeichnen.» (NZZ)

Edward Witten
Geboren 1951 in Baltimore, USA, studierte in Princeton und Harvard und forscht am Princeton Institute for Advanced Studies. Seine Fähigkeit, physikalische Vorstellungen in mathematischer Form zu interpretieren, brachte ihm als Physiker die Fields-Medaille ein, die höchste Auszeichnung für Mathematiker. Seitdem wird er von Mathematikern auf eine Bedeutsamkeitsstufe mit Isaac Newton gestellt. Mit der «M-Theorie» hat er die zurzeit vielversprechendste Version der Stringtheorie ausgearbeitet und gilt als aussichtsreichster Kandidat, einen entscheidenden Beitrag zu einer vereinheitlichen Theorie zu liefern. Wer mehr über die M-Theorie wissen möchte, kann im Internet einen audiovisuellen Vortrag von Witten abrufen. (💻 10)

In der Raumzeit der M-Theorie schwingen also auch höherdimensionale Gebilde als nur eindimensionale Strings. Hawkings Spekulationen, die auf den Branen aufbauen, sind weitreichend. Vorausgesetzt, man betrachtet das gesamte Universum als eine einzige dreidimensionale Bran, hält er es für möglich, dass sich nach den Quantengesetzen ständig spontan neue Universen bilden, die sofort wieder kollabieren und verpuffen oder sich weiterentwickeln, ähnlich wie unser eigenes Universum einmal entstand. Das Ergebnis wäre ein «Multiversum», in dem viele verschiedene Universen mit jeweils anderen physikalischen Konstanten parallel zueinander existierten, aber keinen Kontakt miteinander haben könnten, da ihr Licht nicht bis in die Nachbarschaft dringt. Der einzige Hinweis auf ein Universum nebenan wäre – wie bei den unsichtbaren Schwarzen Löchern – die spürbare Gravitationskraft seiner Masse. (Foc)

1999 fand im Potsdamer Albert-Einstein-Institut, dem Max-Planck-Institut für Gravitationsphysik, die alljährliche große

Konferenz der Stringforscher statt. Auch Stephen Hawking nahm an der Veranstaltung «Strings '99» (💻 11) teil und zog, wie eh und je, den größten Teil der Aufmerksamkeit, der Fernsehkameras und Mikrophone auf sich. Doch wie die Medien registrierten, war der Star der Veranstaltung eindeutig der Princeton-Physiker Edward Witten, der vier Jahre zuvor alle fünf Stringtheorien zur ominösen M-Theorie vereint hatte. Seit dieser theoretischen Großtat, die den Stringforschern in aller Welt neuen Auftrieb gab, wird er von manchen seiner Kollegen als der größte lebende Physiker eingestuft – ein Genie für das 21. Jahrhundert.

1998 war ein außerordentlich wichtiges Jahr für die kosmologische Forschung. In einer konzertierten Aktion aus ingeniösen Fragestellungen, schierer Computerkraft und einer «Materialschlacht» sondergleichen, die im Einsatz neuer Superteleskope gipfelte, fanden die Kosmologen eindeutige Belege für das Schicksal des Universums. Die Urangst des Menschen vor dem Weltuntergang ist demnach unbegründet. Das Raumzeitgefüge, in dem wir leben, wird sich ewig weiter ausdehnen. Es gibt keine Kraft, die die Fluchtgeschwindigkeit der

Edward Witten, 1999

Galaxien bändigen kann. Der Raum selbst bläht sich wie ein Riesenluftballon auf. Die Abstände zwischen den Materieanhäufungen werden zunehmen, sodass der Raum insgesamt immer leerer erscheinen wird. Darüber hinaus nimmt auch die Geschwindigkeit der Expansion stetig zu, als gäbe es irgendwo im Universum eine geheime Antriebskraft. Zu guter Letzt ergab die massive und erfolgreiche Suche nach Supernovae – explodierenden ausgebrannten Sternen – einen bis zum Fund eines neuen Wertes endgültigen Messwert für das Alter des Universums. Aufgrund der einfachen Relationen zwischen der Helligkeit des Supernovalichts und ihrer Entfernung sowie der Farbe des Lichts und ihrer Fortbewegungsgeschwindigkeit (▤ 26–28) errechneten die Teams des amerikanischen Astronomen Saul Perlmutter und seines australischen Kollegen Brian Schmidt, dass das Universum gut 13 Milliarden Jahre alt sein muss. Und fünf Jahre später ergab eine Neuvermessung der kosmischen Hintergrundstrahlung den exakteren Wert von 13,7 Milliarden Jahren. Ein langer Weg von den auf Bibeldaten beruhenden Methoden des Bischofs Ussher im 17. Jahrhundert bis zum Frühjahr 2003.

Nun lagen also die Karten auf dem Tisch: Es wird der Schwerkraft nie gelingen, die Dynamik des Urknalls abzubremsen. Dazu reicht die Materiedichte des Universums nicht aus. Es gibt einfach nicht genügend Galaxien und Sterne, deren Schwerkraft die ewige Expansion aufhalten könnte. Mit dieser überraschenden Einsicht in das Schicksal des Universums war auch Stephen Hawkings Vision von der Kontraktion des Universums und einer Umkehrung des Urknalls in einen Großen Endkollaps endgültig vom Tisch. Allerdings hatte Hawking schon in den 1980er Jahren beides für möglich gehalten: das Feuerwerk einer finalen Explosion oder eben auch die kalte Leere der ewigen Expansion.

Zeitreisen und Wurmlöcher

Acht Jahre nach der Erstausgabe des Jahrhundertbuchs erschien 1996 eine aktualisierte Fassung mit dem Titel *Die illustrierte Kurze Geschichte der Zeit.* Was die neue Version auszeichnete, waren die höchst anschaulichen farbigen Graphiken, Diagramme und Illustrationen. Hawking ließ die neuesten Erkenntnisse der kosmologischen Forschung einfließen und fügte ein Kapitel über Wurmlöcher und Zeitreisen hinzu. Darin vertrat er die Auffassung, dass Zeitreisen sowohl in die Vergangenheit als auch in die Zukunft auf makroskopischer Ebene den Naturgesetzen zufolge nicht möglich seien. Für eine erfolgreiche Reise zurück in der Zeit wäre eine Rakete nötig, die die Lichtgeschwindigkeit überschreitet, was aber gegen die Spezielle Relativitätstheorie verstößt, nach der nichts im Universum schneller unterwegs sein kann als das Licht. Je näher theoretisch ein Raumschiff der Lichtgeschwindigkeit käme, umso mehr Energie müsste es aufwenden. Doch selbst wenn es allen Treibstoff der Welt zur Verfügung hätte, würde der Schub nie ausreichen, um über die Lichtgeschwindigkeit hinauszukommen. Erreichte man sie, so würden für einen Beobachter von außen die Uhren stehen bleiben. Wer sie überschreiten könnte, hätte das Steuer für Reisen in die Vergangenheit in der Hand.

Und es gibt tatsächlich einen Ausweg aus der Beschränkung, die die Spezielle Relativitätstheorie einem reiselustigen Menschen auferlegt. Vorausgesetzt, es gelänge, die Topologie der Raumzeit so zu verändern, dass eine Art Zeitbrücke, auch «Wurmloch» genannt, zwischen zwei Raumzeitregionen entstünde, so eröffnete sich durch diesen Trick die Möglichkeit, eine Strecke zwischen zwei Punkten im Weltraum erheblich zu verkürzen und dadurch eine so große Zeitersparnis zu erreichen, wie man sie bei einer normalen Reiseroute sonst nur mit Überlichtgeschwindigkeit geschafft hätte. Stephen Hawking geht in seinem Beispiel davon aus, eine Abkürzung von der Erde zu unserem benachbarten Sonnensystem Alpha Centauri zu finden: *Es lässt sich also ein […] Wurmloch denken, das aus der Nachbarschaft des Sonnensystems zu Alpha Centauri führt. Dabei könnte die Entfernung durchs Wurmloch nur einige Millionen Kilometer betragen, obwohl Erde und Alpha Centauri vierzig Billionen Kilometer auseinander liegen.* (IGZ: 203)

Ein günstig gelegenes Wurmloch ließe sogar die Situation zu, dass man von der Reise zurückkehrt, bevor man aufgebrochen ist. Das Fatale an der Art der Raumzeitkrümmung, die zur Erzeugung eines Wurmlochs nötig ist, liegt allerdings darin, dass sie negativ sein muss und man dafür negative Energie benötigt, deren Existenz hypothetischer Natur ist. Sobald ein makroskopisches Objekt durch das Wurmloch reisen wollte, würde sich die Röhre deshalb verjüngen und zwei getrennte Singularitäten bilden, was die Passage verhindern würde. (📖 BTW)

In seinem Buch *Das Universum in der Nussschale* lotet Hawking fünf Jahre später die Bedingungen etwas genauer aus, unter denen makroskopische Zeitreisen vielleicht doch möglich wären. Für eine Zeitreise müssen bestimmte Bahnen in einer Raumzeitregion möglich sein, geschlossene zeitartige Kurven, die er *Zeitschleifen* nennt. Auf solchen Bahnen könnte ein Objekt, das sich bei einer entsprechenden Raumzeitkrümmung langsamer als das Licht fortbewegt, in die eigene Vergangenheit zurückreisen. In Anlehnung an den Ereignishorizont Schwarzer Löcher postuliert Hawking einen *Zeitreisehorizont […], eine Grenze, die die Region der Zeitschleifen von der Region ohne Zeitschleifen trennt. […] Während der Horizont eines Schwarzen Lochs von Lichtstrahlen gebildet wird, die es gerade noch vermeiden können, ins Schwarze Loch zu fallen, wird ein Zeitreisehorizont durch Lichtstrahlen definiert, die, einer Zeitschleife folgend, fast mit sich selbst zusammentreffen. Einer Zeitmaschine entspricht, was ich als endlich erzeugten Horizont bezeichne. Dieser Horizont besteht aus Lichtstrahlen, die aus einer begrenzten, endlich ausgedehnten Region kommen.* (Nus: 151)

Mit Hilfe der globalen Geometrie, die er in den 1960er Jahren mit Roger Penrose entwickelte, will Hawking berechnet haben, dass ein derart erzeugter Horizont mindestens einen Lichtstrahl enthält, der unaufhörlich zum selben Raumzeitpunkt zurückkehrt. Wollte nun eine fortgeschrittene Zivilisation eine solche Zeitmaschine bauen, müsste sie negative Energie dafür aufwenden und einem kosmologischen Modell folgen, in dem die Materie den Quantenregeln gehorcht, die Raumzeit jedoch klassisch definiert ist. Wie wir beim «Verdunsten» Schwarzer Löcher gesehen haben, sorgen diese Quantengesetze dafür, dass auch scheinbar leere Felder Quantenfluktuationen unterworfen sind, wobei es zu lokal negativen Energiedichten kommt. (▤ 95 f.) Ausreichend negative Werte könnten die Raumzeit tatsächlich so stark krümmen, dass der Bau einer Zeitmaschine auch für makroskopische Objekte im Bereich des Möglichen liegt. Der Horizont einer solchen Zeitmaschine enthielte geschlossene Lichtstrahlen, die immer wieder an denselben Punkt zurückkehrten. *Die Energiedichte am Horizont – an der Grenze der Zeitmaschine, der Region, in der man in die Vergangenheit reisen könnte – [müsste] unendlich sein. [... Das] aber würde bedeuten, dass eine Person oder eine Raumsonde, die versuchte, ihn zu durchqueren, um in die Zeitmaschine zu gelangen, von einem Strahlenblitz vernichtet würde.* (Nus: 154)

Was sich also anfangs recht viel versprechend anhörte, endet in der Selbstvernichtung. Ein Ergebnis, das Hawkings so genannter *Chronologieschutzthese* entspricht, nach der alle Naturgesetze so zusammenwirken, dass man nicht aktiv in die Vergangenheit eingreifen kann.

Ein Besucher, der Stephen Hawkings Arbeitszimmer im Cambridger Zentrum für mathematische Wissenschaften betritt, wird von der Kultblondine mit dem berühmtesten Kussmund der 1950er Jahre angelächelt. Hawkings zweite Frau Elaine, die er 1995 geheiratet hat, ist anscheinend nicht pikiert über die ständige Präsenz von Marilyn Monroe am Arbeitsplatz ihres Mannes, der als der berühmteste Physiker der Welt gilt. Man mag über die Motive spekulieren, die den Star der zeitgenössischen Kosmologie dazu bewegten, ausgerechnet ein unübersehbar großes Bild des Sexsymbols dort aufzuhängen, wo er täglich über Ursprung und Schicksal des Universums nachdenkt. Vielleicht macht er sich ja einfach nur einen Jux daraus, in die verblüfften Gesichter seiner Besucher zu blicken, die vermutlich eher strenge Grau-in-grau-Porträts von Galilei, Newton und Einstein erwarten würden.

Eine Assoziation aber drängt sich förmlich auf, wenn man Hawking vor dem Marilyn-Poster sieht: Beide Stars gehören zur Folklore des 20. Jahrhunderts. Als Legenden schon zu Lebzeiten wurden sie von ihrem Publikum mit Haut und Haaren vereinnahmt und bieten sich noch immer als Projektionsflächen für die unterschiedlichsten Wünsche und Idealisierungen an. Der von unheilbarem Muskelschwund fast völlig gelähmte Professor wird zum körperlosen Wesen stilisiert, das mit der künstlichen Stimme einer Maschine zu seinen Anhängern spricht. Ein fast perfektes Bild vom völlig losgelösten Geist, der sich kraft seiner überragenden Intelligenz über seine körperlichen Beschränkungen hinwegsetzt und «Gottes Plan» entschlüsseln will. So jedenfalls möchte ihn die Öffentlichkeit sehen.

Hawking selbst versucht mit großem Erfolg, seine Behinderung zu ignorieren und den Menschen in seiner Umgebung die Befangenheit im Umgang mit ihm zu nehmen. Und wenn sich der Star seinerseits ein Idol gewählt hat, das als Inbegriff körperlicher Vollkommenheit und erotischer Attraktivität gilt, so weist dieser Umstand darauf hin, dass der scheinbar entrückte Geist ganz normale Gefühle hat. Als der amerikanische Schriftsteller und Astrophysiker Gregory Benford Hawking im Frühjahr 2002 besuchte und auf Marilyn ansprach, antwortete dieser: *Ja, sie ist wunderbar. Einfach kosmologisch. Eigentlich wollte ich ein Foto von ihr in meinem neuen Buch haben. Als himmlisches Objekt.* (12)

Der Kontrast zwischen Image und Wirklichkeit, aber auch zwischen Image und Image ist bei solchen Dimensionen des Ruhms wie bei Stephen Hawking und Marilyn Monroe oft erstaunlich. Vielsagend ist ein Vergleich zwischen Hawkings Renommee in der Öffentlichkeit und der Einschätzung seiner wissenschaftlichen Leistung durch Physikerkollegen. So entschied sich der englische Helicon Verlag im März 2000, ein in Richtung Jugendlichkeit retuschiertes Bild Stephen Hawkings als Umschlagfoto seines «Hutchinson Dictionary of Scientific Biography» zu verwenden, in dem Kurzbiographien von vielen hundert der einflussreichsten Wissenschaftler aller Zeiten versammelt sind. Der Wiedererkennungswert des Hawking'schen Porträts wird benutzt, um die großen Heroen der gesamten Wissenschaftsgeschichte zu repräsentieren.

Im schroffen Gegensatz dazu steht das Ergebnis einer Umfrage der Zeitschrift «Physics World», in der die Weltelite der Physiker nach ihrem bedeutendsten Kollegen befragt wurde. Albert Einstein siegte erwartungsgemäß mit mehr als doppelt so vielen Stimmen wie Isaac Newton, der auf dem zweiten Rang landete. Und Ernest Rutherford schaffte es immerhin noch, unter die Top Ten zu kommen. Der Kommentar der britischen Zeitung «The Observer» vom 21. Oktober 2001 lautete: «Da fragt man sich natürlich, wo auf dieser Liste der Koryphäen eigentlich Stephen Hawking rangiert, [der] von seinen Verlegern bei Bantam auf dem Cover seines neuen Buches *Das Universum in der Nussschale* als einer der brillantesten theoretischen Physiker seit Einstein gerühmt wird. Die Antwort ist einfach. Gemeinsam mit ein paar anderen Wissenschaftlern steht er unter ferner liefen mit einer einzigen Stimme an letzter Stelle.» (Obs)

Man fragt sich, wie Hawking als Physiker aus Leidenschaft derartige Kontraste aushalten kann. Nach dem überwältigenden Erfolg seines Buches scheinen inzwischen viele Kollegen, die glauben, ähnlich gute Bücher schreiben zu können und daher gewiss nicht ganz frei sind von Neid und Missgunst, auf Distanz zu Hawking zu gehen oder ganz nüchtern seine nackten wissenschaftlichen Leistungen dem enormen Ruhm vergleichend gegenüberzustellen. Solange dabei keine Gehässigkeit im Spiel ist, die Hawkings Errungenschaften herabzusetzen droht, scheint dies ein heilsamer Normalisierungsprozess für alle Beteiligten zu sein.

Stephen Hawking hat mit *Eine kurze Geschichte der Zeit* ein Buch geschrieben, dessen Erfolg jeden Rahmen gesprengt und die Erwartungen ins Monströse geschraubt hat. Wird er in der Lage sein, die Vereinheitlichung der Physik noch entscheidend mitzuprägen, oder ist jetzt die nächste Generation mit neuen Stars wie M-Theorie-Tüftler Edward Witten am Zug? Ist angesichts der Komplexität der anstehenden Fragen überhaupt noch damit zu rechnen, dass eine einzelne überragende Intelligenz im Alleingang die «Weltformel» präsentieren wird, wie es vor knapp hundert Jahren Albert Einstein mit seiner Relativitätsrevolution gelang? Wohl kaum. Die Raum und Zeit aufhebende Kommunikation über das Internet hat auch in der Avantgardephysik weltweit operierende Arbeitsgruppen geschaffen. Die Elite arbeitet zusammen und muss ihre Ideen und Ergebnisse im Fegefeuer der «Instant-Peer-Review» ihrer jeweiligen Online-Community bestätigt finden. Das Tempo ist rasant geworden, und die schnelle Verfügbarkeit neuer Daten schafft eine Infrastruktur, die vorsichtig optimistische Schlüsse zulässt.

Doch ist die Suche nach der großen einheitlichen Theorie überhaupt der richtige Ansatz? Stephen Hawking hält es durchaus für möglich, dass die Jagd nach der einen Urformel ergebnislos bleibt: *Möglicherweise haben wir hier das gleiche Problem wie bei Landkarten: Die Oberfläche der Erde […] lässt sich nicht durch eine einzige Karte beschreiben. Um jeden Punkt zu erfassen, braucht man für die Erde mindestens zwei […] Karten. Jede Karte ist nur für eine begrenzte Region gültig, aber verschiedene Karten überschneiden sich in bestimmten Regionen. Eine solche Zusammenstellung von Karten liefert eine vollständige Beschreibung der Oberfläche. Entsprechend müssen vielleicht in der Physik verschiedene Formulierungen in verschiedenen Situationen verwendet werden […]. Die gesamte Palette verschiedener Formulierungen wäre dann als vereinheitlichte Theorie zu betrachten, auch wenn sie sich nicht durch ein einziges System von Postulaten ausdrücken ließe.* (IGZ: 223 f.)

Am 8. Januar 2002 feierte Stephen Hawking seinen 60. Geburtstag. Die Universität Cambridge veranstaltete eine Feierstunde, die weltweit im Fernsehen übertragen wurde. (13)

Stephen Hawking im Kreis seiner Mitarbeiter an seinem 60. Geburtstag, dem 8. Januar 2002

Der Jubilar saß in seinem Rollstuhl auf dem Podium und ließ über seinen Sprachsynthesizer noch einmal die wichtigsten Stationen seiner Karriere Revue passieren. Sein Haar ist grauer geworden, doch noch immer huscht von Zeit zu Zeit das gewinnende Lächeln über sein Gesicht, das ihn weltberühmt gemacht hat.

II Stephen Hawking
Ausgewählte Texte

Unsere Vorstellung vom Universum

Ein namhafter Wissenschaftler (man sagt, es sei Bertrand Russell gewesen) hielt einmal einen öffentlichen Vortrag über Astronomie. Er schilderte, wie die Erde um die Sonne und die Sonne ihrerseits um den Mittelpunkt einer riesigen Ansammlung von Sternen kreist, die wir unsere Galaxis nennen. Als der Vortrag beendet war, stand hinten im Saal eine kleine alte Dame auf und erklärte: «Was Sie uns da erzählt haben, stimmt alles nicht. In Wirklichkeit ist die Welt eine flache Scheibe, die von einer Riesenschildkröte auf dem Rücken getragen wird.» Mit einem überlegenen Lächeln hielt der Wissenschaftler ihr entgegen: «Und worauf steht die Schildkröte?» – «Sehr

schlau, junger Mann», parierte die alte Dame. «Ich werd's Ihnen sagen: Da stehen lauter Schildkröten aufeinander.»

Die meisten Menschen werden über die Vorstellung, unser Universum sei ein unendlicher Schildkrötenturm, den Kopf schütteln. Doch woher nehmen wir die Überzeugung, es besser zu wissen? Was wissen wir vom Universum, und wieso wissen wir es? Woher kommt das Universum, und wohin entwickelt es sich? Hatte es wirklich einen Anfang? Und wenn, was geschah *davor*? Was ist die Zeit? Wird sie je ein Ende finden? Neuere Erkenntnisse in der Physik, die teilweise phantastischen neuen Technologien zu verdanken sind, legen einige Antworten auf diese alten Fragen nahe. Eines Tages werden uns diese Antworten vielleicht so selbstverständlich erscheinen wie die Tatsache, dass die Erde um die Sonne kreist – oder so lächerlich wie der Schildkrötenturm. Nur die Zukunft (was auch immer das sein mag) kann uns eine Antwort darauf geben.

Schon 340 v. Chr. brachte der griechische Philosoph Aristoteles in seiner Schrift «Vom Himmel» zwei gute Argumente für seine Überzeugung vor, dass die Erde keine flache Scheibe, sondern kugelförmig sei. Erstens verwies er auf seine Erkenntnisse über die Mondfinsternis. Sie werde, schrieb er, dadurch verursacht, dass die Erde zwischen Sonne und Mond trete. Der Erdschatten auf dem Mond sei immer rund, also müsse die Erde eine Kugel sein. Wäre sie eine Scheibe, hätte der Schatten eine längliche, elliptische Form, es sei denn, die Mondfinsternis träte immer nur dann ein, wenn sich die Sonne direkt unter dem Mittelpunkt der Scheibe befände. Zweitens wussten die Griechen von ihren Reisen her, dass der Polarstern im Süden niedriger am Himmel erscheint als in nördlichen Regionen. (Aufgrund der Lage des Polarsterns über dem Nordpol scheint er sich direkt über einem Beobachter zu befinden, während er vom Äquator aus betrachtet knapp über dem Horizont zu stehen scheint.) Aus der unterschiedlichen Position des Polarsterns für Beobachter in Ägypten und Griechenland glaubte Aristoteles sogar den Erdumfang errechnen zu können. Er kam auf 400 000 Stadien. Die exakte Länge eines Stadions ist nicht bekannt, sie dürfte aber über 180 Meter betragen haben, wonach Aristoteles' Schätzung doppelt so hoch läge wie der heute angenommene Wert. Die Griechen hatten noch ein drittes Argument dafür, dass die Erde eine Kugel sein muss. Wie sollte man es sich sonst erklären, dass man von einem Schiff, das am Horizont erscheint, zuerst die Segel und erst dann den Rumpf sieht?

Aristoteles glaubte, die Sonne, der Mond, die Planeten und die Sterne bewegten sich in kreisförmigen Umlaufbahnen um die Erde, während diese in einem unbewegten Zustand verharre – eine Auffassung, der seine mystische Überzeugung zugrunde lag, die Erde sei der Mittelpunkt des Universums und die kreisförmige Bewegung die vollkommenste. Diese Vorstellung gestaltete Ptolemäus im 2. Jahrhundert n. Chr. zu einem vollständigen kosmologischen Modell aus. In ihm bildet die Erde den Mittelpunkt, umgeben von acht Sphären, die den Mond, die Sonne, die Sterne und die fünf Planeten tragen, die damals bekannt waren – Merkur, Venus, Mars, Jupiter und Saturn. Die Planeten selbst bewegen sich in kleineren Kreisen, die mit ihren jeweiligen Sphären verbunden sind. Diese Annahme war nötig, um die ziemlich komplizierten Bahnen zu erklären, die man am Himmel beobachtete. Die äußerste Sphäre trägt in diesem Modell die so genannten Fixsterne, die immer in der gleichen Position zueinander bleiben, aber gemeinsam am Himmel kreisen. Was jenseits der letzten Sphäre lag, wurde nie deutlich erklärt; mit Sicherheit aber gehörte es nicht zu dem Teil des Universums, der menschlicher Beobachtung zugänglich war.

Der ptolemäische Kosmos lieferte ein Modell, das hinreichend genau war, um die Positionen der Himmelskörper vorherzusagen. Doch zur präzisen Vorherbestimmung dieser Positionen musste Ptolemäus von der Voraussetzung ausgehen, der Mond folge einer Bahn, die ihn manchmal doppelt so nahe an die Erde heranführte wie zu den anderen Zeiten. Das wiederum bedeutete, der Mond müsste manchmal doppelt so groß erscheinen wie sonst! Ptolemäus war sich dieser Schwäche seines Systems bewusst. Dennoch wurde es allgemein, wenn auch nicht ausnahmslos, akzeptiert. Die christliche Kirche übernahm es als Bild des Universums, da es sich in Einklang mit der Heiligen Schrift bringen ließ, denn es hatte den großen Vorteil, dass es jenseits der Sphäre der Fixsterne noch genügend Platz für Himmel und Hölle ließ.

Ein einfacheres Modell schlug 1514 Nikolaus Kopernikus, Domherr zu Frauenburg (Polen), vor. (Vielleicht aus Angst, von seiner Kirche als Ketzer gebrandmarkt zu werden, brachte er seine Thesen zunächst anonym in Umlauf.) Er vertrat die Auffassung, die Sonne ruhe im Mittelpunkt, um den sich die Erde und die Planeten in kreisförmigen Umlaufbahnen bewegten. Fast ein Jahrhundert verging, bis man sein (heliozentrisches) Modell ernst zu nehmen begann. Den Anstoß gaben zwei Astronomen, Johannes Kepler in Deutschland und Galileo Galilei in Italien, die für die kopernikanische Theorie öffentlich eintraten, und das, obwohl die von ihr vorhergesagten Umlaufbahnen mit den tatsächlich beobachteten nicht ganz übereinstimmten. Zur endgültigen Widerlegung des aristotelisch-ptolemäischen (geozentrischen) Modells kam es 1609. In diesem Jahr begann Galilei, den Nachthimmel mit einem Fernrohr zu beobachten, das gerade erfunden worden war. Als er den Planeten Jupiter betrachtete, entdeckte er, dass dieser von einigen kleinen Satelliten oder Monden begleitet wird, die ihn umkreisen. Galileis Schlussfolgerung: Nicht alles muss direkt um die Erde kreisen, wie Aristoteles und Ptolemäus gemeint hatten. (Natürlich konnte man auch jetzt noch glauben, dass die Erde im Mittelpunkt des Universums ruhe und dass die Jupitermonde sich auf äußerst komplizierten Bahnen um die Erde bewegten, wobei sie lediglich den *Eindruck* erweckten, sie kreisten um den Jupiter. Doch die kopernikanische Theorie hatte einen entscheidenden Vorteil: Sie war weitaus einfacher.) Zur gleichen Zeit hatte Johannes Kepler an einer Abwandlung der kopernikanischen Theorie gearbeitet und schlug vor, dass sich die Planeten nicht in Kreisen, sondern in Ellipsen bewegten (eine Ellipse ist ein länglicher Kreis). Jetzt deckten sich die Vorhersagen endlich mit den Beobachtungen.

Für Kepler waren die elliptischen Umlaufbahnen lediglich eine Ad-hoc-Hypothese und eine ziemlich abstoßende dazu, weil Ellipsen weit weniger vollkommen sind als Kreise. Nachdem er fast zufällig entdeckt hatte, dass elliptische Umlaufbahnen den Beobachtungen recht genau entsprachen, konnte er sie jedoch nicht mit seiner Vorstellung in Einklang bringen, dass magnetische Kräfte die Planeten um die Sonne bewegten. Eine Erklärung wurde erst viel später geliefert, im Jahre 1687, als Sir Isaac Newton die «Philosophiae naturalis principia mathematica» veröffentlichte, wahrscheinlich das wichtigste von einem Einzelnen verfasste physikalische Werk, das jemals erschienen ist. Dort entwarf Newton nicht nur eine Theorie der Bewegung von Körpern in Raum und Zeit, sondern entwickelte auch das komplizierte mathematische Instrumentarium, das zur Analyse dieser Bewegungen erforderlich war. Darüber hinaus postulierte er ein allgemeines Gravitationsgesetz, nach dem jeder Körper im Universum von jedem anderen Körper durch eine Kraft angezogen wird, die umso größer ist, je mehr Masse die Körper haben und je näher sie einander sind. Dieselbe Kraft bewirkt auch, dass Gegenstände zu Boden fallen. (Die Geschichte, ein Apfel, der Newton auf den Kopf gefallen sei, habe ihm zu dieser Eingebung verholfen, gehört wohl ins Reich der Legende. Newton selbst hat lediglich erklärt, der Gedanke an die Schwerkraft sei durch den Fall eines Apfels ausgelöst worden, als er «sinnend» dagesessen habe.) Daraus leitete Newton dann ab, dass nach seinem Gesetz die Schwerkraft den Mond zu einer elliptischen Bewegung um die Erde und diese sowie die anderen Planeten zu elliptischen Bahnen um die Sonne veranlasst.

Das kopernikanische Modell löste sich von den ptolemäischen Himmelssphären und damit von der Vorstellung, das Universum habe eine natürliche Grenze. Da die «Fixsterne» ihre Positionen nicht zu verändern schienen – von einer Rotation am Himmel abgesehen, die durch die Drehung der Erde um ihre eigene Achse verursacht wird –, lag die Annahme nahe, sie seien Himmelskörper wie die Sonne, nur sehr viel weiter entfernt.

Newton bemerkte, dass sich die Sterne seiner Gravitationstheorie zufolge gegenseitig anziehen mussten; also konnten sie doch nicht in weitgehender Bewegungslosigkeit verharren. Mussten sie nicht alle in irgendeinem Punkt zusammenstürzen? In einem Brief an Richard Bentley, einen anderen bedeutenden Gelehrten jener Zeit, meinte Newton 1691, dies müsste in der Tat geschehen, wenn es nur eine endliche Zahl von Sternen gäbe, die über ein endliches Gebiet des Raums verteilt wären. Wenn hingegen, so fuhr er fort, die Anzahl der Sterne unendlich sei und sie sich mehr oder minder gleichmäßig über den unendlichen Raum verteilten, käme es nicht dazu, weil kein Mittelpunkt vorhanden wäre, in den sie stürzen könnten.

Dieses Argument ist ein typisches Beispiel für die Fallen, die auf uns lauern, wenn wir über das Unendliche reden. In einem unendlichen Universum kann jeder Punkt als Zentrum betrachtet werden, weil sich von jedem Punkt aus eine unendliche Zahl von Sternen nach jeder Seite hin erstreckt. Erst sehr viel später erkannte man, dass der richtige Ansatz darin besteht, vom ersten Fall auszugehen, einem endlichen Raum, in dem alle Sterne ineinander stürzen, um dann zu fragen, was sich verändert, wenn man mehr Sterne hinzufügt, die sich in etwa gleichmäßig außerhalb dieser Region verteilen. Nach Newtons Gesetz würden die äußeren Sterne im Mittel ohne Einfluss auf das Verhalten der inneren bleiben, die also genauso rasch ineinander stürzen würden wie in der zuvor beschriebenen Situation. Wir können so viele Sterne hinzufügen, wie wir wollen, stets würden sie kollabieren. Heute wissen wir, dass kein unendliches, statisches Modell des Universums denkbar ist, in dem die Gravitation durchgehend anziehend wirkt.

Die Tatsache, dass bis dahin niemand den Gedanken vorgebracht hatte, das Universum könnte sich ausdehnen oder zusammenziehen, spiegelt das allgemeine geistige Klima vor Beginn des 20. Jahrhunderts in einer interessanten Facette wider. Man ging allgemein davon aus, das Weltall habe entweder seit jeher in unveränderter Form bestanden oder es sei zu einem bestimmten Zeitpunkt mehr oder weniger in dem Zustand erschaffen worden, den wir heute beobachten können. Zum Teil mag dies an der Neigung der Menschen gelegen haben, an ewige Wahrheiten zu glauben, und vielleicht ist es auch dem Trost zuzuschreiben, den sie in dem Gedanken fanden, dass sie selbst zwar alterten und starben, das Universum aber ewig und unveränderlich sei.

Selbst diejenigen, die wissen mussten, dass nach Newtons Gravitationstheorie das Universum nicht statisch sein kann, kamen nicht auf die Idee, es könnte sich ausdehnen. Stattdessen versuchten sie, die Theorie zu modifizieren, indem sie die Anziehungskraft bei sehr großen Entfernungen zur Abstoßungskraft erklärten. Das hatte keine nennenswerten Auswirkungen auf ihre Vorhersagen über die Planetenbewegungen, gestattete es aber einer unendlichen Verteilung von Sternen, im Gleichgewicht zu verharren. Die Erklärung nach dieser Theorie: Die Abstoßungskräfte von den weiter entfernten Sternen heben die Anziehungskräfte zwischen nahe zusammenliegenden auf. Heute hat sich indessen die Auffassung durchgesetzt, dass ein solches Gleichgewicht instabil wäre: Wenn die Sterne in irgendeiner Region nur ein wenig näher rückten, würden sich die Anziehungskräfte zwischen ihnen verstärken und die Oberhand über die Abstoßungskräfte gewinnen, sodass das Ineinanderfallen der Sterne nicht aufzuhalten wäre. Wenn sich die Sterne andererseits ein bisschen weiter voneinander entfernten, würden die Abstoßungskräfte überwiegen und die Sterne unaufhaltsam auseinander treiben.

Ein anderer Einwand gegen ein unendliches, statisches Universum wird meist dem deutschen Arzt und Hobbyastronomen Heinrich Olbers zugeschrieben, der sich 1823 zu dieser Theorie äußerte. Tatsächlich aber haben schon verschiedene Zeitgenossen Newtons dazu Stellung genommen, und Olbers' Abhandlung war keineswegs die erste Zusammenstellung begründeter Gegenargumente. Doch fand er mit ihnen als Erster allgemeine Beachtung. Die Schwierigkeit liegt darin, dass in einem unendlichen, statischen Universum nahezu jeder Blick auf die Oberfläche eines Sterns treffen müsste. Deshalb müsste der Himmel selbst nachts so hell wie die Sonne sein. Olbers wandte dagegen ein, das Licht ferner Sterne würde infolge der Absorption durch dazwischenliegende Materie matt werden. Träfe dies jedoch zu, würde sich diese Materie erhitzen, sodass sie schließlich ebenso hell glühte wie die Sterne. Die Schlussfolgerung, dass der gesamte Nachthimmel hell wie die Sonnenoberfläche sein müsste, ist nur durch die Annahme zu vermeiden, die Sterne leuchteten nicht seit jeher, sondern hätten zu irgendeinem Zeitpunkt in der Vergangenheit mit der Emission begonnen. Diese Annahme ließe die Erklärung zu, dass sich die absorbierende Materie noch nicht erhitzt oder dass das Licht ferner Sterne uns noch nicht erreicht habe. Und dies führt uns zu der Frage, was die Sterne ursprünglich zum Leuchten gebracht haben könnte.

Über den Beginn des Universums hatte man sich natürlich schon lange zuvor den Kopf zerbrochen. Einer Reihe früher Kosmologien und der jüdisch-christlich-islamischen Überlieferung zufolge entstand das Universum zu einem bestimmten und nicht sehr fernen Zeitpunkt in der Vergangenheit. Ein Grund für einen solchen Anfang war die Überzeugung, dass man eine «erste Ursache» brauche, um das Vorhandensein des Universums zu erklären. (Innerhalb des Universums erklärt man ein Ereignis immer als ursächliche Folge irgendeines früheren Ereignisses, doch das Vorhandensein des Universums ließe sich auf diese Weise nur erklären, wenn es einen Anfang hätte.) Ein anderes Argument trug Augustinus in seiner Schrift «Der Gottesstaat» vor. Unsere Kultur, schrieb er, entwickle sich ständig weiter, und wir erinnerten uns daran, wer diese Tat vollbracht und jene Technik entwickelt habe. Deshalb könne es den Menschen und vielleicht auch das Universum noch nicht allzu lange geben. Ausgehend von der Genesis kam Augustinus zu dem Ergebnis, Gott habe die Welt ungefähr 5000 v. Chr. erschaffen.

Aristoteles und die meisten anderen griechischen Philosophen dagegen fanden keinen Gefallen an der Vorstellung einer Schöpfung, weil sie zu sehr nach göttlicher Intervention aussah. Der Mensch und die Welt um ihn her hätten schon immer existiert, behaupteten sie, und daran werde sich auch nichts ändern. Sie hatten sich bereits mit dem oben beschriebenen Fortschrittsargument auseinander gesetzt und es entkräftet, indem sie erklärten, es sei immer wieder zu großen Überschwemmungen und anderen Katastrophen gekommen, die die Menschen stets gezwungen hätten, wieder am Punkt Null zu beginnen.

Die Fragen, ob das Universum einen Anfang in der Zeit habe und ob es räumlich begrenzt sei, behandelte später Immanuel Kant ausführlich in seinem monumentalen (und schwer verständlichen) Werk «Kritik der reinen Vernunft», das 1781 erschien. Er bezeichnete diese Fragen als Antinomien (das heißt Widersprüche) der reinen Vernunft, weil nach seiner Meinung ebenso überzeugende Gründe für die These sprachen, das Universum habe einen Anfang, wie für die Antithese, dass es seit jeher existiere. Sein Argument für die These: Wenn das Universum keinen Anfang hätte, läge ein unendlicher Zeitraum vor jedem Ereignis. Das hielt er für absurd. Das Argument für die Antithese: Wenn das Universum einen Anfang hätte, läge ein unendlicher Zeitraum vor diesem Anfang. Warum aber sollte das Universum dann zu irgendeinem bestimmten Zeitpunkt begonnen haben? Kant bedient sich also des gleichen Argumentes, um These und Antithese zu begründen. Beide beruhen sie auf der stillschweigenden Voraussetzung, die Zeit reiche unendlich weit zurück, ganz gleich, ob das Universum einen Anfang habe oder nicht. Wie wir noch sehen werden, ist ein Begriff von Zeit vor Beginn des Universums sinnlos. Darauf hat schon Augustinus hingewiesen. Als er gefragt wurde: Was hat Gott getan, bevor er das Universum erschuf?, erwiderte er nicht: Er hat die Hölle gemacht, um einen Platz für Leute zu haben, die solche Fragen stellen. Seine Antwort lautete: Die Zeit sei eine Eigenschaft des von Gott geschaffenen Universums und habe vor dessen Beginn nicht existiert.

Solange die meisten Menschen das Universum für weitgehend statisch und unveränderlich hielten, gehörte die Frage, ob es einen Anfang habe oder nicht, in den Bereich der Metaphysik und Theologie. Was man beobachtete, ließ sich mittels der Vorstellung von einem seit jeher existierenden Universum erklären wie anhand der Theorie, es sei zu einem bestimmten Zeitpunkt auf eine Weise in Bewegung gesetzt worden, dass es den Anschein ewigen Bestehens erwecke. Doch im Jahre 1929 machte Edwin Hubble die bahnbrechende Entdeckung, dass sich die fernen Galaxien, ganz gleich, wohin man blickt, rasch von uns fortbewegen. Mit anderen Worten: Das Universum dehnt sich aus. Dies bedeutet, dass in früheren Zeiten die Objekte näher beieinander waren. Es hat sogar den Anschein, als hätten sie sich vor ungefähr zehn bis zwanzig Milliarden Jahren alle an ein und demselben Ort befunden und als sei infolgedessen einst die Dichte des Universums unendlich gewesen. Mit dieser Entdeckung rückte die Frage nach dem Anfang des Universums in den Bereich der Wissenschaft.

Hubbles Beobachtungen legten die Vermutung nahe, das Universum sei zu einem bestimmten Zeitpunkt, Urknall genannt, unendlich klein und unendlich dicht gewesen. Unter solchen Bedingungen würden alle Naturgesetze ihre Geltung verlieren, und damit wäre auch keine Voraussage über die Zukunft mehr möglich. Wenn es Ereignisse gegeben hat, die vor diesem Zeitpunkt lagen, so können sie doch nicht beeinflussen, was gegenwärtig geschieht. Man kann sie außer Acht lassen, weil sie sich nicht auf unsere Beobachtungen auswirken. Man kann sagen, die Zeit beginnt mit dem Urknall – in dem Sinne, dass frühere Zeiten einfach nicht definiert sind. Es sei betont, dass sich dieser Zeitbeginn grundlegend von jenen Vorstellungen unterscheidet, mit deren Hilfe man ihn sich früher ausgemalt hat. In einem unveränderlichen Universum muss ein Anfang in der Zeit von einem Wesen außerhalb dieser Welt veranlasst werden – es gibt keine physikalische Notwendigkeit für einen Anfang. Die Erschaffung des Universums durch Gott ist buchstäblich zu jedem Zeitpunkt in der Vergangenheit vorstellbar. Wenn sich das Universum hingegen ausdehnt, könnte es physikalische Gründe für einen Anfang geben. Man könnte sich noch immer vorstellen, Gott habe die Welt im Augenblick des Urknalls erschaffen oder auch danach, indem er ihr den Anschein verlieh, es habe einen Urknall gegeben. Aber es wäre sinnlos anzunehmen, sie sei *vor* dem Urknall geschaffen worden. Das Modell eines expandierenden Universums schließt einen Schöpfer nicht aus, grenzt aber den Zeitpunkt ein, da er sein Werk verrichtet haben könnte!

Wenn wir uns mit der Beschaffenheit des Universums befassen und Fragen erörtern wollen wie die nach seinem Anfang oder seinem Ende, müssen wir eine klare Vorstellung davon haben, was eine wissenschaftliche Theorie ist. Ich werde hier von der einfachen Auffassung ausgehen, dass eine Theorie aus einem Modell des Universums oder eines seiner Teile sowie aus einer Reihe von Regeln besteht, die Größen innerhalb des Modells in Beziehung zu unseren Beobachtungen setzen. Eine Theorie existiert nur in unserer Vorstellung und besitzt keine andere Wirklichkeit (was auch immer das bedeuten mag). Gut ist eine Theorie, wenn sie zwei Voraussetzungen erfüllt: Sie muss eine große Klasse von Beobachtungen auf der Grundlage eines Modells beschreiben, das nur einige wenige beliebige Elemente enthält, und sie muss bestimmte Voraussagen über die Ergebnisse künftiger Beobachtungen ermöglichen. So war beispielsweise die aristotelische Theorie, alles bestehe aus den vier Elementen Erde, Luft, Feuer und Wasser, einfach genug, um den genannten Bedingungen zu genügen, führte aber zu keinen deutlichen Vorhersagen. Newtons Gravitationstheorie dagegen, die auf einem noch einfacheren Modell beruht – Körper ziehen sich mit einer Kraft an, die ihrer Masse proportional und dem Quadrat der Entfernung zwischen ihnen umgekehrt proportional ist –, sagt die Bewegungen der Sonne, des Mondes und der Planeten mit großer Präzision voraus.

Jede physikalische Theorie ist insofern vorläufig, als sie nur eine Hypothese darstellt: Man kann sie nie beweisen. Wie häufig auch immer die Ergebnisse von Experimenten mit einer Theorie übereinstimmen, man kann nie sicher sein, dass das Ergebnis nicht beim nächsten Mal der Theorie widersprechen wird. Dagegen ist eine Theorie widerlegt, wenn man nur eine einzige Beobachtung findet, die nicht mit den aus ihr abgeleiteten Voraussagen übereinstimmt. In seiner «Logik der Forschung» nennt Karl Popper als Merkmal einer guten Theorie, dass sie eine Reihe von Vorhersagen macht, die sich im Prinzip auch jederzeit durch Beobachtungsergebnisse widerlegen, falsifizieren, lassen müssen. Immer wenn die Beobachtungen aus neuen Experimenten mit den Vorhersagen übereinstimmen, überlebt die Theorie, und man fasst ein bisschen mehr Vertrauen zu ihr; doch sobald man auch nur auf eine Beobachtung stößt, die von den Vorhersagen abweicht, muss man die Theorie aufgeben oder modifizieren. Zumindest sollte das der Fall sein, doch es sind natürlich stets Zweifel erlaubt an der Fähigkeit derer, die die Experimente durchführen.

In der Praxis sieht dies oft so aus, dass man eine neue Theorie entwickelt, die in Wahrheit nur eine Erweiterung der vorigen ist. Beispielsweise ergaben sehr genaue Beobachtungen des Planeten Merkur, dass seine Bewegung geringfügig von den Vorhersagen der Newton'schen Gravitationstheorie abweicht. Genau diese Abweichung hatte Einsteins Allgemeine Relativitätstheorie vorausgesagt. Die Übereinstimmung der Einstein'schen Vorhersagen mit dem, was man sah, und die Unstimmigkeit der Newton'schen Vorhersagen gehörten zu den entscheidenden Bestätigungen der neuen Theorie. Für alle praktischen Zwecke verwenden wir jedoch nach wie vor Newtons Theorie, weil der Unterschied zwischen ihren Vorhersagen und denen der allgemeinen Relativität in den Situationen, mit denen wir normalerweise zu tun haben, verschwindend klein ist. (Newtons Theorie hat überdies den großen Vorteil, dass es sich mit ihr sehr viel einfacher arbeiten lässt als mit der Einstein'schen!)

Letztlich ist es das Ziel der Wissenschaft, eine einzige Theorie zu finden, die das gesamte Universum beschreibt. In der Praxis aber zerlegen die meisten Wissenschaftler das Problem in zwei Teile: Erstens gibt es die Gesetze, die uns mitteilen, wie sich das Universum im Laufe der Zeit verändert. (Wenn wir wissen, wie das Universum zu einem gegebenen Zeitpunkt aussieht, so teilen uns diese physikalischen Gesetze mit, wie es zu irgendeinem späteren Zeitpunkt aussehen wird.) Zweitens gibt es die Frage nach dem Anfangszustand des Universums. Manche Menschen finden, dass sich die Wissenschaft nur mit dem ersten Teil des Problems befassen sollte – sie halten die Frage nach der Anfangssituation für eine Angelegenheit der Metaphysik oder Religion. Sie würden vorbringen, Gott in seiner Allmacht hätte die Welt in jeder von ihm gewünschten Weise beginnen lassen können. Das mag zutreffen, doch dann hätte er auch ihre Entwicklung in völlig beliebiger Weise gestalten können. Aber anscheinend hat er sich für eine sehr regelmäßige Entwicklung des Universums, für eine Entwicklung in Übereinstimmung mit bestimmten Gesetzen entschieden. Deshalb scheint es genauso vernünftig, Gesetze anzunehmen, die den Anfangszustand bestimmt haben.

Es hat sich als eine sehr schwierige Aufgabe erwiesen, eine Theorie aufzustellen, die in einem einzigen Entwurf das ganze Universum beschreibt. Stattdessen zerlegen wir das Problem in einzelne Segmente und arbeiten Teiltheorien aus. Jede dieser Teiltheorien beschreibt eine eingeschränkte Klasse von Beobachtungen und trifft jeweils nur über sie Vorhersagen, wobei die Einflüsse anderer Größen außer Acht gelassen oder durch einfache Zahlengruppen repräsentiert werden. Vielleicht ist dieser Ansatz völlig falsch. Wenn im Universum grundsätzlich alles von allem abhängt, könnte es unmöglich sein, einer Gesamtlösung näher zu kommen, indem man Teile des Problems isoliert untersucht. Trotzdem haben wir in der Vergangenheit auf diesem Weg zweifellos Fortschritte erzielt. Das klassische Beispiel ist abermals die Newton'sche Gravitationstheorie, nach der die Schwerkraft zwischen zwei Körpern außer vom Abstand nur von einem mit jedem Körper verknüpften Zahlenwert abhängt, ihrer Masse, sonst aber unabhängig von deren Beschaffenheit ist. So braucht man keine Theorie über den Aufbau und Zustand der Sonne und der Planeten, um ihre Umlaufbahnen zu berechnen.

Heute beschreibt die Physik das Universum anhand zweier grundlegender Teiltheorien: der Allgemeinen Relativitätstheorie und der Quantenmechanik. Sie sind die großen geistigen Errungenschaften aus der ersten Hälfte des 20. Jahrhunderts. Die Allgemeine Relativitätstheorie beschreibt die Schwerkraft und den Aufbau des Universums im Großen, das heißt in der Größenordnung von ein paar Kilometern bis hin zu einer Million Million Million Million (einer 1 mit 24 Nullen) Kilometern, der Größe des beobachtbaren Universums. Die Quantenmechanik dagegen beschäftigt sich mit Erscheinungen in Bereichen von außerordentlich geringer Ausdehnung wie etwa einem millionstel millionstel Zentimeter. Leider sind diese beiden Theorien nicht miteinander in Einklang zu bringen – sie können nicht beide richtig sein. Eine der Hauptanstrengungen in der heutigen Physik gilt der Suche nach einer neuen Theorie, die beide Teiltheorien enthält – nach einer Quantentheorie der Gravitation. Über eine solche Theorie verfügen wir bislang nicht, und möglicherweise sind wir noch weit von ihr entfernt, aber wir kennen bereits viele der Eigenschaften, die sie aufweisen muss. Und wir werden in späteren Kapiteln sehen, dass wir schon recht genau die Voraussagen bestimmen können, die eine Quantentheorie der Gravitation liefern muss. Die Suche nach ihr ist das Hauptthema dieses Buches.

Wenn man der Meinung ist, das Universum werde nicht vom Zufall, sondern von bestimmten Gesetzen regiert, muss man die Teiltheorien zu einer vollständigen vereinheitlichten Theorie zusammenfassen, die alles im Universum beschreibt. Es gibt jedoch ein grundlegendes Paradoxon bei der Suche nach einer vollständigen vereinheitlichten Theorie. Die Vorstellungen über wissenschaftliche Theorie, wie sie oben dargelegt wurden, setzen voraus, dass wir vernunftbegabte Wesen sind, die das Universum beobachten und aus dem, was sie sehen, logische Schlüsse ziehen können. Diese Vorstellung erlaubt es uns, davon auszugehen, dass wir die Gesetze, die unser Universum regieren, immer umfassender verstehen. Doch wenn es tatsächlich eine vollständige vereinheitlichte Theorie gibt, würde sie wahrscheinlich auch unser Handeln bestimmen. Deshalb würde die Theorie selbst die Suche nach ihr determinieren! Und warum sollte sie bestimmen, dass wir aus den Beobachtungsdaten die richtigen Folgerungen ableiten? Könnte sie nicht ebenso gut festlegen, dass wir die falschen oder überhaupt keine Schlüsse ziehen?

Die einzige Antwort, die ich auf dieses Problem weiß, beruht auf Darwins Prinzip der natürlichen Selektion. Danach wird es in jeder Population sich selbst fortpflanzender Organismen bei den verschiedenen Individuen Unterschiede in der Erbanlage und in der Aufzucht geben. Diese Unterschiede bewirken, dass einige Individuen besser als andere in der Lage sind, die richtigen Schlussfolgerungen über die Welt um sie her zu ziehen und entsprechend zu handeln. Für diese Individuen ist die Wahrscheinlichkeit größer, dass sie überleben und sich fortpflanzen, und deshalb werden sich ihr Verhalten und Denken durchsetzen. Für die Vergangenheit trifft sicherlich zu, dass Intelligenz und wissenschaftliche Entdeckungen von Vorteil für unser Überleben waren. Weniger sicher ist, ob dies noch immer der Fall ist: Unsere wissenschaftlichen Entdeckungen könnten uns vernichten, und selbst wenn sie es nicht tun, so wird eine vollständige vereinheitlichte Theorie unsere Überlebenschancen nicht wesentlich verbessern. Doch von der Voraussetzung ausgehend, das Universum habe sich in regelmäßiger Weise entwickelt, können wir erwarten, dass sich die Denk- und Urteilsfähigkeit, mit der uns die natürliche Selektion ausgestattet hat, auch bei der Suche nach einer vollständigen vereinheitlichten Theorie bewähren und uns nicht zu falschen Schlüssen führen wird.

Da die Teiltheorien, die wir bereits haben, von ganz außergewöhnlichen Situationen abgesehen, ausreichen, um genaue Vorhersagen zu liefern, scheint sich die Suche nach der endgültigen Theorie des Universums aus praktischer Sicht nur schwer rechtfertigen zu lassen. (Hier lässt sich allerdings anmerken, dass man ähnliche Einwände auch gegen die Relativitätstheorie und die Quantenmechanik hätte vorbringen können, und dann haben uns diese beiden Theorien die Kernenergie und die mikroelektronische Revolution gebracht!) Möglicherweise wird also die Entdeckung einer vollständigen vereinheitlichten Theorie keinen Beitrag zum Überleben der

Menschheit liefern, ja sie wird sich noch nicht einmal auf unsere Lebensweise auswirken. Doch seit den ersten Anfängen ihrer Kultur haben die Menschen es nie ertragen können, das unverbundene und unerklärliche Nebeneinander von Ereignissen hinzunehmen. Stets waren sie bemüht, die der Welt zugrunde liegende Ordnung zu verstehen. Nach wie vor haben wir ein unstillbares Bedürfnis zu wissen, warum wir hier sind und woher wir kommen. Das tief verwurzelte Verlangen der Menschheit nach Erkenntnis ist Rechtfertigung genug für unsere fortwährende Suche. Und wir haben dabei kein geringeres Ziel vor Augen als die vollständige Beschreibung des Universums, in dem wir leben.

Das expandierende Universum

Blickt man in einer klaren, mondlosen Nacht zum Himmel auf, so sind wahrscheinlich die hellsten Objekte, die man wahrnimmt, die Planeten Venus, Mars, Jupiter und Saturn. Außerdem wird eine große Zahl von Sternen zu sehen sein, die unserer Sonne gleichen, aber sehr viel weiter entfernt sind. Einige dieser Sterne scheinen indessen während des Umlaufs der Erde um die Sonne ihre Stellung zueinander geringfügig zu verändern: Sie sind also keineswegs fixiert! Das liegt daran, dass sie uns vergleichsweise nahe sind. Während die Erde die Sonne umkreist, sehen wir sie aus verschiedenen Positionen gegen den Hintergrund fernerer Sterne. Dies ist ein günstiger Umstand, denn er ermöglicht es uns, unseren Abstand von diesen Sternen direkt zu messen: Je näher sie sind, desto mehr

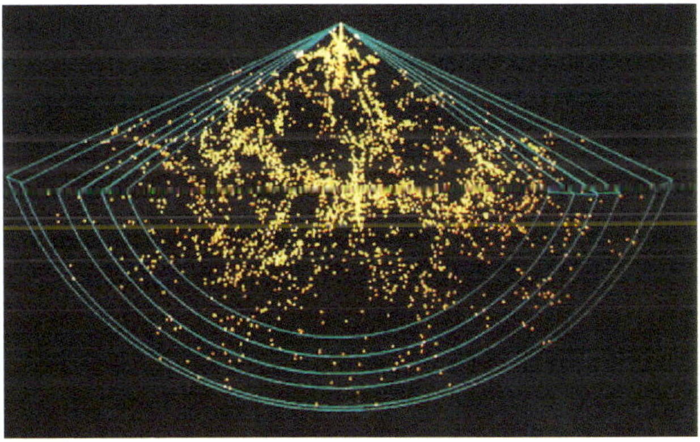

Verteilung von ca. 4000 Galaxien
im Rotverschiebungsraum

scheinen sie sich zu bewegen. Es stellte sich heraus, dass die Entfernung zum nächsten Stern, Proxima Centauri, ungefähr 23 Millionen Millionen (= 23 Billionen) Meilen oder vier Lichtjahre beträgt (das Licht braucht ungefähr vier Jahre, um von dort zur Erde zu gelangen). Die meisten anderen Sterne, die mit bloßem Auge zu erkennen sind, befinden sich nicht weiter als ein paar hundert Lichtjahre entfernt. Zum Vergleich: Der Abstand zu unserer Sonne beträgt nur acht Lichtminuten! Die sichtbaren Sterne scheinen über den ganzen Nachthimmel ausgebreitet zu sein, konzentrieren sich aber vor allem in einem Streifen, den wir Milchstraße nennen. Schon 1750 vertraten einige Astronomen die Auffassung, das Erscheinungsbild der Milchstraße sei erklärbar, wenn man von einer scheibenförmigen Anordnung der meisten sichtbaren Sterne ausgehe – ein Beispiel für das, was wir heute Spiralgalaxie nennen. Nur ein paar Jahrzehnte später stellte der Astronom Sir William Herschel diese Hypothese auf eine solide Basis, indem er in mühseliger Arbeit die Positionen und Entfernungen einer ungeheuren Zahl von Sternen katalogisierte. Dennoch wurde diese Vorstellung erst zu Beginn des 20. Jahrhunderts endgültig anerkannt.

Unser heutiges Bild vom Universum nahm erst 1924 Konturen an, als der amerikanische Astronom Edwin Hubble zeigte, dass es neben unserer Galaxis noch viele andere gibt, zwischen denen weite Strecken leeren Raums liegen. Um dies zu beweisen, musste er die Distanzen zu den anderen Galaxien bestimmen, die so weit entfernt sind, dass sie, anders als nahe gelegene Sterne, tatsächlich «fixiert» erscheinen. Deshalb war Hubble gezwungen, die Entfernungen indirekt zu messen. Die scheinbare Helligkeit eines Sterns hängt von zwei Faktoren ab: Wie viel Licht er ausstrahlt (seiner Leuchtkraft) und wie weit er von uns entfernt ist. Die scheinbare Helligkeit und Entfernung naher Sterne können wir messen, und aufgrund unserer Ergebnisse errechnen wir ihre Leuchtkraft. Wenn wir umgekehrt die Leuchtkraft der Sterne in anderen Galaxien kennen würden, könnten wir durch Messung ihrer scheinbaren Helligkeit ihre Entfernung ermitteln. Hubble stellte fest, dass bestimmte Sternarten alle die gleiche Leuchtkraft besitzen, sofern sie nahe genug sind, um überhaupt Messungen zuzulassen. Wenn wir also solche Sterne in einer anderen Galaxie entdecken, können wir bei ihnen die gleiche Leuchtkraft voraussetzen und von ihr ausgehend die Entfernung der Galaxie errechnen. Wenn dies bei mehreren Sternen in der Galaxie möglich ist und unsere Berechnungen immer die gleiche Entfernung ergeben, kann unsere Schätzung als recht verlässlich gelten.

Auf diese Weise ermittelte Hubble die Entfernung von neun verschiedenen Galaxien. Wir wissen heute, dass unsere Galaxis nur eine von einigen hundert Milliarden ist, die man mit Hilfe moderner Teleskope erkennen kann, und jede dieser Galaxien umfasst einige hundert Milliarden Sterne. Unsere Galaxis hat einen Durchmesser von ungefähr hunderttausend Lichtjahren und dreht sich langsam um sich selbst; die Sterne in ihren Spiralarmen benötigen für eine Umkreisung des Mittelpunkts ungefähr hundert Millionen Jahre. Unsere Sonne ist ein ganz gewöhnlicher gelber Stern durchschnittlicher Größe am inneren Rand einer der Spiralarme. Wir haben einen weiten Weg zurückgelegt seit den Zeiten des Aristoteles und Ptolemäus, als wir die Erde noch für den Mittelpunkt des Universums hielten!

Sterne sind so weit entfernt, dass sie uns nur noch als Lichtpunkte erscheinen. Wir können weder ihre Größe noch ihre Form erkennen. Wie sollen wir da zwischen verschiedenen Sternarten unterscheiden? Die allermeisten Sterne haben nur eine charakteristische Eigenschaft, die wir beobachten können – die Farbe ihres Lichts. Newton hat entdeckt, dass sich das Sonnenlicht durch ein Glasstück mit zwei oder mehr zueinander geneigten Flächen – ein Prisma – in die Farben des Regenbogens (sein Spektrum) zerlegen lässt, aus denen es sich zusammensetzt. Wenn man ein Teleskop auf einen einzelnen Stern oder eine Galaxie justiert, kann man in ähnlicher Weise das Lichtspektrum dieses Sterns oder dieser Galaxie feststellen. Die Spektren von Sternen unterscheiden sich voneinander, aber die relative Helligkeit der verschiedenen Farben entspricht immer genau derjenigen, die man im Licht eines glühenden Objekts erwarten würde. (Das Licht eines glühenden, undurchsichtigen Objekts hat ein charakteristisches Spektrum, das nur von seiner Temperatur abhängt – ein thermisches Spektrum. Das heißt, wir können aus dem Lichtspektrum eines Sterns auf seine Temperatur schließen.) Ferner ist zu beobachten, dass einige sehr spezifische Farben in den Spektren von Sternen fehlen und dass diese fehlenden Farben von Stern zu Stern variieren können. Da wir wissen, dass jedes chemische Element ganz bestimmte Farben absorbiert, können wir durch Vergleich dieser Farben mit denen, die im Spektrum eines Sterns fehlen, genau bestimmen, welche Elemente in seiner Atmosphäre vorhanden sind.

Als die Astronomen in den zwanziger Jahren anfingen, die Spektren von Sternen in anderen Galaxien zu untersuchen, machten sie eine höchst seltsame Entdeckung: Es zeigten sich dieselben typischen fehlenden Farben wie bei den Sternen in unserer eigenen Galaxis, aber sie waren alle um den gleichen relativen Betrag zum roten Ende des Spektrums hin verschoben. Um die Bedeutung dieser Beobachtung zu verstehen, müssen wir zunächst wissen, was es mit dem Doppler-Effekt auf sich hat. Wie erwähnt, besteht das Licht aus Schwingungen oder Wellen des elektromagnetischen Feldes. Die Frequenz (Wellenzahl pro Sekunde) ist beim Licht außerordentlich hoch – sie liegt zwischen vierhundert und siebenhundert Billionen Wellen in der Sekunde. Die unterschiedlichen Lichtfrequenzen nimmt das menschliche Auge als verschiedene Farben wahr, wobei die niedrigsten Frequenzen (oder größten Wellenlängen) am roten Ende des Spektrums und die höchsten Frequenzen (oder kleinsten Wellenlängen) am blauen Ende auftreten. Stellen wir uns eine Lichtquelle vor – etwa einen Stern –, die sich in gleichbleibender Entfernung von uns befindet und Lichtwellen von gleich bleibender Frequenz aussendet. Natürlich wird dann die Frequenz der Wellen, die wir empfangen, gleich der Frequenz sein, mit der sie ausgestrahlt worden sind (das Gravitationsfeld der Galaxis ist nicht groß genug, um eine nennenswerte Wirkung auszuüben). Nehmen wir nun an, die Lichtquelle fange an, sich auf uns zuzubewegen. Wenn sie den nächsten Wellenkamm aussendet, ist sie uns bereits ein Stückchen näher gerückt. Dieser Wellenkamm braucht deshalb weniger Zeit, um uns zu erreichen, als zu dem Zeitpunkt, da sich der Stern noch nicht bewegte. Das heißt, das Zeitintervall zwischen zwei bei uns eintreffenden Wellenkämmen wird kleiner; folglich erhöht sich die Zahl der Wellen, die uns pro Sekunde erreichen (also die Frequenz), und verringert sich damit die Wellenlänge gegenüber dem Zeitpunkt, da der Stern noch unbewegt verharrte. Entsprechend wäre die Frequenz der Wellen niedriger (ihre Länge größer), wenn sich die Lichtquelle von uns fortbewegte. Im Falle des Lichts bedeutet dies also, dass die Spektren von Sternen, die sich von uns fortbewegen, zum roten Ende hin verschoben (rotverschoben) sind und dass die Sterne, die sich auf uns zu bewegen, blauverschobene Spektren aufweisen. Diese Beziehung zwischen Frequenz beziehungsweise Wellenlänge und Geschwindigkeit, die Doppler-Effekt genannt wird, ist eine alltägliche Erfahrung. Denken wir an ein Auto, das auf der Straße vorbeifährt: Wenn es sich nähert, hört sich sein Motorengeräusch höher an (was einer höheren Frequenz der Schallwellen entspricht); wenn es dagegen vorbeifährt und sich entfernt, wird das Motorengeräusch tiefer. Licht- oder Radiowellen verhalten sich ähnlich. So benutzt beispielsweise die Polizei den Doppler-Effekt, um die Geschwindigkeit von Autos festzustellen: Sie misst die Frequenz von Radiowellen, die von den Fahrzeugen reflektiert werden.

Nachdem Hubble die Existenz anderer Galaxien nachgewiesen hatte, beschäftigte er sich jahrelang damit, ihre Entfernungen zu katalogisieren und ihre Spektren zu beobachten. Damals erwartete man allgemein, dass die Bewegungen der Galaxien vom Zufall bestimmt seien und man also auf etwa gleich viele blau- wie rotverschobene Spektren stoßen würde. Deshalb war die Überraschung groß, als man bei den meisten Galaxien eine Rotverschiebung feststellte. Sie bewegen sich fast alle von uns fort! Noch überraschender war eine Entdeckung, die Hubble 1929 veröffentlichte: Sogar das Ausmaß der

Rotverschiebung ist nicht zufällig, sondern direkt proportional zur Entfernung der Galaxie von uns. Mit anderen Worten: Je weiter eine Galaxie entfernt ist, desto schneller bewegt sie sich von uns fort! Folglich kann das Universum nicht statisch sein, wie man vor Hubble allgemein glaubte, sondern muss sich ausdehnen: Der Abstand zwischen den verschiedenen Galaxien nimmt ständig zu.

Die Entdeckung, dass sich das Universum ausdehnt, war eine der großen geistigen Revolutionen des 20. Jahrhunderts. In der Rückschau kann man sich natürlich leicht fragen, warum niemand vorher darauf gekommen ist. Newton und anderen hätte doch klar sein müssen, dass sich ein statisches Universum schon bald unter dem Einfluss der Gravitation zusammenziehen würde. Doch man stelle sich stattdessen vor, das Universum expandiere. Verliefe diese Ausdehnung eher langsam, so würde die Schwerkraft die Expansion schließlich zum Stillstand bringen und zu einer Kontraktion führen. Läge das Maß der Ausdehnung hingegen über einem bestimmten kritischen Wert, könnte die Gravitation die Bewegung nicht aufhalten und das Universum würde ewig mit der Expansion fortfahren. Der Vorgang hat eine gewisse Ähnlichkeit mit dem Start einer Rakete. Ist ihre Geschwindigkeit zu niedrig, wird die Schwerkraft sie schließlich bremsen und auf die Erdoberfläche zurückfallen lassen. Wenn die Rakete dagegen eine bestimmte kritische Geschwindigkeit überschreitet (ungefähr 11 Kilometer pro Sekunde), reicht die Schwerkraft nicht mehr aus, die Rakete zurückzuhalten, sodass sie sich unentwegt von der Erde entfernt. Dieses expandierende Verhalten des Universums hätte aufgrund der Newton'schen Gravitationstheorie jederzeit im 19., im 18., ja sogar im ausgehenden 17. Jahrhundert vorhergesagt werden können. Doch der Glaube an ein statisches Universum war so tief verwurzelt, dass er sich bis ins 20. Jahrhundert hinein hielt. Selbst als Einstein 1915 die Allgemeine Relativitätstheorie formulierte, glaubte er noch so fest an die statische Beschaffenheit des Alls, dass er eine so genannte kosmologische Konstante in seine Gleichungen einführte, um diese Überzeugung zu retten. Er postulierte eine neue «Anti-Gravitationskraft». Sie habe, anders als andere Kräfte, keinen bestimmten Ursprung, schrieb er, sondern sei in die Textur der Raumzeit eingewoben. Er behauptete, der Raumzeit wohne eine Expansionstendenz inne, die durch die Anziehungskräfte der Materie im All exakt aufgewogen werde. Das Ergebnis war ein statisches Universum. Zu jener Zeit schien es nur einen Einzigen zu geben, der willens war, die Allgemeine Relativitätstheorie beim Wort zu nehmen. Während andere Physiker nach Wegen und Möglichkeiten suchten, sich vor ihrer Konsequenz zu drücken – vor der Erkenntnis also, dass das Universum nicht statisch ist –, machte es sich der russische Physiker und Mathematiker Alexander Friedmann zur Aufgabe, sie zu erklären.

Er ging von zwei sehr einfachen Annahmen über das Universum aus: Dass es stets gleich aussehe, in welche Richtung auch immer wir blicken, und dass diese Voraussetzung auch dann gälte, wenn wir das Universum von einem beliebigen anderen Punkt aus betrachteten. Allein anhand dieser beiden Vorstellungen bewies Friedmann, dass das Universum nicht statisch sein kann. Bereits 1922, ein paar Jahre vor Edwin Hubbles Entdeckung, sagte er exakt voraus, was dieser dann aufgrund von Beobachtungen fand!

In Wirklichkeit stimmt die Annahme, das Universum sehe in jeder Richtung gleich aus, natürlich nicht. Zum Beispiel bilden die anderen Sterne in unserer Galaxis, wie wir gesehen haben, einen gut unterscheidbaren Lichtstreifen am Nachthimmel – die Milchstraße. Doch wenn wir fernere Galaxien beobachten, zeigen diese sich überall in mehr oder minder gleicher Anzahl. So wirkt das Universum im Großen und Ganzen nach jeder Richtung hin gleich, wenn man es, bezogen auf die Entfernungen zwischen Galaxien, im großen Maßstab betrachtet und die Unterschiede außer Acht lässt, die sich in kleinerem Maßstab zeigen. Lange Zeit hielt man dies für eine hinreichende Rechtfertigung der Friedmann'schen Annahme und ließ sie als grobe Annäherung gelten. Doch vor kurzem hat ein glücklicher Zufall offenbart, dass sie in Wahrheit eine bemerkenswert genaue Beschreibung des Universums liefert.

1965 waren die beiden amerikanischen Physiker Arno Penzias und Robert Wilson in den Bell Telephone Laboratories (New Jersey) damit beschäftig, einen sehr empfindlichen Mikrowellendetektor zu testen. (Mikrowellen gleichen Lichtwellen, nur haben sie eine niedrigere Frequenz, in der Größenordnung von zehn Milliarden Wellen pro Sekunde.) Eine lästige Störung widersetzte sich all ihren Bemühungen, sie zu beheben: Das Rauschen, das ihr Detektor empfing, war stärker, als es sein sollte, und es schien nicht aus einer bestimmten Richtung zu kommen. Ihre Suche nach der Fehlerquelle – zum Beispiel entdeckten sie Vogelexkremente auf dem Gerät – blieb ohne Ergebnis. Bald waren alle denkbaren Möglichkeiten ausgeschlossen. Wilson und Penzias wussten, dass jedes Geräusch aus der Atmosphäre stärker sein musste, wenn der Detektor nicht direkt nach oben zeigte, weil Lichtstrahlen einen sehr viel längeren Weg durch die Atmosphäre zurücklegen, wenn sie aus einer Richtung nahe dem Horizont statt direkt von oben empfangen werden. Das Rauschen veränderte sich jedoch nicht, ganz gleich, in welche Richtung der Detektor zeigte. Es musste also von *außerhalb* der Atmosphäre kommen. Es war Tag und Nacht das ganze Jahr hindurch gleich, obwohl die Erde sich doch um ihre Achse dreht und die Sonne umkreist. Also musste die Strahlung von jenseits des Sonnensystems und sogar von jenseits unserer Galaxis kommen, denn sonst hätte sie sich entsprechend dem stetigen Richtungswechsel verändert, dem der Detektor durch die Erdbewegung unterworfen war. Wir wissen heute, dass die Strahlung den größten Teil des beobachtbaren Universums durchquert haben muss, bevor sie zu uns gelangt, und da sie in den verschiedensten Richtungen gleich zu sein scheint, muss das Universum folglich – zumindest in großem Maßstab – nach jeder Richtung hin gleich sein. Darüber hinaus wissen wir, dass sich dieses Rauschen bei einem Richtungswechsel nie um mehr als einen winzigen Bruchteil verändert. Penzias und Wilson stießen also unabsichtlich auf ein Phänomen, das die erste Friedmann'sche Annahme exakt bestätigt. Doch da das Universum nicht in jeder Richtung genau gleich ist, sondern nur allgemein und großräumig betrachtet, können auch die Mikrowellen nicht in jeder Richtung exakt gleich sein. Zwischen verschiedenen Richtungen müssen sich leichte Abweichungen zeigen. 1992 wurden sie erstmals vom Satelliten Cosmic Background Explorer, COBE, entdeckt. Zwar weisen sie nur eine Größenordnung von eins zu hunderttausend auf, doch sind sie trotz ihrer Geringfügigkeit von großer Bedeutung.

Ungefähr zur gleichen Zeit, als Penzias und Wilson das Rauschen in ihrem Detektor untersuchten, begannen sich Bob Dicke und Jim Peebles, zwei amerikanische Physiker an der nahe gelegenen Princeton University, für Mikrowellen zu interessieren. Ausgangspunkt ihrer Arbeit war eine Hypothese von George Gamov (einem ehemaligen Schüler Alexander Friedmanns), nach der das frühe Universum sehr dicht und sehr heiß – weiß glühend – gewesen sei. Dicke und Peebles meinten, wir müssten diese Glut der frühen Welt noch sehen können, weil das Licht sehr ferner Teile des frühen Universums uns erst jetzt erreiche. Infolge der Expansion des Alls sei dieses Licht aber so stark rotverschoben, dass es als Mikrowellenstrahlung bei uns eintreffe. Sie machten sich auf die Suche nach dieser Strahlung. Als Penzias und Wilson von dem Projekt ihrer beiden Kollegen erfuhren, fiel es ihnen wie Schuppen von den Augen: Die Strahlung *war* bereits entdeckt – und sie selbst waren die Entdecker! Dafür erhielten sie 1978 den Nobelpreis (was Dicke und Peebles gegenüber ein bisschen ungerecht erscheint, von Gamov ganz zu schweigen).

All diese Indizien sprechen dafür, dass das Universum aus jeder Blickrichtung, die wir wählen, gleich aussieht, und legen uns auf den ersten Blick nahe, dass wir einen besonderen Standort im Universum innehaben. Vor allem könnte es so scheinen, als befänden wir uns im Mittelpunkt des Universums, da uns die Beobachtung zeigt, dass sich alle anderen Galaxien von uns fortbewegen. Es gibt jedoch noch eine andere Erklärung: Das Universum könnte auch von jeder anderen Galaxie aus in jeder Richtung gleich aussehen. Dies war, wie erwähnt, Friedmanns zweite Annahme. Wir haben keine wissenschaftlichen Beweise für oder gegen sie. Wir glauben einfach aus Gründen der Bescheidenheit an sie: Es wäre höchst erstaunlich, böte das Universum von anderen Punkten als der Erde aus betrachtet einen Anblick, der von dem sich uns offenbarenden Bild abwiche. In Friedmanns Modell bewegen sich alle Galaxien direkt voneinander fort. Die Situation entspricht weitgehend dem gleichmäßigen Aufblasen eines Luftballons, auf den man Punkte gemalt hat. Während der Ballon sich ausdehnt, wächst der Abstand zwischen jedem beliebigen Punktepaar, ohne dass man einen der Punkte zum Zentrum der Ausdehnung erklären könnte. Ferner bewegen sich die Punkte umso rascher auseinander, je weiter sie voneinander entfernt sind. Entsprechend ist auch in Friedmanns Modell die Geschwindigkeit, mit der zwei Galaxien auseinander driften, der Entfernung zwischen ihnen proportional. Deshalb sagt das Modell voraus, dass auch die Rotverschiebung einer Galaxie direkt proportional ihrer Entfernung von uns sein muss, was sich genau mit Hubbles Beobachtungen deckt. Friedmanns Arbeit blieb im Westen weitgehend unbekannt, bis 1935, nach der Entdeckung der gleichförmigen Expansion des Universums durch Hubble, ähnliche Modelle von dem amerikanischen Physiker Howard Robertson und dem britischen Mathematiker Arthur Walker entwickelt wurden.

Es gibt drei verschiedene Modelle, die den beiden Grundannahmen Friedmanns entsprechen – er selbst hat nur eines davon entdeckt. Im ersten (dem von Friedmann entwickelten) expandiert das Universum so langsam, dass die Massenanziehung zwischen den verschiedenen Galaxien die Expansion bremst und schließlich zum Stillstand bringt. Daraufhin bewegen sich die Galaxien aufeinander zu, und das Universum zieht sich zusammen. Abb. 1 zeigt, wie sich der Abstand zwischen zwei benachbarten Galaxien in stetigem Zeitverlauf verändert. Er beginnt bei Null, wächst auf einen Maximalwert an und schrumpft wieder auf Null. Im zweiten Modell dehnt sich das Universum so rasch aus, dass die Schwerkraft dem Vorgang nicht Einhalt zu gebieten vermag, wenn sie ihn auch ein wenig verlangsamt. Abb. 2 zeigt das Auseinanderdriften zweier benachbarter Galaxien nach diesem Modell. Es beginnt bei Null und wächst so lange, bis sich die Galaxien mit gleichmäßiger Geschwindigkeit auseinander bewegen. Schließlich gibt es eine dritte Lösung, der zufolge das Universum gerade so rasch expandiert, dass die Umkehr der Bewegung in den Kollaps vermieden wird. Auch hier beginnt der Abstand, wie in Abb. 3 dargestellt, bei Null und setzt sich endlos fort. Indessen wird die Geschwindigkeit, mit der die Galaxien auseinander driften, kleiner und kleiner, ohne allerdings jemals ganz auf Null zu sinken.

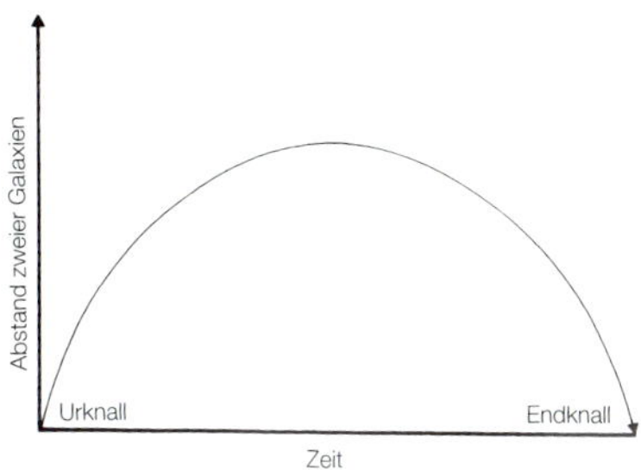

Abb. 1: Im Friedmann'schen Modell des Universums entfernen sich zunächst alle Galaxien voneinander. Das Universum expandiert, bis es eine maximale Größe erreicht, und zieht sich dann wieder zu einem einzigen Punkt zusammen.

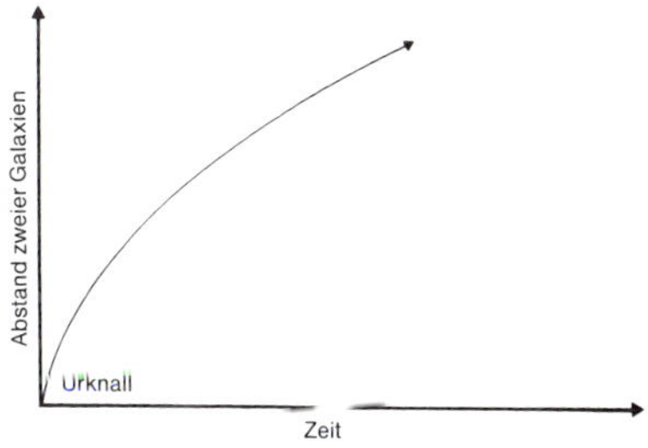

Abb. 2: Im «offenen» Modell des Universums gelingt es der Gravitation nie, die Galaxienbewegung zu überwinden, sodass das Universum seine Expansion unbegrenzt fortsetzt.

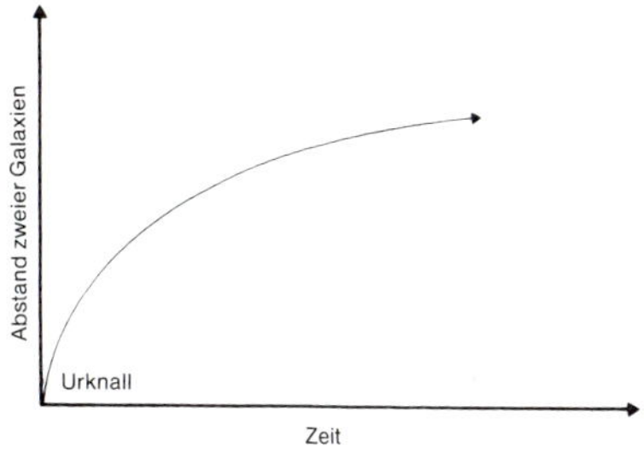

Abb. 3: Im «flachen» Modell des Universums befindet sich die Massenanziehung in einem exakten Gleichgewicht zur Galaxienbewegung. Dem Universum bleibt es erspart zu rekollabieren, während die Galaxienbewegung immer geringer wird, ohne je ganz zur Ruhe zu kommen.

Bemerkenswert am ersten Friedmann'schen Modell ist der Umstand, dass das Universum nicht unendlich im Raum ist, der Raum aber auch keine Grenze hat. Die Gravitation ist so stark, dass der Raum in sich selbst zurückgekrümmt wird, sodass er Ähnlichkeit mit der Erdoberfläche bekommt. Wenn man sich auf der Erdoberfläche ständig in eine bestimmte Richtung bewegt, kommt man schließlich wieder an seinen Ausgangspunkt zurück, ohne auf ein unüberwindliches Hindernis gestoßen oder über den Rand gefallen zu sein. Genauso ist nach dem ersten Friedmann'schen Modell der Raum beschaffen, nur dass er drei Dimensionen hat, nicht zwei wie die Erdoberfläche. Auch die vierte Dimension, die Zeit, ist von endlicher Ausdehnung, aber sie ist wie eine Linie mit zwei Enden oder Grenzen, einem Anfang und einem Ende. Wenn man die Allgemeine Relativitätstheorie und die Unschärferelation der Quantenmechanik kombiniert, können Raum und Zeit, wie wir später sehen werden, endlich sein, ohne Ränder oder Grenzen zu haben.

Der Gedanke, man könnte das Universum umrunden und dort wieder ankommen, wo man seine Reise begonnen hat, ist gute Science-Fiction, aber ohne große praktische Bedeutung, weil sich nachweisen lässt, dass das Universum bereits wieder zur Größe Null zusammengeschrumpft wäre, bevor man die Umrundung abgeschlossen hätte. Man müsste sich schneller als das Licht bewegen, wollte man wieder an seinem Ausgangspunkt sein, bevor das Universum aufgehört hätte zu existieren – und das ist nicht zulässig!

Im ersten Friedmann'schen Modell eines Universums, das sich ausdehnt und rekollabiert, krümmt sich der Raum in sich selbst zurück wie die Erdoberfläche. Deshalb ist er in seiner Ausdehnung begrenzt. Im zweiten Modell, das von einer endlosen Ausdehnung ausgeht, ist der Raum umgekehrt gekrümmt, wie die Oberfläche eines Sattels. In diesem Fall ist der Raum unendlich. Im dritten Friedmann'schen Modell schließlich, das genau die kritische Expansionsgeschwindigkeit aufweist, ist der Raum flach (und damit ebenfalls unendlich).

Doch welches dieser Modelle beschreibt nun unser Universum? Wird es schließlich in seiner Expansion innehalten und anfangen, sich zusammenzuziehen, oder wird es sich endlos ausdehnen? Um diese Frage zu beantworten, müssen wir die gegenwärtige Expansionsgeschwindigkeit des Universums und seine augenblickliche durchschnittliche Dichte kennen. Wenn die Dichte unter einem bestimmten kritischen Wert liegt, der durch die Expansionsgeschwindigkeit bestimmt wird, so wird die Gravitation zu schwach sein, um der Expansion Einhalt zu gebieten. Liegt die Dichte über dem kritischen Wert, wird die Gravitation die Ausdehnung irgendwann in der Zukunft zum Stillstand bringen und das Universum wieder in sich zusammenstürzen lassen.

Das gegenwärtige Expansionstempo können wir bestimmen, indem wir mit Hilfe des Doppler-Effekts die Geschwindigkeiten messen, mit denen sich andere Galaxien von uns fortbewegen. Das ließe sich mit großer Genauigkeit machen, doch leider sind die Entfernungen zu den anderen Galaxien nicht exakt bekannt, weil wir sie nur indirekt ermitteln können. So wissen wir lediglich, dass sich das Universum pro Jahrmilliarde um fünf bis zehn Prozent ausdehnt. Doch unsere Unsicherheit über die gegenwärtige durchschnittliche Dichte des Universums ist sogar noch größer. Wenn wir die Masse aller Sterne summieren, die wir in unserer und anderen Galaxien sehen können, so kommen wir insgesamt auf weniger als ein Hundertstel des Betrages, der, selbst bei niedrigster Schätzung der Expansionsgeschwindigkeit, erforderlich wäre, um die Expansion des Universums aufzuhalten. Unsere und andere Galaxien müssen indessen große Mengen «dunkler Materie» enthalten, die wir nicht direkt sehen können, deren Vorhandensein sich jedoch aus der Beobachtung ableiten lässt, dass sie mit ihrer Gravitation die Bahnen der Sterne in den Galaxien beeinflussen. Ferner kommen die meisten Galaxien in Haufen vor, und wir können in ähnlicher Weise auf noch mehr dunkle Materie zwischen den Galaxien in diesen Haufen schließen, da sich auch eine entsprechende Wirkung auf die Bewegung der Galaxien beobachten lässt. Wenn wir diese ganze dunkle Materie der Gesamtmasse hinzurechnen, so kommen wir trotzdem nur auf ungefähr ein Zehntel der Menge, die erforderlich wäre, um die Ausdehnung zum Stillstand zu bringen. Wir können jedoch die Möglichkeit nicht ausschließen, dass es, nahezu gleichförmig über das Universum verteilt, noch irgendeine andere Materieform gibt, die wir bislang nicht entdeckt haben und die die durchschnittliche Dichte des Universums auf jenen Wert anheben würde, der die Expansionsbewegung in ferner Zukunft innehalten ließe. Die gegenwärtige Beweislage spricht also dafür, dass sich das Universum endlos ausdehnen wird. Doch sicher ist nur, dass das Universum, auch wenn es wieder in sich zusammenstürzen sollte, dazu mindestens zehn Milliarden Jahre braucht, denn so lange hat seine Ausdehnung bisher gedauert. Das braucht uns nicht übermäßig zu beunruhigen: Zu diesem Zeitpunkt wird die Menschheit infolge des Erlöschens der Sonne längst ausgestorben sein, es sei denn, wir hätten inzwischen Kolonien außerhalb unseres Sonnensystems gegründet!

Allen Friedmann'schen Lösungen ist eines gemeinsam: Der Abstand zwischen benachbarten Galaxien muss irgendwann in der Vergangenheit (vor zehn bis zwanzig Milliarden Jahren) Null gewesen sein. Zu diesem Zeitpunkt, den wir Urknall nennen, wären die Dichte des Universums und die Krümmung der Raumzeit unendlich gewesen. Da die Mathematik mit unendlichen Zahlen im Grunde nicht umgehen kann, bedeutet dies, dass die Allgemeine Relativitätstheorie (auf der die Friedmann'schen Lösungen beruhen) einen Punkt im Universum voraussagt, an dem die Theorie selbst zusammenbricht. Dieser Punkt ist ein Beispiel für das, was Mathematiker eine Singularität nennen. Tatsächlich gehen alle unsere wissenschaftlichen Theorien von der Voraussetzung aus, dass die Raumzeit glatt und nahezu flach ist. Deshalb versagen die Theorien angesichts der Urknall-Singularität, wo die Krümmung der Raumzeit unendlich ist. Also könnte man sich, selbst wenn es Ereignisse vor dem Urknall gegeben hat, bei der Bestimmung dessen, was hinterher geschehen ist, nicht auf sie beziehen, weil die Vorhersagefähigkeit am Urknall endet. Entsprechend können wir keine Aussagen über das machen, was vorher war, wenn wir, wie es der Fall ist, nur wissen, was seit dem Urknall geschehen ist. Soweit es uns betrifft, können Ereignisse vor dem Urknall keine Konsequenzen haben und sollten infolgedessen auch nicht zu Bestandteilen eines wissenschaftlichen Modells des Universums werden. Wir müssen sie deshalb aus dem Modell ausklammern und sagen, dass die Zeit mit dem Urknall begann.

Vielen Menschen gefällt die Vorstellung nicht, dass die Zeit einen Anfang hat, wahrscheinlich weil sie allzu sehr nach göttlichem Eingriff schmeckt. (Dagegen hat sich die katholische Kirche das Urknallmodell zu Eigen gemacht und 1951 offiziell erklärt, es stehe im Einklang mit der Bibel.) Deshalb wurden zahlreiche Versuche unternommen, die Urknalltheorie zu widerlegen. Breiteste Anerkennung fand die so genannte Steady-State-Theorie, die Theorie des stationären Zustands. Zwei aus dem von den Nationalsozialisten annektierten Österreich geflohene und ein britischer Wissenschaftler formulierten sie 1948: Hermann Bondi und Thomas Gold sowie Fred Hoyle, der während des Krieges mit ihnen an der Entwicklung des Radars gearbeitet hatte. Ihr Gedanke war, dass sich aus ständig neu entstehender Materie beim Auseinanderdriften der Galaxien ständig neue Galaxien in den Lücken zwischen ihnen bilden. Das Universum sähe demnach zu allen Zeiten und an allen Punkten des Raums in etwa gleich aus. Die Steady-State-Theorie verlangte eine Abwandlung der Allgemeinen Relativitätstheorie, weil sonst die ständige Entstehung von Materie nicht möglich wäre, doch handelte es sich dabei um so geringe Mengen (ungefähr ein Teilchen pro Kubikkilometer und Jahr), dass sie nicht in Widerspruch zu den experimentellen Daten standen. Die Theorie erfüllte die Wissenschaftlichkeitskriterien, die ich im ersten Kapitel genannt habe: Sie war einfach und machte eindeutige Vorhersagen, die sich durch Beobachtung überprüfen ließen. Eine dieser Vorhersagen lautete, dass die Zahl der Galaxien oder ähnlicher Objekte in jedem gegebenen Raumvolumen zu jedem Zeitpunkt und an jedem Ort im Universum gleich sein müsse. Ende der fünfziger und Anfang der sechziger Jahre führte in Cambridge eine

Gruppe von Astronomen unter Leitung von Martin Ryle (der während des Krieges mit Bondi, Gold und Hoyle am Radar gearbeitet hatte) eine Untersuchung der Radioquellen im Weltraum durch. Die Cambridge-Gruppe zeigte, dass die meisten dieser Radioquellen außerhalb unserer Galaxis liegen müssen (tatsächlich ließen sich viele als andere Galaxien identifizieren) und dass es mehr schwache als starke Quellen gibt. Das Team deutete die schwachen Quellen als die weiter entfernten und die stärkeren als die der Erde näher gelegenen Objekte. Danach schien, gemessen pro Volumeneinheit des Raums, die Zahl der fernen Quellen zu überwiegen. Dieses Ergebnis ließ zwei Interpretationen zu: Entweder wir befinden uns im Zentrum einer großen Region des Universums, in der es weniger Quellen als anderswo gibt, oder die Radioquellen waren in der Vergangenheit – zu dem Zeitpunkt, da die Wellen auf die lange Reise zu uns geschickt wurden – zahlreicher als heute. Beide Erklärungen widersprachen den Vorhersagen, die sich aus der Steady-State-Theorie ergaben. Schließlich bewies auch die Entdeckung der kosmischen Mikrowellenstrahlung durch Penzias und Wilson im Jahre 1965, dass das Universum vor langer Zeit viel dichter gewesen sein muss. Deshalb musste man die Steady-State-Theorie aufgeben.

Einen weiteren Versuch, die Urknalltheorie und damit die Vorstellung von einem Anfang der Zeit zu widerlegen, unternahmen die beiden russischen Wissenschaftler Jewgenij Lifschitz und Isaak Chalatnikow im Jahre 1963. Sie betonten, der Urknall sei eine Besonderheit der Friedmann'schen Modelle, die ja nur Annäherungen an das wirkliche Universum darstellten. Vielleicht, so argumentierten sie, enthielten von allen denkbaren Modellen, die dem wirklichen Universum in etwa entsprächen, nur die drei Friedmann'schen eine Urknall-Singularität. In ihnen strebten alle Galaxien direkt voneinander fort, und so sei es nicht verwunderlich, dass sie sich nach den Friedmann'schen Lösungen irgendwann in der Vergangenheit am selben Ort befunden hätten. Im wirklichen Universum jedoch entfernten sich die Galaxien nicht auf direktem Wege voneinander; vielmehr hätten sie auch kleine Seitengeschwindigkeiten. Deshalb müssten sie ursprünglich keineswegs alle am selben Ort gewesen sein; es wäre auch möglich, dass sie sich nur in großer Nähe zueinander befunden hätten. Vielleicht sei unser gegenwärtiges expandierendes Universum nicht aus einer Urknall-Singularität hervorgegangen, sondern aus einer früheren Kontraktionsphase: Beim Kollaps des Universums seien womöglich nicht alle Teilchen kollidiert, sondern hätten sich auch aneinander vorbei- und dann voneinander fortbewegt und dadurch die gegenwärtige Expansion des Universums ausgelöst. Wie könne man da mit Sicherheit behaupten, das reale Universum habe mit einem Urknall begonnen? Lifschitz und Chalatnikow untersuchten Modelle des Universums, die annähernd den Friedmann'schen entsprachen, aber zugleich den Unregelmäßigkeiten und zufälligen Geschwindigkeiten der Galaxien im realen Universum Rechnung trugen. Sie zeigten, dass solche Modelle mit einem Urknall beginnen könnten, auch wenn die Galaxien sich nicht immer direkt voneinander fortbewegen würden, behaupteten aber, dass dies nur in bestimmten Ausnahmemodellen möglich sei, in denen sich alle Galaxien genau auf die richtige Weise bewegten. Da es hingegen unendlich viel mehr den Friedmann'schen Lösungen ähnelnde Modelle *ohne* Urknall zu geben scheine, müsse man zu dem Schluss gelangen, der Urknall sei pure Fiktion.

Später erkannten die beiden Russen jedoch, dass es eine sehr viel allgemeinere Klasse von Modellen der Friedmann'schen Art *mit* Singularitäten gibt, ohne dass sich die Galaxien in irgendeiner besonderen Weise bewegen müssten. Daraufhin zogen sie ihre These 1970 zurück.

Wertvoll ist Lifschitz' und Chalatnikows Arbeit, weil sie gezeigt hat, dass das Universum eine Singularität, einen Urknall gehabt haben *könnte*, wenn die Allgemeine Relativitätstheorie richtig ist. Doch die entscheidende Frage war damit noch nicht gelöst: Sagt die Allgemeine Relativitätstheorie voraus, dass unser Universum einen Urknall, einen Anfang in der Zeit, gehabt haben *muss*? Die Antwort darauf lieferte ein ganz anderer, 1965 von dem britischen Mathematiker und Physiker

Roger Penrose vorgeschlagener Ansatz. Anhand des Verhaltens der Lichtkegel* in der Allgemeinen Relativitätstheorie und der Tatsache, dass die Gravitation stets als Anziehungskraft wirkt, zeigte Penrose, dass ein Stern, der unter dem Einfluss der eigenen Schwerkraft in sich zusammenstürzt, in eine Region eingeschlossen ist, deren Oberfläche und damit zwangsläufig auch deren Volumen schließlich auf Null schrumpft. Die Materie des Sterns wird also auf ein Volumen von der Größe Null komprimiert, sodass die Dichte der Materie und die Krümmung der Raumzeit unendlich werden. Mit anderen Worten: Es liegt nach einem solchen Prozess in einer Region der Raumzeit eine Singularität vor. Sie wird als Schwarzes Loch bezeichnet.

Auf den ersten Blick schien Penroses Ergebnis nur für Sterne zu gelten und ohne Bedeutung für die Frage zu sein, ob es jemals eine Urknall-Singularität des gesamten Universums gegeben habe. Doch zu der Zeit, da Penrose sein Theorem entwickelte, stand ich kurz vor Abschluss meines Studiums und suchte nach einem Dissertationsthema. Zwei Jahre zuvor hatte man bei mir ALS, eine Motoneuronen-Erkrankung, festgestellt und mir zu verstehen gegeben, dass ich nur noch ein bis zwei Jahre zu leben hätte. Unter diesen Umständen schien es nicht viel Zweck zu haben, meine Doktorarbeit zu schreiben – ich rechnete nicht damit, dass ich lange genug leben würde, um sie fertig zu stellen. Doch inzwischen waren die zwei Jahre verstrichen, und es ging mir besser als erwartet. Außerdem hatte ich mich mit einem bezaubernden Mädchen, Jane Wilde, verlobt. Aber um heiraten zu können, brauchte ich eine Anstellung, und um eine Anstellung zu bekommen, brauchte ich die Promotion.

1965 hatte ich von Penroses Theorem gehört, nach dem jeder Körper, der einem Gravitationskollaps unterworfen ist,

* Der Mantel eines Lichtkegels ist die Raumzeitfläche, die von den Ausbreitungsrichtungen der Strahlen gebildet wird, die durch ein gegebenes Ereignis in der Kegelspitze verlaufen. Ein Ereignis ist ein Punkt in der Raumzeit, der durch Zeit und Ort festgelegt ist.

schließlich eine Singularität bilden müsse, und mir war rasch klar geworden, dass die Bedingungen, die diese These beschrieb, auch dann gelten mussten, wenn man die Richtung der Zeit umkehrt, sodass der Kollaps zu einer Expansion wird – vorausgesetzt, das Universum entspräche zum gegenwärtigen Zeitpunkt in seinem großräumigen Aufbau wenigstens grob einem der Friedmann'schen Modelle. Penrose hatte gezeigt, dass jeder in sich zusammenstürzende Stern mit einer Singularität enden *muss*. Bei Umkehrung der Zeitrichtung ergab sich, dass jedes in Friedmann'scher Weise expandierende Universum mit einer Singularität begonnen haben *muss*. Aus mathematischen Gründen erforderte Penroses Theorem ein Universum, das unendlich im Raum ist. Deshalb konnte ich es für meine Untersuchung verwenden und mit seiner Hilfe beweisen, dass es eine Singularität nur gegeben haben kann, wenn sich das Universum rasch genug ausdehnt, um einem abermaligen Kollaps zu entgehen (denn nur diese Friedmann'schen Modelle waren unendlich im Raum).

In den nächsten Jahren entwickelte ich neue mathematische Verfahren, um die Sätze, die zeigten, dass Singularitäten existieren müssen, von dieser und anderen technischen Einschränkungen zu befreien. Als Ergebnis dieser Arbeit erschien 1970 ein gemeinsamer Aufsatz von Penrose und mir, in dem wir zuletzt bewiesen, dass es eine Urknall-Singularität gegeben haben muss, vorausgesetzt, die Allgemeine Relativitätstheorie stimmt und das Universum enthält so viel Materie, wie wir beobachten. Es gab viel Widerstand gegen unsere Arbeit, zum Teil von den Russen, die sich ihrem marxistisch geprägten wissenschaftlichen Determinismus verpflichtet fühlten, zum Teil von Leuten, welche die Vorstellung von Singularitäten überhaupt abstoßend fanden und durch sie die Schönheit der Einstein'schen Theorie beeinträchtigt sahen. Doch es lässt sich schlecht streiten mit einem mathematischen Theorem. So fand unsere Arbeit am Ende allgemeine Anerkennung, und heute gehen fast alle davon aus, dass das Universum mit einer Urknall-Singularität begonnen hat. Die Sache hat nur einen Haken: Inzwischen habe ich meine Meinung geändert und versuche jetzt, andere Physiker davon zu überzeugen, dass das Universum *nicht* aus einer Singularität entstanden ist. Wie wir noch sehen werden, können wir auf sie verzichten, wenn wir Quanteneffekte in unsere Überlegungen einbeziehen.

Wir haben in diesem Kapitel verfolgt, wie sich in kaum einem halben Jahrhundert unsere jahrtausendealte Auffassung vom Universum von Grund auf verändert hat. Hubbles Entdeckung, dass sich das Universum ausdehnt, und die Erkenntnis, wie unbedeutend unser Planet in der unvorstellbaren Weite des Universums ist, waren nur der Anfang. Immer mehr experimentelle und theoretische Anhaltspunkte sprachen für die Richtigkeit dieser Annahme, bis Penrose und ich sie auf der Grundlage von Einsteins Allgemeiner Relativitätstheorie bewiesen. Dieser Beweis machte deutlich, dass die Allgemeine Relativitätstheorie unvollständig ist: Sie kann uns nichts über den Anfang des Universums mitteilen, weil aus ihr folgt, dass alle physikalischen Theorien, einschließlich ihrer selbst, am Anfang des Universums versagen. Die Allgemeine Relativitätstheorie versteht sich als Teiltheorie. In Wahrheit zeigen die Singularitätstheoreme also, dass das Universum in einem sehr frühen Stadium so klein gewesen sein muss, dass man nicht umhinkann, die kleinräumigen Auswirkungen einzubeziehen, mit der sich die andere große Teiltheorie des 20. Jahrhunderts, die Quantenmechanik, befasst. Um unserem Ziel näher zu kommen, das Universum zu verstehen, sahen wir uns somit Anfang der siebziger Jahre gezwungen, der Theorie des außerordentlich Großen den Rücken zu kehren und uns der Theorie des außerordentlich Kleinen zuzuwenden, der Quantenmechanik.

Schwarze Löcher

Die Bezeichnung «Schwarzes Loch» ist sehr jungen Datums. Der amerikanische Wissenschaftler John Wheeler prägte sie 1969, um einen anschaulichen Begriff von einer Idee zu liefern, die mindestens zweihundert Jahre zurückreicht, in eine Zeit, als es zwei Theorien über das Licht gab: eine, von Newton vertreten, dass es aus Teilchen, und eine andere, dass es aus Wellen bestehe. Wie wir heute wissen, sind beide Theorien richtig. Nach der Welle-Teilchen-Dualität der Quantenmechanik kann man das Licht als Welle wie auch als Teilchen ansehen. Ging man vom Wellencharakter des Lichts aus, blieb unklar, wie es auf die Schwerkraft reagiert. Doch wenn das Licht aus Teilchen besteht, dann konnte man erwarten, dass es von

Röntgenfoto eines supermassiven Schwarzen Lochs (weiß) im Zentrum der Milchstraße in 25000 Lichtjahren Entfernung von der Erde. Die Farben zeigen Röntgenstrahlenbereiche an: Rot steht für niedrige, Grün für mittlere und Blau für hohe Energien.

der Schwerkraft in der gleichen Weise beeinflusst wird wie Kanonenkugeln, Raketen und Planeten. Zunächst glaubte man, die Lichtteilchen würden sich unendlich schnell fortbewegen; deshalb könne die Schwerkraft sie nicht abbremsen. Doch aus der Entdeckung der endlichen Geschwindigkeit des Lichts durch Rømer folgte, dass die Schwerkraft eine ganz erhebliche Wirkung haben könnte.

Von dieser Überlegung ausgehend, kam der Cambridge-Gelehrte John Michell in einem 1783 in den *Philosophical Transactions* der Londoner Royal Society veröffentlichten Artikel zu dem Ergebnis, ein Stern von hinreichender Masse und Dichte müsse ein so starkes Gravitationsfeld haben, dass ihm das Licht nicht entkommen könne: Alles von der Oberfläche des Sterns ausgesendete Licht würde von den Gravitationskräften des Sterns wieder zurückgezogen werden, bevor es noch sehr weit gelangt wäre. Michell vermutete, dass es eine große Zahl solcher Sterne gebe. Obwohl wir sie nicht sehen könnten, weil uns ihr Licht nicht erreiche, würden wir doch ihre Massenanziehung spüren. Solche Objekte bezeichnen wir heute als «Schwarze Löcher», denn genau das sind sie: schwarze Leeren im Weltraum. Eine ähnliche These brachte wenige Jahre später der französische Naturwissenschaftler Marquis de Laplace vor, offenbar ohne von Michells Aufsatz zu wissen. Interessanterweise veröffentlichte Laplace sie nur in der ersten und zweiten Ausgabe seines Buches «Darstellung des Weltsystems», während sie in späteren Auflagen fehlt. Vielleicht war er zu dem Schluss gekommen, dass es sich um eine närrische Idee handelte. (Außerdem büßte die Teilchen- oder Korpusculartheorie des Lichts im 19. Jahrhundert ihr früheres Ansehen ein. Es schien, als könnte man alles mit der Wellentheorie erklären, und ihr zufolge war es fraglich, ob die Schwerkraft das Licht überhaupt beeinflusse.)

Im Grunde genommen ist es gar nicht zulässig, das Licht wie Kanonenkugeln in Newtons Gravitationstheorie zu behandeln, weil die Lichtgeschwindigkeit einen festen Wert hat. (Wird eine Kanonenkugel von der Erde aus nach oben abgefeuert, so verlangsamt sie sich infolge der Schwerkraft, hält schließlich inne und fällt zurück; ein Photon dagegen muss seinen Weg nach oben mit gleich bleibender Geschwindigkeit fortsetzen. Wie soll da Newtons Schwerkraft auf das Licht einwirken?) Eine schlüssige Theorie über die Wirkung der Gravitation auf das Licht liegt erst seit 1915 vor: Einsteins Allgemeine Relativitätstheorie. Und es dauerte lange, bis man ihre Bedeutung für Sterne mit großer Masse begriff.

Um die Entstehung eines Schwarzen Loches nachvollziehen zu können, brauchen wir zunächst eine Vorstellung vom Lebenszyklus der Sterne. Ein Stern entsteht, wenn eine große Menge Gas (meist Wasserstoff) infolge der Gravitation in sich selbst zusammenzustürzen beginnt. Während dieser Kontraktion kommt es immer häufiger und mit immer höheren Geschwindigkeiten zu Kollisionen zwischen den Gasatomen – das Gas erwärmt sich. Schließlich ist es so heiß, dass die kollidierenden Wasserstoffatome nicht mehr voneinander abprallen, sondern miteinander verschmelzen und Helium bilden. Die Wärme, die bei dieser Reaktion – einer Art kontrollierter Wasserstoffbombenexplosion – frei wird, bringt den Stern zum Leuchten. Die erhöhte Temperatur verstärkt aber auch den Druck des Gases, bis er ebenso groß ist wie die Gravitation. Daraufhin zieht sich das Gas nicht mehr zusammen. Es besteht eine gewisse Ähnlichkeit mit einem Luftballon, bei dem sich der Luftdruck im Innern, der bestrebt ist, den Ballon auszudehnen, und die Spannung des Gummis, die bestrebt ist, den Ballon zusammenzuziehen, im Gleichgewicht befinden. Sterne bleiben in diesem Zustand – der Balance zwischen der Schwerkraft und der bei den Kernreaktionen frei werdenden Hitze – lange Zeit stabil. Schließlich gehen dem Stern jedoch der Wasserstoff und andere Kernbrennstoffe aus. Paradoxerweise verbraucht ein Stern umso rascher seinen Brennstoff, je mehr ihm davon anfangs zur Verfügung stand. Denn je mehr Masse ein Stern hat, desto heißer muss er sein, um seine Gravitationskraft auszugleichen, und je heißer er ist, desto rascher ist sein Brennstoffvorrat erschöpft. Unsere Sonne hat vermutlich noch Brennstoff für etwa fünf Milliarden Jahre. Doch massereichere Sterne können ihren Brennstoff schon nach hundert Millionen Jahren verbraucht haben, einem Zeitraum, der viel kürzer ist als die Existenz des Universums. Wenn einem Stern der Brennstoff ausgeht, fängt er an, abzukühlen und sich somit zusammenzuziehen. Was dann mit ihm geschehen könnte, begann man erst Ende der zwanziger Jahre zu verstehen.

1928 reiste der indische Student Subrahmanyan Chandrasekhar nach England, um in Cambridge bei dem britischen Astronomen Sir Arthur Eddington zu studieren, einem Experten auf dem Gebiet der Allgemeinen Relativitätstheorie. (Es heißt, Anfang der zwanziger Jahre habe ein Journalist Eddington berichtet, er habe gehört, dass es auf der Welt nur drei Leute gebe, die die Allgemeine Relativitätstheorie verstanden hätten. Eddington schwieg eine Weile und sagte dann: «Ich überlege, wer der Dritte sein könnte.») Auf der Reise von Indien nach England errechnete Chandrasekhar, bis zu welcher Größe sich ein Stern auch dann noch gegen die eigene Schwerkraft behaupten kann, wenn er seinen ganzen Brennstoff verbraucht hat. Dabei ging er von folgendem Grundgedanken aus: Wenn der Stern kleiner wird, rücken die Materieteilchen sehr nahe aneinander und müssen deshalb nach dem Pauli'schen Ausschließungsprinzip* sehr unterschiedliche Geschwindigkeiten haben. Dies hat zur Folge, dass sie sich wieder voneinander fortbewegen – der Stern tendiert dazu, sich auszudehnen. So kann ein Stern einen konstanten Radius bewahren, wenn sich die Anziehung infolge der Gravitation und die Abstoßung infolge des Ausschließungsprinzips die Waage halten, genauso wie sich zu einem früheren Zeitpunkt Gravitation und Wärmebewegung in Balance befanden.

Chandrasekhar stellte jedoch fest, dass der Abstoßungskraft durch das Ausschließungsprinzip eine Grenze gesetzt ist. Die Relativitätstheorie grenzt den maximalen Geschwindig-

* Das Pauli'sche Ausschließungsprinzip besagt, dass zwei identische Teilchen mit Spin ½ (▤ 254) innerhalb der von der Unschärferelation gesetzten Grenzen nicht zugleich denselben Ort und dieselbe Geschwindigkeit haben können.

keitsunterschied der Materieteilchen im Stern auf die Lichtgeschwindigkeit ein. Verdichtete sich der Stern also hinreichend, so würde die durch das Ausschließungsprinzip bewirkte Abstoßung geringer sein als die Anziehungskraft der Gravitation. Nach Chandrasekhars Berechnungen wäre ein kalter Stern von mehr als etwa der anderthalbfachen Sonnenmasse nicht in der Lage, sich gegen die eigene Schwerkraft zu behaupten. (Heute bezeichnet man diese Masse als die Chandrasekhar'sche Grenze.) Eine ähnliche Entdeckung machte ungefähr zur gleichen Zeit auch der russische Physiker Lew Dawidowitsch Landau.

Daraus ergaben sich weitreichende Konsequenzen für das weitere Schicksal von Sternen mit großer Masse. Wenn die Masse eines Sterns unter dem Chandrasekhar'schen Grenzwert bleibt, kann seine Kontraktion zum Stillstand kommen und er selbst einen Endzustand als «Weißer Zwerg» mit einem Radius von ein paar tausend Kilometern und einer Dichte von Hunderten von Tonnen pro Kubikzentimeter erreichen. Der Weiße Zwerg gewinnt seine Stabilität aus der auf dem Ausschließungsprinzip beruhenden Abstoßung zwischen den Elektronen seiner Materie. Wir können eine große Zahl solcher Weißen Zwerge beobachten. Einer der ersten, die entdeckt wurden, ist ein Stern, der um den Sirius kreist, den hellsten Stern am Nachthimmel.

Landau hat gezeigt, dass Sterne mit einer Grenzmasse, die ebenfalls das Ein- bis Zweifache der Sonnenmasse beträgt, auch einen anderen Endzustand erreichen können, der noch erheblich kleiner als der eines Weißen Zwerges ist. Auch diese Sterne würden ihre Stabilität aus dem Ausschließungsprinzip gewinnen, aber aus der Abstoßung zwischen den Neutronen und Protonen, nicht zwischen den Elektronen. Deshalb nannte man sie «Neutronensterne». Sie müssten, so die damalige Hypothese, einen Radius von lediglich fünfzehn Kilometern und eine Dichte von Hunderten von Millionen Tonnen pro Kubikzentimeter haben. Zur Zeit dieser Vorhersage gab es noch keine Möglichkeit, Neutronensterne zu beobachten. Sie wurden erst sehr viel später entdeckt.

Sterne dagegen, deren Masse über dem Chandrasekhar'schen Grenzwert liegt, stehen vor einem großen Problem, wenn ihnen der Brennstoff ausgegangen ist. In einigen Fällen explodieren sie, oder es gelingt ihnen, genügend Materie loszuwerden, um die Masse unter den Grenzwert zu drücken und einen Gravitationskollaps katastrophalen Ausmaßes zu vermeiden. Aber es ist kaum vorstellbar, dass dies immer geschieht, ganz gleich, wie groß der Stern ist. Woher sollte er wissen, dass er abnehmen muss? Und selbst wenn es jedem Stern gelänge, sich von genügend Masse zu befreien, um den Kollaps zu vermeiden – was würde geschehen, wenn man einem Weißen Zwerg oder einem Neutronenstern so viel Masse hinzufügte, dass der Grenzwert überschritten wäre? Würde er zu unendlicher Dichte zusammenstürzen? Eddington war schockiert über die Konsequenzen, die sich aus diesen Überlegungen ergaben, und weigerte sich, Chandrasekhars Schlussfolgerungen zu akzeptieren. Er hielt es schlicht für unmöglich, dass ein Stern zu einem Punkt schrumpfen könnte. Dieser Ansicht waren die meisten Wissenschaftler, auch Einstein, der in einem Artikel erklärte, Sterne könnten auf keinen Fall zur Größe Null kollabieren. Der Widerstand so vieler Fachleute, vor allem auch die Einwände seines einstigen Lehrers Eddington, einer Kapazität auf dem Gebiet des Sternaufbaus, bewogen Chandrasekhar, diese Forschungsrichtung aufzugeben und sich anderen astronomischen Problemen zuzuwenden, etwa der Bewegung von Sternenhaufen. Doch als er 1983 den Nobelpreis erhielt, galt diese Auszeichnung auch seiner frühen Arbeit über die Grenzmasse kalter Sterne.

Chandrasekhar hatte gezeigt, dass Paulis Ausschließungsprinzip den Kollaps eines Sterns nicht aufzuhalten vermag, wenn seine Masse den Chandrasekhar'schen Grenzwert übersteigt, doch die Frage, was der Allgemeinen Relativitätstheorie zufolge mit einem solchen Stern geschehen würde, beantwortete 1939 der junge Amerikaner Robert Oppenheimer. Er kam jedoch zu dem Schluss, dass aus seinen Überlegungen nichts folgte, was mit den Teleskopen seiner Zeit hätte beobachtet werden können. Dann kam der Zweite Weltkrieg dazwischen;

Oppenheimer war in dieser Zeit maßgeblich an einem Projekt zur Entwicklung der Atombombe beteiligt. Nach dem Krieg hatte man das Problem des Gravitationskollapses weitgehend vergessen. Die meisten Physiker befassten sich nun mit der Erforschung des Geschehens auf der Ebene des Atoms und seines Kerns. Doch in den sechziger Jahren wurde das Interesse an den Fragen der Astronomie und Kosmologie neu belebt, weil die Anwendung moderner Techniken die Zahl und Reichweite astronomischer Beobachtungen erheblich vergrößerte. Nun entdeckte man auch Oppenheimers Arbeit wieder, und zahlreiche Wissenschaftler machten sich daran, sie weiterzuführen.

Heute stellt sich uns Oppenheimers Arbeit wie folgt dar: Das Gravitationsfeld des Sterns lenkt die Lichtstrahlen in der Raumzeit von den Wegen ab, auf denen sie sich fortbewegen würden, wenn es den Stern nicht gäbe. Die Lichtkegel, die anzeigen, welchen Wegen in Raum und Zeit Lichtblitze folgen, die von ihren Spitzen ausgesendet werden, sind in der Nähe der Oberfläche eines Sterns leicht nach innen gekrümmt. Dies offenbart sich an der Krümmung des Lichts ferner Sterne, die während einer Sonnenfinsternis zu beobachten ist. Wenn sich der Stern zusammenzieht, wird das Gravitationsfeld an seiner Oberfläche stärker, und die Lichtkegel krümmen sich weiter nach innen. Dadurch wird es schwieriger für das Licht, dem Stern zu entkommen, und es erscheint einem in größerer Entfernung postierten Beobachter schwächer und röter. Wenn der schrumpfende Stern schließlich einen bestimmten kritischen Radius erreicht, wird das Gravitationsfeld an der Oberfläche so stark und die Krümmung der Lichtkegel nach innen so ausgeprägt, dass das Licht nicht mehr entweichen kann. Nun kann sich nach der Relativitätstheorie nichts schneller fortbewegen als das Licht. Wenn somit Licht nicht mehr entkommen kann, gilt dies auch für alles andere: Alles wird durch das Gravitationsfeld zurückgezogen. So gibt es eine Menge von Ereignissen, eine Region der Raumzeit, aus der kein Entkommen möglich ist. Eine solche Region nennen wir heute Schwarzes Loch. Ihre Grenze wird als Ereignishorizont bezeichnet und deckt sich mit den Wegen der Lichtstrahlen, denen es gerade nicht gelingt, dem Schwarzen Loch zu entkommen.

Um zu verstehen, was man sähe, wenn man beobachtete, wie ein Stern zu einem Schwarzen Loch zusammenstürzt, muss man sich ins Gedächtnis rufen, dass es nach der Relativitätstheorie keine absolute Zeit gibt. Jeder Beobachter hat sein eigenes Zeitmaß. Die Zeit für jemanden auf einem Stern wird infolge des Gravitationsfeldes anders sein als für jemanden, der sich in einiger Entfernung von dem Stern befindet. Nehmen wir an, ein furchtloser Astronaut auf der Oberfläche eines kollabierenden Sterns sendet nach seiner Uhr jede Sekunde ein Signal an sein Raumschiff, das den Stern umkreist. Zu einem bestimmten Zeitpunkt auf seiner Uhr, sagen wir um 11:00, unterschreitet der Stern bei seiner Kontraktion den kritischen Radius – das Gravitationsfeld wird so stark, dass ihm nichts mehr entrinnen kann. Auch die Signale des Astronauten erreichen das Raumschiff nicht mehr. Seine Gefährten im Raumschiff würden feststellen, dass zwischen den Signalen immer größere Intervalle lägen, je näher 11:00 Uhr rückte. Doch bliebe dieser Effekt vor 10:59:59 noch sehr klein. Ihre Wartezeit zwischen dem 10:59:58- und dem 10:59:59-Signal wäre nur um eine Winzigkeit länger als eine Sekunde, doch sie würden vergebens auf das 11:00-Signal warten. Die Lichtwellen, die die Oberfläche des Sterns zwischen 10:59:59 und 11:00 (nach der Uhr des Astronauten) aussendete, würden sich, vom Raumschiff aus gesehen, über einen unendlichen Zeitraum ausbreiten. Aufeinander folgende Wellen träfen in immer größeren Zeitabständen beim Raumschiff ein, sodass das vom Stern kommende Licht immer röter und röter und schwächer und schwächer erschiene. Schließlich wäre der Stern so dunkel, dass man ihn vom Raumschiff aus nicht mehr sehen könnte: Es bliebe nur ein Schwarzes Loch im Weltraum. Trotzdem würde der Stern nach wie vor die gleiche Gravitationskraft auf das Raumschiff ausüben, solange es um das Schwarze Loch kreist.

Allerdings ist das Szenario nicht ganz realistisch, weil es ein Problem unberücksichtigt lässt: Je weiter man vom Stern entfernt ist, desto schwächer wird die Gravitation; deshalb wäre die Schwerkraft, die auf die Füße unseres furchtlosen Astronauten einwirkte, stets größer als die Kraft, der sein Kopf ausgesetzt wäre. Diese unterschiedlich starken Kräfte würden ihn wie Spaghetti in die Länge ziehen oder ihn sogar zerreißen, noch bevor der Stern bei seinem Zusammensturz jenen kritischen Radius erreicht hätte, bei dem sich der Ereignishorizont bildet! Wir glauben jedoch, dass es im Universum noch weit größere Objekte gibt, etwa die Zentralregionen von Galaxien, die in einem Gravitationskollaps ebenfalls zu Schwarzen Löchern kollabieren können. Ein Astronaut auf einem solchen Objekt würde nicht vor der Bildung des Schwarzen Loches entzweigerissen werden, ja er würde beim Erreichen des kritischen Radius noch nicht einmal irgendetwas Besonderes spüren. So könnte er den Punkt, von dem aus es keine Rückkehr mehr gäbe, überschreiten, ohne es zu bemerken. Doch innerhalb weniger Stunden – mit dem weiteren Kollaps der Region – würde der immer größer werdende Unterschied zwischen den auf seinen Kopf und seine Füße einwirkenden Gravitationskräften schließlich auch ihn zerreißen.

Aus den Untersuchungen, die Roger Penrose und ich zwischen 1965 und 1970 anstellten, ging hervor, dass es nach der Allgemeinen Relativitätstheorie im Schwarzen Loch eine Singularität von unendlicher Dichte und Raumzeitkrümmung geben muss. Sie gleicht weitgehend dem Urknall am Anfang der Zeit, nur bedeutet sie das Ende der Zeit für den zusammenstürzenden Himmelskörper (und den Astronauten). An dieser Singularität enden die Naturgesetze und unsere Fähigkeit, die Zukunft vorherzusagen. Indessen wäre kein Beobachter außerhalb des Schwarzen Loches von diesem Verlust der Vorhersagbarkeit betroffen, weil ihn weder Licht noch andere Signale von der Singularität erreichen könnten. Dieser bemerkenswerte Umstand bewog Roger Penrose, die Hypothese von der kosmischen Zensur aufzustellen. Ich paraphrasiere ihren Inhalt: «Gott verabscheut eine nackte Singularität.» Mit anderen Worten: Die durch Gravitationskollaps hervorgerufenen Singularitäten kommen nur an Orten vor, die sich – wie Schwarze

Löcher – durch einen Ereignishorizont dezent den Blicken Außenstehender entziehen. Genau genommen handelt es sich hierbei um die Hypothese der schwachen kosmischen Zensur: Sie bewahrt Beobachter, die sich außerhalb des Schwarzen Loches befinden, vor den Folgen des Vorhersagbarkeitsverlustes, zu dem es an der Singularität kommt, tut aber nicht das Geringste für den unglücklichen Astronauten, der in das Loch fällt.

Es gibt einige Lösungen der Gleichungen der Allgemeinen Relativitätstheorie, die es unserem Astronauten ermöglichen, die nackte Singularität zu erblicken: Er kann beispielsweise das Zusammentreffen mit der Singularität verhindern, stattdessen durch ein «Wurmloch» fallen und in einer anderen Region des Universums herauskommen. Das würde für die Reise durch Zeit und Raum phantastische Möglichkeiten eröffnen, doch leider hat es den Anschein, als seien diese Lösungen alle hochgradig instabil: Die kleinste Störung, wie zum Beispiel die Anwesenheit eines Astronauten, kann sie verändern und dazu führen, dass der Astronaut die Singularität doch erst erblickt, wenn er mit ihr zusammentrifft und seine Zeit endet. Mit anderen Worten: Die Singularität befindet sich immer in seiner Zukunft und nie in seiner Vergangenheit. Nach der starken Version der Hypothese von der kosmischen Zensur liegen bei einer realistischen Lösung die Singularitäten stets gänzlich in der Zukunft (wie die Singularitäten des Gravitationskollapses) oder gänzlich in der Vergangenheit (wie der Urknall). Ich glaube fest an die Existenz der kosmischen Zensur; deshalb habe ich mit Kip Thorne und John Preskill vom California Institute of Technology gewettet, dass sie unter allen Umständen gültig sei. Meine Wette scheiterte an einer Eigentümlichkeit der Theorie: Sie ließ Lösungen zu, denen zufolge eine Singularität aus weiter Ferne sichtbar wäre. Also musste ich zahlen – was den Bedingungen der Wette entsprechend hieß, die Nacktheit der beiden zu bekleiden. Trotzdem kann ich einen moralischen Sieg verbuchen. Die nackten Singularitäten wären instabil: Bei der geringsten Störung würden sie entweder verschwinden oder sich hinter einem Ereignishorizont verbergen.

Somit könnten sie in realistischen Situationen nicht vorkommen.

Der Ereignishorizont, die Grenze jener Region der Raumzeit, aus der kein Entkommen möglich ist, wirkt wie eine nur in einer Richtung durchlässige Membran, die rund um das Schwarze Loch gespannt ist. Objekte, wie etwa unvorsichtige Astronauten, können durch den Ereignishorizont in das Schwarze Loch fallen, aber nichts kann jemals durch den Ereignishorizont aus dem Schwarzen Loch hinausgelangen. (Denken Sie daran, dass der Ereignishorizont der Weg des Lichts in der Raumzeit ist, das aus dem Schwarzen Loch hinauszukommen versucht, und nichts kann sich schneller als das Licht bewegen.) Mit gutem Recht ließe sich vom Ereignishorizont sagen, was der Dichter Dante über den Eingang zur Hölle schrieb: «Die Ihr hier eintretet, lasset alle Hoffnung fahren.» Alle Dinge und Menschen, die durch den Ereignishorizont fallen, werden bald die Region unendlicher Dichte und das Ende der Zeit erreicht haben.

Aus der Allgemeinen Relativitätstheorie folgt, dass schwere Objekte, die in Bewegung sind, die Emission von Gravitationswellen hervorrufen – Kräuselungen in der Krümmung der Raumzeit, die sich mit Lichtgeschwindigkeit ausbreiten. Sie ähneln Lichtwellen, die Kräuselungen des elektromagnetischen Feldes sind, doch sind sie sehr viel schwieriger zu entdecken. Man kann sie beobachten, weil sie den Abstand zwischen benachbarten, frei beweglichen Gegenständen sehr geringfügig verändern. In den Vereinigten Staaten, Europa und Japan sind zahlreiche Detektoren gebaut worden, die solche Ortsverlagerungen mit einer Genauigkeit messen können, die eins zu eintausend Millionen Millionen Millionen (einer 1 mit 21 Nullen) oder weniger als einem Atomkern über eine Distanz von fünfzehn Kilometern entspricht.

Wie das Licht tragen sie Energie von den Objekten mit sich fort, von denen sie ausgesendet werden. Deshalb sollte man erwarten, dass ein System massereicher Objekte schließlich einen stationären Zustand erreichte, weil die Energie aller Bewegungen durch die Emission von Gravitationswellen verloren ginge. (Es ist, als ließe man einen Korken ins Wasser fallen: Zunächst tanzt er heftig auf und ab, aber die Wellen tragen seine Energie fort, sodass er schließlich in einen stationären Zustand gelangt.) Beispielsweise erzeugt die Bewegung der Erde auf ihrer Bahn um die Sonne Gravitationswellen. Der Energieverlust verändert die Umlaufbahn der Erde, sodass sie allmählich immer näher an die Sonne heranrücken, schließlich mit ihr kollidieren und einen stationären Zustand annehmen wird. In diesem Fall ist der Energieverlust allerdings sehr gering: gerade groß genug, um eine kleine Heizsonne zu speisen. Danach wird es tausend Millionen Millionen Millionen Millionen Jahre dauern, bis die Erde in die Sonne stürzt. Also noch kein akuter Grund zur Besorgnis! Die Veränderung in der Umlaufbahn der Erde ist so geringfügig, dass wir sie nicht wahrnehmen können, doch den gleichen Effekt hat man in den letzten Jahren in einem System namens PSR 1913+16 beobachtet (PSR steht für Pulsar, einen besonderen Neutronenstern-Typ, der regelmäßige Pulse von Radiowellen aussendet). Das System besteht aus zwei einander umkreisenden Neutronensternen, und die Energie, die sie infolge der Emission von Gravitationswellen verlieren, veranlasst sie, sich in Spiralen aufeinander zuzubewegen. Für diese Bestätigung der Allgemeinen Relativitätstheorie erhielten J. H. Taylor und R. A. Hulse 1993 den Nobelpreis. Es wird noch etwa zehntausend Jahre dauern, bis die Sterne kollidieren. Kurz davor werden sie so rasch umeinander kreisen und dabei so starke Gravitationswellen abstrahlen, dass sie sich mit Hilfe neuartiger Detektoren wie LIGO* werden nachweisen lassen.

Bei einem Gravitationskollaps, der zu einem Schwarzen Loch führt, verliefen die Bewegungen sehr viel rascher. Deshalb wäre auch der Energieverlust durch Gravitationswellen sehr viel höher. Es würde also nicht allzu lange dauern, bis das Schwarze Loch einen stationären Zustand annähme. Wie

* LIGO = Laser Interferometer Gravitational Observatory. Ein Observatorium im US-Staat Louisiana, dessen Gravitationswellendetektor mit Interferenzwellenmustern von Laserstrahlen arbeitet.

könnte dieser Endzustand aussehen? Man könnte vermuten, dass er von all den komplexen Eigenschaften des Sterns abhinge, aus dem er sich gebildet hat – nicht nur von seiner Masse und Rotationsgeschwindigkeit, sondern auch von der unterschiedlichen Dichte der verschiedenen Teile des Sterns und den komplizierten Gasbewegungen in seinem Innern. Und wenn Schwarze Löcher so vielgestaltig wären wie die Objekte, aus deren Kollaps sie entstehen, wäre es schwer, überhaupt allgemeine Vorhersagen über sie zu treffen.

1967 jedoch wies Werner Israel, ein kanadischer Wissenschaftler, der in Berlin geboren wurde, in Südafrika aufwuchs und in Irland promovierte, der Theorie der Schwarzen Löcher eine ganz neue Richtung. Er bewies, dass nach der Allgemeinen Relativitätstheorie nichtrotierende Schwarze Löcher sehr einfach sein müssen: vollkommen sphärisch, in ihrer Ausdehnung nur von der Masse abhängig und immer dann identisch, wenn ihre Masse gleich ist. Sie lassen sich durch eine bestimmte Lösung der Einstein'schen Gleichungen beschreiben, die seit 1917 bekannt ist – Karl Schwarzschild hat sie kurz nach der Ausarbeitung der Allgemeinen Relativitätstheorie entdeckt. Zunächst haben viele Wissenschaftler, auch Israel selbst, die Auffassung vertreten, dass sich Schwarze Löcher, da sie vollkommen sphärisch sein müssen, nur aus dem Kollaps vollkommen sphärischer Körper bilden könnten. Kein realer Stern – der niemals *vollkommen* sphärisch ist – kann nach dieser Überlegung zu einer nackten Singularität zusammenstürzen.

Es gab jedoch noch eine andere Deutung des Israel'schen Resultats, die vor allem Roger Penrose und John Wheeler vertraten. Nach ihrer Auffassung führen die raschen Bewegungen beim Kollaps eines Sterns dazu, dass die abgegebenen Gravitationswellen für eine immer sphärischere Gestalt sorgen. Zu dem Zeitpunkt, da der Stern einen stationären Zustand angenommen habe, so diese Theorie, sei er vollkommen sphärisch. Jeder nicht rotierende Stern würde – ganz gleich, wie kompliziert seine Form und innere Struktur wäre – nach dem Gravitationskollaps als vollkommen sphärisches Schwarzes Loch enden, dessen Größe nur von seiner Masse abhinge. Weitere Berechnungen erhärteten diese Auffassung, sodass sie bald allgemein akzeptiert wurde.

Israels Ergebnis betraf nur Schwarze Löcher, die sich aus nichtrotierenden Körpern bilden. 1963 fand der Neuseeländer Roy Kerr eine Reihe von Lösungen der Gleichungen der Allgemeinen Relativitätstheorie, mit denen sich rotierende Schwarze Löcher beschreiben lassen. Diese «Kerr'schen» Schwarzen Löcher rotieren mit gleich bleibender Geschwindigkeit. Ihre Größe und Form richten sich nur nach ihrer Masse und ihrer Rotationsgeschwindigkeit. Ist die Rotation gleich Null, ist das Schwarze Loch vollkommen rund und die Lösung identisch mit der Schwarzschild'schen Lösung; ist die Rotation hingegen nicht gleich Null, so ist das Schwarze Loch an seinem Äquator nach außen gewölbt (entsprechende Wölbungen besitzen auch Erde und Sonne infolge ihrer Rotation), und je schneller es rotiert, desto stärker prägt sich diese Wölbung aus. In dem Bestreben, Israels Resultat auch auf rotierende Körper anzuwenden, gelangte man zu folgender Vermutung: Jeder Körper, der zu einem Schwarzen Loch kollabiert, nimmt schließlich einen stationären Zustand an, der von der Kerr'schen Lösung beschrieben wird. Diese Vermutung musste nun bewiesen werden. Den Anfang machte 1970 Brandon Carter, ein Kollege von mir in Cambridge. Er zeigte, dass ein stationäres Schwarzes Loch, wenn es eine Symmetrieachse hat wie ein sich drehender Kreisel, in Größe und Gestalt nur von seiner Masse und seiner Rotationsgeschwindigkeit abhängt. 1971 konnte ich beweisen, dass jedes stationäre Schwarze Loch, das sich in Rotation befindet, eine solche Symmetrieachse haben muss. Schließlich zeigte David Robinson vom Londoner Kings College 1973 mit Hilfe der Ergebnisse von Carter und mir, dass die Annahme in der Tat richtig ist: Ein solches Schwarzes Loch muss der Kerr-Lösung entsprechen. Nach einem Gravitationskollaps muss ein Schwarzes Loch in einem Zustand zur Ruhe kommen, in dem es rotieren, aber nicht pulsieren kann. Ferner können Größe und Gestalt nur von seiner Masse und Rotationsgeschwindigkeit abhängen, nicht aber von der Beschaffenheit des Körpers, aus dessen Kollaps es entstanden ist. Dieses Ergebnis wurde bekannt unter der Maxime: «Ein Schwarzes Loch hat keine Haare.» Das «Keine-Haare-Theorem» ist von großem praktischem Wert, weil es die Zahl möglicher Arten von Schwarzen Löchern erheblich einschränkt. Infolgedessen kann man detaillierte Modelle von Objekten entwickeln, die möglicherweise Schwarze Löcher enthalten, und die Vorhersagen der Modelle mit den Beobachtungen vergleichen. Außerdem geht aus diesem Theorem hervor, dass bei der Entstehung eines Schwarzen Loches eine beträchtliche Menge an Information über den zusammengestürzten Körper verloren gehen muss, weil sich hinterher nur noch dessen Masse und Rotationsgeschwindigkeit bestimmen lassen.

Schwarze Löcher sind ein Beispiel für die recht seltenen Fälle in der Wissenschaft, in denen eine Theorie detailliert als mathematisches Modell entwickelt wurde, bevor irgendwelche Beobachtungen vorlagen, die ihre Richtigkeit bewiesen. Genau dies war das Hauptargument der Wissenschaftler, die die Theorie der Schwarzen Löcher ablehnten: Wie könne man an Objekte glauben, wenn deren Existenz nur Berechnungen bewiesen, die auf der umstrittenen Theorie der Allgemeinen Relativität beruhen? Doch 1963 maß der Astronom Maarten Schmidt am Palomar Observatory in Kalifornien die Rotverschiebung eines schwach leuchtenden sternartigen Objekts in Richtung der Radioquelle 3C273 (das heißt Quelle Nummer 273 im dritten Cambridge-Katalog für Radioquellen). Er stellte fest, dass sie zu groß war, um von einem Gravitationsfeld verursacht zu sein: Wäre es eine Gravitationsrotverschiebung gewesen, hätte das Objekt über eine so gewaltige Masse verfügen und uns so nahe sein müssen, dass es die Umlaufbahnen der Planeten im Sonnensystem beeinflusst hätte. Daraus folgte, dass die Rotverschiebung durch die Ausdehnung des Universums verursacht wurde, was wiederum bedeutete, dass sich das Objekt in sehr großer Entfernung befand. Da es auf solche Distanz erkennbar ist, muss das Objekt sehr hell sein. Mit anderen Worten: Es muss eine ungeheure Energiemenge abstrahlen. Der einzige Mechanismus, der nach menschlichem

Ermessen so große Energiemengen freisetzen kann, ist ein Gravitationskollaps, und zwar nicht nur der eines einzigen Sterns, sondern einer ganzen galaktischen Zentralregion. Man hat inzwischen viele ähnliche «quasistellare Objekte» oder Quasare entdeckt, die alle beträchtliche Rotverschiebungen aufweisen. Doch sind sie zu weit entfernt und zu schwer zu beobachten, als dass sie einen endgültigen Beweis für die Existenz Schwarzer Löcher liefern könnten.

Weitere Anhaltspunkte für Schwarze Löcher brachte 1967 die Entdeckung von Jocelyn Bell-Burnell, einer Doktorandin in Cambridge. Sie stellte fest, dass einige Objekte am Himmel regelmäßige Pulse von Radiowellen aussenden. Zunächst meinten sie und ihr Tutor Antony Hewish, sie hätten möglicherweise Kontakt zu einer außerirdischen Zivilisation in der Galaxis aufgenommen. Ich erinnere mich, dass sie in dem Seminar, in dem sie ihre Entdeckung bekannt gaben, die ersten Quellen, die sie ausfindig gemacht hatten, LGM 1–4 nannten – LGM stand für «Little Green Men». Doch schließlich gelangten sie und alle anderen zu dem weniger romantischen Schluss, dass es sich bei diesen Objekten, die man als Pulsare bezeichnete, um rotierende Neutronensterne handelte, die ihre Radiowellenpulse aufgrund einer komplizierten Wechselwirkung zwischen ihren magnetischen Feldern und der sie umgebenden Materie aussandten. Das war eine schlechte Nachricht für die Autoren von Weltraum-Western, aber sehr ermutigend für die wenigen, die damals an Schwarze Löcher glaubten: Dies war der erste konkrete Anhaltspunkt dafür, dass es wirklich Neutronensterne gibt. Der Radius eines Neutronensterns beträgt ungefähr sechzehn Kilometer und ist damit nur ein paar Mal so groß wie der kritische Radius, der zur Bildung eines Schwarzen Loches führt. Wenn ein Stern zu so geringer Größe kollabieren konnte, durfte man durchaus erwarten, dass andere Sterne auf noch geringeren Umfang schrumpfen und zu Schwarzen Löchern werden können.

Doch wie soll man jemals ein Schwarzes Loch entdecken, wo es doch per definitionem kein Licht aussendet? Es ist, als suche man eine schwarze Katze in einem Kohlenkeller. Glücklicherweise gibt es doch eine Möglichkeit. Schon John Michell hatte in seinem grundlegenden Aufsatz aus dem Jahre 1783 darauf hingewiesen, dass ein Schwarzes Loch nach wie vor mit seiner Gravitation nahe gelegene Objekte beeinflusst. Astronomen kennen zahlreiche Systeme, in denen zwei Sterne umeinander kreisen, wobei sie sich gegenseitig mit ihrer Schwerkraft anziehen. Es sind aber auch Systeme bekannt, in denen nur ein sichtbarer Stern um einen unsichtbaren Begleiter kreist. Natürlich kann man daraus nicht bedenkenlos schließen, dass der Begleiter ein Schwarzes Loch sei – es könnte einfach ein Stern sein, dessen Licht zu schwach ist, um von uns wahrgenommen zu werden. Doch bei einigen dieser Systeme, zum Beispiel bei Cygnus X-1, handelt es sich auch um starke Röntgenquellen. Dieses Phänomen lässt sich am besten damit erklären, dass von der Oberfläche des sichtbaren Sterns Materie weggeblasen wird. Wenn sie dann auf den unsichtbaren Begleiter fällt, gerät sie in spiralförmige Bewegung (ähnlich dem Wasser, das in den Abfluss läuft) und wird so heiß, dass sie Röntgenstrahlen aussendet. Dieser Mechanismus ist nur möglich, wenn das unsichtbare Objekt sehr klein ist, so klein wie ein Weißer Zwerg, ein Neutronenstern oder ein Schwarzes Loch. Aus der beobachteten Bahn des sichtbaren Sterns lässt sich die geringste mögliche Masse des unsichtbaren Objekts errechnen. Im Falle von Cygnus X-1 liegt sie ungefähr bei dem Sechsfachen der Sonnenmasse.

Nach dem Chandrasekhar'schen Grenzwert ist die Masse des unsichtbaren Objekts zu groß, als dass es sich um einen Weißen Zwerg handeln könnte, und sie ist auch zu groß für einen Neutronenstern. Deshalb, so scheint es, muss es ein Schwarzes Loch sein.

Es gibt andere Modelle zur Erklärung von Cygnus X-1, die ohne Schwarzes Loch auskommen, doch sie sind alle ziemlich weit hergeholt. Ein Schwarzes Loch scheint die einzige natürliche Erklärung für die Beobachtungen zu sein. Trotzdem habe ich mit Kip Thorne vom California Institute of Technology gewettet, dass Cygnus X-1 kein Schwarzes Loch enthält. Damit habe ich eine Art Versicherung abgeschlossen. Ich habe viel

Arbeit in die Theorie der Schwarzen Löcher investiert. Die ganze Mühe wäre umsonst, wenn sich herausstellen würde, dass es sie gar nicht gibt. Aber dann bliebe mir wenigstens der Trost, eine Wette gewonnen zu haben, und ich würde vier Jahre lang kostenlos die Zeitschrift *Private Eye* beziehen können. Obwohl sich die Situation um Cygnus X-1 nicht sonderlich verändert hat, seit wir 1975 unsere Wette abgeschlossen haben, gibt es jetzt so viele andere Beobachtungsdaten, die für Schwarze Löcher sprechen, dass ich mich für geschlagen erklärte und die vereinbarte Wettschuld beglich – ein Jahresabonnement der Zeitschrift *Penthouse*, sehr zum Ärger seiner feministisch gesinnten Frau.

Wir haben auch Anhaltspunkte dafür, dass unsere Galaxis und zwei Nachbargalaxien, die Magellan'schen Wolken, weitere Schwarze Löcher in Systemen wie Cygnus X-1 enthalten. Doch gibt es mit an Sicherheit grenzender Wahrscheinlichkeit noch viel mehr Schwarze Löcher; in der Geschichte des Universums müssen sehr viele Sterne ihren gesamten Kernbrennstoff verbraucht haben und kollabiert sein. Die Zahl der Schwarzen Löcher kann sogar größer als die der sichtbaren Sterne sein, die allein in unserer Galaxis etwa hundert Milliarden beträgt. Die zusätzliche Gravitationskraft einer so großen Zahl von Schwarzen Löchern könnte eine Erklärung für die Rotationsgeschwindigkeit unserer Galaxis liefern – die Masse der sichtbaren Sterne reicht dazu nämlich nicht aus. Einige Hinweise sprechen auch dafür, dass es im Mittelpunkt der Galaxis ein sehr viel größeres Schwarzes Loch gibt mit einer Masse, die ungefähr hunderttausendmal so groß ist wie die der Sonne. Sterne, die dem Schwarzen Loch zu nahe kommen, werden durch den Unterschied der Gravitationskräfte, die auf die zu- und die abgewandte Seite einwirken, auseinander gerissen. Ihre Überreste und das Gas, das von anderen Sternen weggeschleudert wird, fallen in das Schwarze Loch hinein. Wie bei Cygnus X-1 wird sich das Gas spiralförmig nach innen bewegen und erhitzen, wenn auch nicht ganz so stark wie im oben geschilderten Fall. Es wird nicht heiß genug werden, um Röntgenstrahlen zu emittieren, könnte sich aber als die starke

Quelle von Radiowellen und Infrarotstrahlen erweisen, die im Zentrum der Galaxis zu beobachten ist.

Es wird vermutet, dass es ähnliche, aber noch sehr viel größere Schwarze Löcher mit Massen, die das Hundertmillionenfache der Sonnenmasse aufweisen, im Mittelpunkt von Quasaren gibt. So zeigen Beobachtungen, die man mit dem Hubble-Teleskop an der Galaxie M87 vorgenommen hat, dass sie eine Gasscheibe von 130 Lichtjahren Durchmesser enthält, die um ein Zentralobjekt von zwei Milliarden Sonnenmassen rotiert. Das muss ein Schwarzes Loch sein. Nur Materie, die in ein solches supermassives Schwarzes Loch fällt, kann die ungeheuren Energiemengen erzeugen, die diese Objekte emittieren. Während sich die Materie spiralförmig in das Schwarze Loch hineinbewegt, veranlasst sie es zu einer Rotation in gleicher Drehrichtung und damit zur Entwicklung eines Magnetfeldes, ähnlich dem der Erde. Durch die einfallende Materie werden in der Nähe des Schwarzen Loches sehr energiereiche Teilchen erzeugt. Das magnetische Feld wäre so stark, dass es diese Teilchen zu Jets bündeln könnte, die entlang der Rotationsachse des Schwarzen Loches, das heißt in Richtung seines Nord- und Südpols, nach außen geschleudert würden. Tatsächlich sind solche Jets in einigen Galaxien und Quasaren beobachtet worden.

Es ist auch denkbar, dass es Schwarze Löcher mit sehr viel kleineren Massen als der der Sonne gibt. Solche Schwarzen Löcher könnten nicht durch Gravitationskollaps entstehen, weil ihre Masse unter der Chandrasekhar'schen Grenze läge. Sterne von so geringer Masse könnten sich gegen die Schwerkraft behaupten, auch wenn ihr Kernbrennstoff verbraucht ist. Schwarze Löcher von geringer Masse könnten sich nur bilden, wenn ihre Materie durch sehr hohen äußeren Druck zu enormer Dichte komprimiert werden würde. Solche Bedingungen könnten durch die Explosion einer sehr großen Wasserstoffbombe entstehen: John Wheeler hat einmal ausgerechnet, man könnte mit allem schweren Wasser aus den Meeren eine Wasserstoffbombe bauen, die die Materie in ihrem Zentrum so komprimieren würde, dass ein Schwarzes Loch entstünde. (Es bliebe allerdings niemand übrig, der es beobachten könnte.) Realistischer ist die Möglichkeit, dass sich Schwarze Löcher mit geringer Masse unter den hohen Temperaturen und Drücken des sehr frühen Universums gebildet haben. Das setzt jedoch voraus, dass das frühe Universum nicht vollkommen gleichmäßig und einheitlich gewesen ist, weil nur eine kleine Region von überdurchschnittlich hoher Dichte in dieser Weise zu einem Schwarzen Loch komprimiert werden könnte. Doch wir wissen, dass es Unregelmäßigkeiten gegeben haben muss, weil sonst die Materie im Universum vollkommen gleichförmig verteilt wäre, statt in Sternen und Galaxien zusammengeballt zu sein.

Ob die Unregelmäßigkeiten, die erforderlich waren, um Sterne und Galaxien entstehen zu lassen, zur Bildung einer größeren Zahl solcher urzeitlichen Schwarzen Löcher geführt haben, hängt natürlich von den näheren Umständen im frühen Universum ab. Deshalb könnten wir wichtige Informationen über die sehr frühen Stadien des Universums gewinnen, wenn es uns gelänge festzustellen, wie viele urzeitliche Schwarze Löcher es gegenwärtig gibt. Sie könnten nur anhand ihres gravitativen Einflusses auf andere, sichtbare Materie oder auf die Expansion des Universums entdeckt werden – ihre Masse beträgt mehr als eine Milliarde Tonnen (die Masse eines großen Bergs). Doch Schwarze Löcher sind am Ende gar nicht wirklich schwarz: Sie glühen wie ein heißer Körper, und je kleiner sie sind, desto intensiver ist ihre Glut. So paradox es klingt: Es könnte sich herausstellen, dass kleinere Schwarze Löcher leichter zu entdecken sind als große.

Schwarze Löcher und Baby-Universen

Der Sturz in ein Schwarzes Loch ist zu einem beliebten Horrorszenario der Science-Fiction geworden. Tatsächlich gehören Schwarze Löcher heute in den Bereich der wissenschaftlichen Fakten und nicht mehr nur in die Welt der Zukunftsromane. Wie ich noch ausführen werde, gibt es gute Gründe für die Annahme, dass Schwarze Löcher existieren. Die Beobachtungsdaten deuten nachdrücklich auf das Vorkommen zahlreicher Schwarzer Löcher in unserer eigenen Galaxis und einer noch größeren Zahl in anderen Galaxien hin.

Im Zentrum der Radiogalaxie «Centaurus A» befindet sich wahrscheinlich ein supermassives Schwarzes Loch mit der Masse von etwa 100 Millionen Sonnen.

Natürlich interessieren sich die Science-Fiction-Autoren vor allem für das, was beim Sturz in ein Schwarzes Loch geschieht. Sehr beliebt ist die Annahme, dass man bei einem rotierenden Schwarzen Loch durch eine kleine Öffnung in der Raumzeit fallen und in einer anderen Region der Raumzeit landen könnte. Das eröffnet natürlich ungeahnte Möglichkeiten für die Raumfahrt. Tatsächlich brauchen wir eine Möglichkeit wie diese, wenn wir Reisen zu anderen Sternen oder gar zu anderen Galaxien zu einem praktikablen Zukunftsunternehmen machen wollen. Da sich nichts rascher fortbewegen kann als das Licht, würde sonst die Reise zum nächsten Stern mindestens acht Jahre dauern. So viel zum Wochenendausflug nach Alpha Centauri! Könnte man dagegen durch ein Schwarzes Loch hindurchkommen, würde man vielleicht irgendwo im Universum wieder auftauchen. Unklar ist nur, wie man seinen Bestimmungsort wählt: Sie wollen Ihre Ferien im Virgo-Haufen verbringen und landen im Krebsnebel.

Es tut mir Leid, dass ich die Hoffnungen künftiger galaktischer Touristen enttäuschen muss, aber dieses Szenario funktioniert nicht: Wenn Sie in ein Schwarzes Loch springen, wird es Sie zerreißen und umbringen. Doch in gewissem Sinne könnten die Teilchen, aus denen Ihr Körper besteht, in ein anderes Universum gelangen. Ich weiß allerdings nicht, ob es für jemanden, der in einem Schwarzen Loch zu Spaghetti verarbeitet wird, ein großer Trost ist, zu wissen, dass seine Elementarteilchen möglicherweise überleben.

Trotz meines etwas schnoddrigen Tons geht es in diesem Aufsatz um ernsthafte Wissenschaft. Die meisten Dinge, von denen ich hier berichte, werden von anderen Wissenschaftlern, die auf diesem Gebiet arbeiten, inzwischen anerkannt, wenn es auch lange Zeit gedauert hat, bis sich diese Zustimmung einstellte. Der letzte Teil des Aufsatzes stützt sich allerdings auf neueste Arbeiten, über die noch keine Einigkeit herrscht. Aber sie finden viel Aufmerksamkeit und Interesse.

Obwohl das Konzept dessen, was wir heute Schwarzes Loch nennen, mehr als zweihundert Jahre alt ist, wurde die Bezeichnung erst 1967 von dem amerikanischen Physiker John

Wheeler eingeführt. Das war ein Geniestreich: Der Name sorgte dafür, dass Schwarze Löcher Eingang in die Mythologie der Science-Fiction fanden, und er regte zugleich die wissenschaftliche Forschung an, weil er einen anschaulichen Begriff für etwas lieferte, was bis dahin noch keine befriedigende Bezeichnung gefunden hatte. Man darf die Bedeutung eines griffigen Namens in der Wissenschaft nicht unterschätzen.

Als Erster hat sich meines Wissens John Mitchell aus Cambridge mit dem Problem der Schwarzen Löcher auseinandergesetzt, als er 1783 einen Aufsatz über sie schrieb. Dort geht er folgender Idee nach: Nehmen wir an, wir schießen eine Kanonenkugel von der Erdoberfläche senkrecht nach oben. Bei ihrem Aufstieg verlangsamt sich ihre Geschwindigkeit unter dem Einfluss der Schwerkraft. Schließlich kommt die Aufwärtsbewegung zum Stillstand, und die Kugel fällt zur Erde zurück. Wenn ihre Geschwindigkeit allerdings einen bestimmten kritischen Wert übersteigt, gibt es kein Halten mehr: Sie hält in ihrer Aufwärtsbewegung nicht inne und fällt nicht zurück, sondern bewegt sich immer weiter fort. Diese kritische Geschwindigkeit bezeichnet man als Fluchtgeschwindigkeit. Sie beträgt für die Erde ungefähr elf Kilometer pro Sekunde und für die Sonne rund hundertsechzig Kilometer pro Sekunde. Beide Geschwindigkeiten sind größer als die einer echten Kanonenkugel, aber weit geringer als die Lichtgeschwindigkeit, die etwa 300 000 Kilometer pro Sekunde beträgt. Daraus folgt, dass die Schwerkraft keinen großen Einfluss auf Licht hat: Es kann der Erde oder der Sonne leicht entkommen. Doch man könnte sich, argumentierte Mitchell, einen Stern vorstellen, der eine so große Masse besitzt und so klein ist, dass die daraus resultierende Fluchtgeschwindigkeit die Lichtgeschwindigkeit übersteigt. Einen solchen Stern, schrieb Mitchell, könnten wir nicht sehen, weil das Licht von seiner Oberfläche uns nicht erreichen könnte; es würde vom Gravitationsfeld des Sterns festgehalten werden. Wir könnten die Anwesenheit dieses Sterns jedoch möglicherweise anhand der Wirkung seines Gravitationsfeldes auf Materie in seiner Nähe feststellen.

Es ist nicht ganz zulässig, das Licht wie eine Kanonenkugel zu behandeln. Nach einem Experiment aus dem Jahr 1897 bewegt sich Licht stets mit der gleichen, konstanten Geschwindigkeit fort. Wie kann die Schwerkraft dann das Licht abbremsen? Eine Theorie, die schlüssig beschreibt, wie die Schwerkraft auf das Licht einwirkt, liegt erst seit 1915 mit Einsteins Allgemeiner Relativitätstheorie vor. Indes, welche Bedeutung diese Theorie für alte Sterne und andere massereiche Körper hat, wurde erst in den sechziger Jahren allgemein erkannt.

Nach der Allgemeinen Relativitätstheorie kann man Raum und Zeit zusammen als vierdimensionalen Raum, die so genannte Raumzeit, betrachten. Dieser Raum ist nicht flach, sondern durch die in ihm enthaltene Materie und Energie gekrümmt. Wir können diese Krümmung an der Ablenkung von Licht- oder Radiowellen beobachten, die auf ihrer Reise zu uns an der Sonne vorbeikommen. Bei Licht, dessen Bahn nahe der Sonne verläuft, ist die Ablenkung sehr gering. Doch würde die Sonne schrumpfen, bis ihr Durchmesser nur noch ein paar Kilometer betrüge, dann wäre der Beugungseffekt so groß, dass ihr Licht nicht mehr entkommen könnte – es würde von ihrem Gravitationsfeld festgehalten werden. Nach der Relativitätstheorie kann sich nichts schneller bewegen als mit Lichtgeschwindigkeit. Also wäre dies eine Region, aus der nichts entweichen kann. Eine solche Region bezeichnet man als Schwarzes Loch. Seine Grenze heißt Ereignishorizont und wird von dem Licht gebildet, dem es gerade nicht mehr gelingt, dem Schwarzen Loch zu entkommen, sodass es sich jetzt an seinem Rand in der Schwebe befindet.

Die Annahme, die Sonne könne auf einen Durchmesser von wenigen Kilometern schrumpfen, mag lächerlich erscheinen. Man möchte annehmen, Materie ließe sich nicht so weit komprimieren – und doch ist dies, wie sich zeigt, durchaus möglich. Die Sonne besitzt ihre gegenwärtige Größe, weil sie extrem heiß ist. Wie in einer unter Kontrolle gehaltenen H-Bombe verbrennt sie Wasserstoff zu Helium. Die durch diesen Prozess freigesetzte Wärme erzeugt einen Druck, der es der

Sonne ermöglicht, der Anziehung der eigenen Schwerkraft zu widerstehen, die bestrebt ist, ihre Größe zu verringern.

Doch irgendwann wird der Sonne der Kernbrennstoff ausgehen. Bis dahin haben wir noch weitere fünf Milliarden Jahre Zeit, sodass es keine übermäßige Eile hat, den Flug zu einem anderen Stern zu buchen. Doch Sterne mit größerer Masse als die Sonne zehren ihren Brennstoff sehr viel rascher auf. Wenn er verbraucht ist, verlieren sie ihre Wärme und ziehen sich zusammen. Besitzen sie weniger als ungefähr die doppelte Sonnenmasse, so wird dieser Kontraktionsprozess schließlich zum Stillstand kommen – die Sterne erreichen einen stabilen Zustand. Einen dieser Zustände bezeichnet man als Weißen Zwerg. Sterne dieser Kategorie haben einen Radius von einigen tausend Kilometern und eine Dichte von einigen hundert Tonnen pro Kubikzentimeter. Ein anderer Zustand dieser Art ist ein Neutronenstern, der einen Radius von ungefähr fünfzehn Kilometern und eine Dichte von Millionen Tonnen pro Kubikzentimeter aufweist.

In der Milchstraße beobachten wir in unserer unmittelbaren Nachbarschaft eine große Zahl von Weißen Zwergen. Von der Existenz der Neutronensterne wissen wir jedoch erst seit 1967, als Jocelyn Bell und Antony Hewish von der Cambridge University die so genannten Pulsare entdeckten, die regelmäßige Radiowellenpulse emittieren. Zunächst meinten sie, sie hätten Kontakt zu einer außerirdischen Zivilisation aufgenommen. Ich erinnere mich noch, dass der Hörsaal, in dem sie ihre Entdeckung bekannt gaben, mit «kleinen grünen Männern» aus Pappe geschmückt war. Am Ende kamen sie und alle anderen damit befassten Wissenschaftler jedoch zu der weniger romantischen Schlussfolgerung, dass es sich bei diesen Objekten um rotierende Neutronensterne handelt. Das war eine schlechte Nachricht für die Autoren von Weltraum-Western, aber eine gute Nachricht für uns kleine Schar von Leuten, die damals an Schwarze Löcher glaubten. Wenn Sterne auf einen Durchmesser von fünfzehn oder dreißig Kilometern kollabieren können und dabei zu Neutronensternen werden, dann durfte man, wie wir meinten, auch erwarten, dass andere

Sterne noch weiter schrumpfen, bis sie Schwarze Löcher sind. Ein Stern mit mehr als ungefähr der doppelten Sonnenmasse kann keinen stabilen Zustand als Weißer Zwerg oder Neutronenstern annehmen. In einigen Fällen explodiert der Stern und schleudert so viel Materie in den Weltraum, dass seine Masse unter den Grenzwert absinkt. Doch das wird nicht in allen Fällen geschehen. Einige Sterne werden immer weiter schrumpfen, bis ihr Gravitationsfeld das Licht so stark beugt, dass es zum Stern zurückgelenkt wird. Ihm kann weder Licht noch etwas anderes mehr entkommen. Der Stern ist zu einem Schwarzen Loch geworden.

Die Gesetze der Physik sind zeitsymmetrisch. Wenn es also Objekte namens Schwarze Löcher gibt, in die Dinge hineinfallen und aus denen nichts entkommen kann, dann muss es andere Objekte geben, aus denen Dinge entweichen, in die aber nichts hineinfallen kann. Man könnte sie Weiße Löcher nennen. So wäre es vorstellbar, dass man an einem Ort in ein Schwarzes Loch hineinspränge und an einem anderen Ort aus einem Weißen Loch hervorkäme. Wie oben erwähnt, wäre das eine ideale Methode, um große Entfernungen im All zurückzulegen. Man müsste nur ein nahe gelegenes Schwarzes Loch finden.

Zunächst schien es, als sei diese Form der Weltraumreise möglich. Es gibt Lösungen für die Gleichungen der Allgemeinen Relativitätstheorie, nach denen man in ein Schwarzes Loch fallen und aus einem Weißen Loch herauskommen kann. Doch nachfolgende Arbeiten zeigten, dass diese Lösungen alle instabil waren. Die leiseste Störung, etwa die Anwesenheit eines Raumschiffes, muss das «Wurmloch», die Passage, die vom Schwarzen zum Weißen Loch führt, zerstören. Das Raumschiff würde von unendlich starken Kräften zerrissen werden – wie ein Holzfass, mit dem man die Niagarafälle zu überwinden versucht.

Danach schien es keine Hoffnung mehr zu geben. Schwarze Löcher mochten dazu nützlich sein, Müll loszuwerden, vielleicht auch ein paar Freunde, aber sie waren ein «Land ohne Wiederkehr». Nun stützt sich aber alles, was ich bislang dargelegt habe, auf Berechnungen nach Einsteins Allgemeiner Relativitätstheorie. Sie stimmt vorzüglich mit all den Beobachtungen überein, die wir gemacht haben. Doch wir wissen, dass sie nicht ganz richtig sein kann, weil sie das Unbestimmtheitsprinzip der Quantenmechanik nicht berücksichtigt. Nach diesem Prinzip können Teilchen nicht zugleich einen genau definierten Ort und eine genau definierte Geschwindigkeit haben. Je genauer man die Position eines Teilchens misst, desto weniger genau kann man seine Geschwindigkeit messen und umgekehrt.

1973 begann ich zu untersuchen, welche Bedeutung das Unbestimmtheitsprinzip für Schwarze Löcher hat. Zu meiner großen Überraschung – und der aller anderen auf diesem Gebiet tätigen Wissenschaftler – stellte ich fest, dass Schwarze Löcher gar nicht vollständig schwarz sind. Sie müssen in stetiger Rate Strahlung und Teilchen emittieren. Die Ergebnisse meiner Untersuchung stießen auf allgemeine Skepsis, als ich sie auf einer Konferenz in der Nähe Oxfords bekannt gab. Der Leiter der Tagung erklärte sie für kompletten Unsinn und schrieb einen Artikel, in dem er sich entsprechend äußerte. Doch als andere meine Berechnungen wiederholten, stießen sie auf den gleichen Effekt. Am Ende musste auch der Konferenzleiter zugeben, dass ich Recht hatte.

Wie kann Strahlung aus dem Gravitationsfeld eines Schwarzen Loches entweichen? Es gibt eine Reihe von Wegen, diesen Vorgang zu verstehen. Sie scheinen sehr verschieden zu sein, sind aber letztlich alle äquivalent. Eine Antwort lautet, dass sich Teilchen nach dem Unbestimmtheitsprinzip über eine kurze Strecke rascher als das Licht fortbewegen können. Das ermöglicht Teilchen und Strahlung, den Ereignishorizont zu durchqueren und dem Schwarzen Loch zu entkommen. Also gibt es doch Dinge, die aus dem Schwarzen Loch hinausgelangen können. Doch was aus einem Schwarzen Loch herauskommt, unterscheidet sich von dem, was hineingefallen ist. Nur die Energie wird die gleiche sein.*

* Siehe auch die Seiten 95–99 sowie 245 f. in diesem Buch.

Wenn ein Schwarzes Loch Teilchen und Strahlung abgibt, verliert es an Masse. Das hat zur Folge, dass das Schwarze Loch kleiner wird und Teilchen rascher emittiert. Schließlich wird seine Masse Null, und es verschwindet vollständig. Was geschieht dann mit Objekten, zum Beispiel Raumschiffen, die in das Schwarze Loch gefallen sind? Nach den Untersuchungen, mit denen ich mich in jüngerer Zeit befasst habe, würden sie in kleinen, eigenständigen Baby-Universen landen. Ein kleines, in sich geschlossenes Universum zweigt von unserer Region des Universums ab. An anderer Stelle kann sich das Baby-Universum wieder mit unserer Raumzeitregion verbinden. Wenn das der Fall ist, würde es uns als ein weiteres Schwarzes Loch erscheinen, das sich bildet und später verdunstet. Teilchen, die in das eine Schwarze Loch fielen, würden in dem anderen als von ihm emittierte Partikel wieder auftauchen und umgekehrt.

Das hört sich genau nach den Voraussetzungen an, die erforderlich sind, um Raumfahrten durch Schwarze Löcher zu ermöglichen. Sie steuern Ihr Raumschiff einfach in ein geeignetes Schwarzes Loch hinein. Suchen Sie sich besser ein großes aus, sonst verarbeiten die Gravitationskräfte Sie schon zu Spaghetti, bevor Sie in sein Inneres gelangt sind. Dann können Sie nur noch hoffen, in einem anderen Loch wieder aufzutauchen, allerdings können Sie nicht wählen, in welchem.

Leider hat dieser Entwurf eines intergalaktischen Beförderungssystems einen Haken. Die Baby-Universen, die die in das Loch fallenden Teilchen aufnehmen, bilden sich in der so genannten imaginären Zeit. In der realen Zeit würde auf einen Astronauten, der in ein Schwarzes Loch fiele, ein scheußliches Ende warten. Er würde durch die unterschiedlichen Gravitationskräfte, die auf seinen Kopf und seine Füße einwirken, in Stücke gerissen werden. Selbst die Teilchen, aus denen sein Körper besteht, würden nicht überleben. Ihre Geschichten würden in der realen Zeit an einer Singularität enden. Dagegen würden die Geschichten dieser Teilchen in der imaginären Zeit fortdauern. Sie würden in das Baby-Universum hinüberwechseln und als von einem anderen Schwarzen Loch emittierte Partikel wieder auftauchen. In diesem Sinne würde der Astronaut in eine andere Region des Universums befördert werden. Doch die Teilchen, die dort auftauchen, hätten kaum noch große Ähnlichkeit mit ihm. Auch die Gewissheit, dass seine Teilchen in der imaginären Zeit überlebten, wäre wohl kein großer Trost für ihn, wenn er in der realen Zeit an eine Singularität geriete. Das Motto für jeden, der in ein Schwarzes Loch fiele, müsste lauten: Denk imaginär!

Wodurch wird bestimmt, wo die Teilchen wieder auftauchen? Die Zahl der Teilchen im Baby-Universum wird gleich der Zahl der Teilchen sein, die in das Schwarze Loch gefallen sind, plus der Zahl der Teilchen, die das Schwarze Loch während seiner Verdunstung emittiert. Das heißt, die Teilchen, die in ein Schwarzes Loch fallen, kommen aus einem anderen Loch von ungefähr der gleichen Masse wieder hervor. So könnte man versuchen festzulegen, wo die Teilchen herauskommen, indem man ein Schwarzes Loch erzeugte, das die gleiche Masse hätte wie das, in dem die Teilchen verschwunden sind. Doch es könnte genauso gut sein, dass das Schwarze Loch andere Arten von Teilchen mit der gleichen Gesamtenergie abgäbe. Selbst wenn das Schwarze Loch die richtigen Teilchen emittieren würde, ließe sich nicht entscheiden, ob es wirklich die Teilchen wären, die im anderen Schwarzen Loch verschwunden sind. Teilchen haben keinen Personalausweis: Alle Teilchen einer bestimmten Art sehen gleich aus.

Dies alles bedeutet, dass der Sturz in ein Schwarzes Loch nicht zu einer verbreiteten und verlässlichen Form der Weltraumreise werden dürfte. Zunächst einmal müssten Sie in der imaginären Zeit zu einem solchen Loch gelangen und dürften sich nicht darum scheren, dass Ihre Geschichte in der realen Zeit ein garstiges Ende finden wird. Zweitens könnten Sie Ihren Bestimmungsort nicht richtig auswählen. Das wäre wie eine Reise mit einer jener Fluggesellschaften, deren Namen ich Ihnen ohne weiteres nennen könnte.

Obwohl also Baby-Universen ohne großen Nutzen für die Raumfahrt sein dürften, sind sie sehr bedeutsam für unseren Versuch, eine vollständige vereinheitlichte Theorie zu finden, die alles im Universum beschreiben kann. Unsere gegenwärtigen Theorien enthalten zahlreiche Größen wie etwa die elektrische Ladung eines Teilchens. Die Werte dieser Größen lassen sich nicht durch unsere Theorien vorhersagen. Sie müssen vielmehr in Übereinstimmung mit den Beobachtungsdaten gewählt werden. Doch die meisten Wissenschaftler sind der Auffassung, es müsse eine fundamentale vereinheitlichte Theorie geben, die die Werte aller dieser Größen vorhersagen kann.

Es ist durchaus denkbar, dass eine solche fundamentale Theorie existiert. Der zurzeit aussichtsreichste Kandidat trägt den Namen heterotisches Superstring. Man stellt sich vor, dass die Raumzeit mit kleinen Schleifen, Fadenstückchen ähnlich, gefüllt ist. Was wir uns als Elementarteilchen denken, sind nach diesem Modell in Wirklichkeit kurze Schleifen, die auf verschiedene Weisen vibrieren. Diese vereinheitlichte Theorie enthält keine Zahlen, deren Werte sich anpassen lassen. Deshalb ist von ihr zu erwarten, dass sie die Werte all der Größen vorherzusagen vermag, die von unseren gegenwärtigen Theorien nicht bestimmt werden – etwa die elektrische Ladung eines Teilchens. Obwohl wir bislang noch nicht in der Lage sind, eine dieser Größen aus der Superstring-Theorie zu bestimmen, glauben viele, dass es uns eines Tages möglich sein wird.

Doch wenn das Bild von den Baby-Universen zutrifft, wird unsere Fähigkeit, diese Größen vorherzusagen, beschränkt bleiben. Wir können nämlich nicht beobachten, wie viele Baby-Universen es im All gibt, die darauf warten, sich mit unserer Region des Universums zu verbinden. Es könnte Baby-Universen geben, die nur einige wenige Teilchen enthalten. Man würde es gar nicht bemerken, wenn sie sich mit unserer Region verbänden oder von ihr abzweigten. Doch durch den Anschluss würden sie den scheinbaren Wert von Größen wie der elektrischen Ladung eines Teilchens verändern. Folglich könnten wir die scheinbaren Werte dieser Größen nicht vorhersagen, weil wir nicht wissen, wie viele Baby-Universen im All sind. Es könnte zu einer Bevölkerungsexplosion von Baby-Universen kommen. Doch anders als beim Menschen scheint es keine einschränkenden Faktoren wie Nahrungsversorgung oder Lebensraum zu geben. Baby-Universen existieren in ihrem eigenen Reich. Man fühlt sich ein bisschen an die Frage erinnert: Wie viele Engel können auf einer Nadelspitze tanzen?

Bei den meisten Größen scheinen Baby-Universen eine eindeutige, wenn auch ziemlich kleine Unsicherheit in die vorhergesagten Werte einzuführen. Aber sie könnten eine Erklärung für den beobachteten Wert einer sehr wichtigen Größe liefern, der so genannten kosmologischen Konstante. Das ist ein Term in den Gleichungen der Allgemeinen Relativitätstheorie, der das Universum mit einem inhärenten Bestreben zur Expansion oder Kontraktion ausstattet. In der Hoffnung, ein Gegengewicht zu schaffen, das die Tendenz der Materie, das Weltall zur Kontraktion zu zwingen, ausgleicht, hatte Einstein ursprünglich einen sehr kleinen Wert für die kosmologische Konstante vorgeschlagen. Dieses Motiv entfiel, als man entdeckte, dass sich das Universum ausdehnt. Doch die kosmologische Konstante blieb ein schwer zu zähmender Faktor. Man könnte erwarten, dass die Fluktuationen, die sich aus den Gesetzen der Quantenmechanik ergeben, zu einer sehr großen kosmologischen Konstante führen. Doch wir können beobachten, dass sich die Expansion des Universums mit der Zeit verändert, was darauf schließen lässt, dass die kosmologische Konstante sehr klein ist, wenn auch bislang niemand befriedigend erklärt hat, warum der beobachtete Wert so niedrig ist. Doch die Abzweigungen und Anschlüsse von Baby-Universen müssen den scheinbaren Wert der kosmologischen Konstante beeinflussen. Da wir nicht wissen, wie viele Baby-Universen es gibt, sind auch verschiedene Werte für die kosmologische Konstante möglich. Immerhin wissen wir, dass ein Wert nahe Null am wahrscheinlichsten wäre. Das ist ein glücklicher Umstand, denn nur wenn der Wert der kosmologischen Konstante sehr klein ist, stellt das Universum für Wesen wie uns einen geeigneten Ort dar.

Fassen wir zusammen: Es scheint, dass Teilchen in

Schwarze Löcher fallen können, die dann verdunsten und aus unserer Region des Universums verschwinden. Die Teilchen gelangen in Baby-Universen, die von unserem Universum abzweigen. Diese Baby-Universen können sich an einem anderen Ort wieder mit unserem Universum verbinden. Sie dürften sich für Raumfahrtzwecke nicht eignen, aber ihr Vorkommen bedeutet, dass unsere Vorhersagefähigkeit eingeschränkter ist, als wir erwartet haben, selbst wenn wir eine vollständige vereinheitlichte Theorie finden. Auf der anderen Seite könnten wir jetzt in der Lage sein, die gemessenen Werte einiger Größen, wie der kosmologischen Konstante, zu erklären. In den letzten Jahren haben viele Forscher begonnen, über Baby-Universen zu arbeiten. Ich glaube nicht, dass einer von ihnen reich werden kann, indem er sie sich als Ziel für Weltraumreisen reservieren lässt, aber sie haben sich zu einem Forschungsgegenstand von hohem Reiz entwickelt.

Wurmlöcher und Zeitreisen

Bisher haben wir so getan, als sei die Zeit ein schnurgerades Bahngleis, auf dem man nur in die eine oder die andere Richtung fahren kann. Was aber wäre, wenn das Bahngleis Schleifen und Abzweigungen aufwiese, sodass der Zug zwar stets vorwärts führe, aber trotzdem an einen Bahnhof gelangte, an dem er schon früher einmal gehalten hätte? Mit anderen Worten: Könnte jemand in der Lage sein, in die Zukunft oder die Vergangenheit zu reisen?

H. G. Wells hat diese Möglichkeiten in seiner Erzählung «Die Zeitmaschine» ausgelotet und wurde damit zum Vorbild für ungezählte Science-Fiction-Autoren. Nun sind aber viele Phantasiegebilde der Science-Fiction-Literatur – U-Boote und Mondreisen zum Beispiel – längst zu wissenschaftlich-techni-

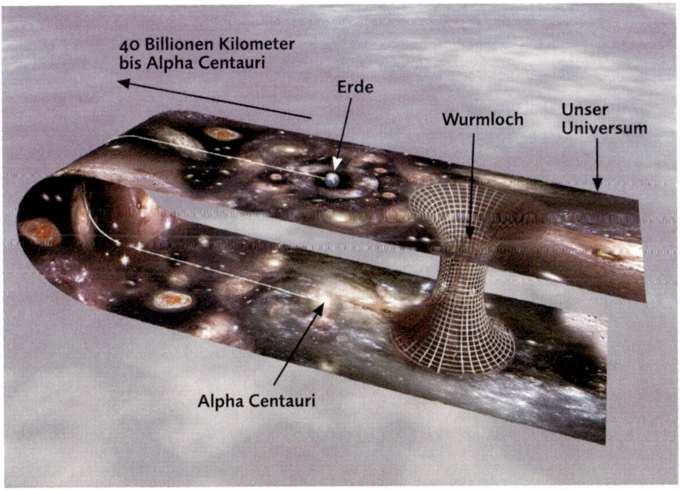

Möglicherweise können Wurmlöcher als Abkürzungen dienen, um zwischen zwei fernen Regionen einer fast flachen Raumzeit zu pendeln.

scher Wirklichkeit geworden. Wie steht es also mit den Aussichten für Zeitreisen?

Der Gedanke, dass die physikalischen Gesetze solche Zeitreisen tatsächlich zulassen könnten, gewann erstmals konkrete Gestalt, als Kurt Gödel 1949 im Rahmen der Allgemeinen Relativitätstheorie auf eine neue Raumzeit stieß. Seinen Ruf als Mathematiker verdankte Gödel vor allem dem Beweis, dass es unmöglich ist, alle wahren Aussagen zu beweisen, selbst wenn man diesen Versuch auf das scheinbar so überschaubare und trockene Gebiet der Arithmetik beschränkt. Wie die Unschärferelation könnte Gödels Unvollständigkeitssatz eine grundsätzliche Begrenzung unserer Fähigkeit darstellen, das Universum zu verstehen und vorherzusagen, doch scheint er sich bislang noch nicht als Hindernis bei unserer Suche nach einer vollständigen vereinheitlichten Theorie ausgewirkt zu haben.

Gödel lernte die Allgemeine Relativitätstheorie kennen, als er in späteren Jahren mit Einstein zusammen am Institute for Advanced Study in Princeton lehrte. Seine Raumzeit hat die seltsame Eigenschaft, dass das ganze Universum rotiert. Dabei stellt sich die Frage: «Rotieren in Bezug auf was?» Die Antwort: Ferne Materie würde in diesem Fall relativ zu Richtungen rotieren, die von kleinen Kreiseln oder Gyroskopen angezeigt würden.

Unter anderem hätte dies zur Folge, dass jemand mit einem Raumschiff ins All aufbrechen und zur Erde zurückkehren könnte, bevor er sie verlassen hätte. Diese Eigenschaft ging Einstein gewaltig gegen den Strich, denn er hatte sich eingebildet, die Allgemeine Relativitätstheorie lasse keine Zeitreisen zu. Doch wenn man bedenkt, auf welch tönernen Füßen seine Einwände gegen den Gravitationskollaps und die Unschärferelation gestanden hatten, war das vielleicht ein ganz ermutigendes Zeichen. Allerdings entspricht die Gödel'sche Lösung nicht der Welt, in der wir leben, denn es lässt sich nachweisen, dass unser Universum nicht rotiert. Außerdem ist in dieser Lösung die kosmologische Konstante, die Einstein eingeführt hatte, als er glaubte, das Universum sei unveränderlich, nicht gleich Null. Seit Hubble die Expansion des Universums entdeckt hat, ist die kosmologische Konstante überflüssig. Heute nimmt man allgemein an, sie sei Null. Doch inzwischen hat man im Rahmen der Allgemeinen Relativitätstheorie plausiblere Raumzeiten entdeckt, die Zeitreisen zulassen. Eine befindet sich im Innern eines rotierenden Schwarzen Loches. Eine andere enthält zwei kosmische Strings, die sich mit hoher Geschwindigkeit aneinander vorbeibewegen. Wie der Name sagt, handelt es sich bei kosmischen Strings um saitenartige Objekte, das heißt, sie haben Länge, aber nur einen winzigen Querschnitt. Im Grunde haben sie mehr Ähnlichkeit mit Gummibändern, denn sie stehen unter enormer Spannung – etwa einer Million Millionen Millionen Millionen Tonnen. Ließe sich ein kosmisches String an der Erde befestigen, so könnte es diese in einer dreißigstel Sekunde von 0 auf 100 Kilometer pro Stunde beschleunigen. Mag dies auch noch so sehr nach Science-Fiction klingen, es gibt gute Gründe für die Annahme, dass sich solche kosmischen Strings im frühen Universum als Ergebnis einer Symmetriebrechung gebildet haben könnten. Da sie unter ungeheurer Spannung stünden und in jeder Konfiguration vorkommen könnten, würden sie bei Streckung auf extreme Geschwindigkeiten beschleunigen.

Die Raumzeit der Gödel'schen Lösung und der kosmischen Strings weist derart gekrümmte Anfangszustände auf, dass in ihr Reisen in die Vergangenheit stets möglich sind. Es wäre zwar denkbar, dass Gott ein Universum mit solch extremen Verwerfungen geschaffen hat, aber wir haben keinen Grund zu dieser Annahme. Die Daten über den Mikrowellenhintergrund und die Vorkommen an leichten Elementen deuten darauf hin, dass das frühe Universum nicht hinreichend gekrümmt war, um Zeitreisen zuzulassen. Die gleiche Schlussfolgerung ergibt sich aus theoretischen Gründen, falls die Kein-Rand-Bedingung* richtig ist. Also lautet die Frage: Wenn auch der Anfangszustand des Universums keine Krümmung

* In «Die illustrierte Kurze Geschichte der Zeit» von 1996 steht an dieser Stelle «Keine-Grenzen-Bedingung». Inzwischen aber hat sich der Begriff «Kein-Rand-Bedingung» durchgesetzt. Näheres siehe Seite 113.

aufweist, wie sie für Zeitreisen erforderlich ist, können wir dann nicht vielleicht im Nachhinein lokale Regionen der Raumzeit so stark verwerfen, dass sie doch noch möglich werden?

Eng verwandt mit dieser Frage ist das Problem schneller interstellarer oder intergalaktischer Reisen – auch dies ein Punkt, für den sich Science-Fiction-Autoren brennend interessieren. Nach den Gesetzen der Relativitätstheorie kann sich nichts schneller fortbewegen als das Licht. Wollten wir also ein Raumschiff zu unserem nächsten Nachbarstern Alpha Centauri schicken, der ungefähr vier Lichtjahre von uns entfernt ist, dann würden wir die tapferen Besatzungsmitglieder frühestens in acht Jahren zurückerwarten können, um von ihnen zu hören, was sie entdeckt haben. Führte die Expedition ins Zentrum unserer Galaxis, so würden bis zu ihrer Rückkehr mindestens hunderttausend Jahre verstreichen.

Wie erwähnt gibt es kein einheitliches Zeitmaß; vielmehr hat jeder Beobachter eine eigene Zeit, die er auf seiner mitgeführten Uhr misst. Daher kann die Reise den Raumfahrern wesentlich kürzer erscheinen als den Freunden und Verwandten auf der Erde. Allerdings wäre es kaum sehr angenehm, einige Jahre älter von einer Reise durchs All zurückzukehren und feststellen zu müssen, dass alle Menschen, die man auf der Erde zurückgelassen hat, seit Jahrtausenden tot und vergessen sind. So mussten die Science-Fiction-Autoren, um ihren Geschichten einen menschlichen Anstrich zu geben, voraussetzen, wir würden eines Tages einen Weg finden, uns schneller als das Licht fortzubewegen. Allerdings scheint den meisten dieser Autoren nicht klar zu sein, dass nach der Relativitätstheorie jemand, der schneller als das Licht ist, auch in der Zeit zurückreisen kann.

Entscheidend ist, dass es nach der Relativitätstheorie kein einheitliches Zeitmaß gibt, das die Zustimmung aller Beobachter fände. Jeder Beobachter hat seinen eigenen Zeitbegriff. Wenn eine Rakete, die sich langsamer als das Licht bewegte, von Ereignis A (nehmen wir das Hundertmeterfinale bei den Olympischen Spielen 2012) zu Ereignis B (sagen wir, die Eröffnung der 100 004ten Sitzung des Kongresses von Alpha Centauri) gelangen könnte, dann wären sich alle Beobachter, ungeachtet ihres unterschiedlichen Zeitmaßes, darüber einig, dass Ereignis A vor Ereignis B stattgefunden hat. Gehen wir jetzt jedoch von der Annahme aus, das Raumschiff müsste schneller als das Licht fliegen, um dem Kongress das Ergebnis des Hundertmeterlaufs zu überbringen. Unter diesen Umständen könnten Beobachter, die sich mit unterschiedlichen Geschwindigkeiten bewegen, uneins sein, ob sich A vor B ereignet hat oder umgekehrt. Nach der Zeit eines Beobachters, der sich relativ zur Erde in Ruhe befindet, kann der Kongress nach dem Lauf eröffnet worden sein. Dieser Beobachter wäre also der Meinung, das Raumschiff könne rechtzeitig von A nach B gelangen, wenn es nicht an die Grenze der Lichtgeschwindigkeit gebunden wäre. Andererseits hätte ein Beobachter in der Nähe von Alpha Centauri, der sich fast mit Lichtgeschwindigkeit von der Erde fortbewegte, den Eindruck, Ereignis B, die Kongresseröffnung, fände vor Ereignis A, dem Hundertmeterlauf, statt. Nun besagt aber die Relativitätstheorie, dass auch Beobachtern, die sich mit unterschiedlichen Geschwindigkeiten bewegen, die physikalischen Gesetze gleich erscheinen.

Dies hat sich in vielen Experimenten bestätigt und dürfte seine Gültigkeit behalten, selbst wenn wir eine noch bessere Theorie finden und sie an die Stelle der Relativitätstheorie setzen sollten. Der in Bewegung befindliche Beobachter würde also erklären: Falls Reisen mit Überlichtgeschwindigkeit möglich seien, müsse man von Ereignis B, der Kongresseröffnung, zu Ereignis A, dem Hundertmeterlauf, gelangen können. Noch ein bisschen mehr Tempo, und man könnte vor Beginn des Laufs eintreffen und eine todsichere Wette abschließen, da einem der Ausgang ja bekannt wäre.

Allerdings dürfte es nicht ganz leicht sein, die Schranke der Lichtgeschwindigkeit zu überwinden. Nach der Relativitätstheorie wird die Antriebsenergie, die erforderlich ist, um ein Raumschiff zu beschleunigen, umso größer, je näher es der Lichtgeschwindigkeit kommt. Dafür gibt es auch experimentelle Beweise, die zwar nicht Raumschiffe betreffen, wohl aber

Elementarteilchen in Teilchenbeschleunigern, wie sie Fermilab oder CERN betreiben. Diese Teilchen können wir auf 99,99 Prozent der Lichtgeschwindigkeit beschleunigen, aber wie viel Energie auch immer wir aufwenden, wir schaffen es nicht, sie über die Schranke der Lichtgeschwindigkeit zu treiben. Gleiches gilt für Raumschiffe: Egal, wie viel Antriebsenergie sie besitzen, über die Lichtgeschwindigkeit hinaus können sie nicht beschleunigen.

Damit scheinen beide Möglichkeiten ausgeschlossen zu sein – schnelle Raumfahrten und Zeitreisen in die Vergangenheit. Doch es gibt einen Ausweg. Möglicherweise kann man nämlich die Raumzeit so stark krümmen, dass eine Abkürzung zwischen A und B entsteht. Unter anderem ließe sich dies durch die Schaffung eines Wurmloches zwischen A und B bewerkstelligen. Wie der Name erkennen lässt, ist ein Wurmloch eine dünne Röhre, ein schmaler Gang in der Raumzeit, der zwei weit auseinander liegende, nahezu flache Regionen verbinden kann.

Zwischen der Länge des Wurmloches und dem Abstand seiner Enden auf dem nahezu flachen Hintergrund muss keine Beziehung bestehen. Es lässt sich also ein künstliches oder natürliches Wurmloch denken, das aus der Nachbarschaft des Sonnensystems zu Alpha Centauri führt. Dabei könnte die Entfernung durchs Wurmloch nur einige Millionen Kilometer betragen, obwohl Erde und Alpha Centauri im gewöhnlichen Raum vierzig Billionen Kilometer auseinander liegen. So wäre es möglich, das Ergebnis des Hundertmeterlaufs bei der Kongresseröffnung zu verkünden. Doch dann sollte ein Beobachter auf dem Weg zur Erde auch in der Lage sein, ein anderes Wurmloch zu finden, mit dessen Hilfe er von der Eröffnung des Kongresses auf Alpha Centauri noch vor dem Start des Laufs auf die Erde gelangen könnte. Somit würden Wurmlöcher, wie alle anderen vorstellbaren Bewegungen mit Überlichtgeschwindigkeit, Reisen in die Vergangenheit gestatten.

Das Konzept von Wurmlöchern, die verschiedene Regionen der Raumzeit miteinander verbinden, ist keine Erfindung von Science-Fiction-Autoren, sondern kann sich einer viel vornehmeren Herkunft rühmen.

1935 haben Einstein und Nathan Rosen in einem Artikel nachgewiesen, dass nach der Allgemeinen Relativitätstheorie «Brücken» möglich sind – das, was wir heute Wurmlöcher nennen. Die Einstein-Rosen-Brücken hätten eine extrem kurze Lebensdauer, sodass kein Raumschiff sie passieren könnte – jedes Gefährt müsste an den Singularitäten scheitern, zu denen sich die Brücken verjüngen würden. Man hat allerdings die Vermutung geäußert, eine hoch entwickelte Zivilisation könnte in der Lage sein, Wurmlöcher offen zu halten. Dazu – wie zu jeder anderen Raumzeitverwerfung, die Zeitreisen ermöglicht – braucht man, wie sich zeigen lässt, eine Raumzeitregion mit negativer Krümmung, ähnlich der Oberfläche eines Sattels. Gewöhnliche Materie besitzt eine positive Energiedichte und verleiht der Raumzeit deshalb eine positive Krümmung, wie sie die Oberfläche einer Kugel aufweist. Um Raumzeit also derart zu krümmen, dass sie Reisen in die Vergangenheit zulässt, braucht man Materie mit negativer Energiedichte.

Energie hat eine gewisse Ähnlichkeit mit Geld: Bei einer positiven Bilanz dürfen Sie sie nach Belieben verbrauchen, doch ist es Ihnen nach den klassischen Gesetzen, die zu Beginn des 20. Jahrhunderts galten, nicht erlaubt, das Konto zu überziehen. Daher schließen diese Gesetze jede Möglichkeit von Zeitreisen aus. Doch wurden die klassischen Gesetze durch die Quantenmechanik ersetzt, die auf der Unschärferelation beruht. Die Quantengesetze sind großzügiger und gestatten es Ihnen, ein oder zwei Konten zu überziehen, vorausgesetzt, die Gesamtbilanz bleibt positiv. Mit anderen Worten, die Quantentheorie lässt negative Energiedichte an einigen Stellen zu, solange sie durch positive Energiedichte an anderen Stellen ausgeglichen wird, sodass die Gesamtenergie positiv bleibt. Wie es kommt, dass nach der Quantentheorie negative Energiedichten möglich sind, zeigt das Beispiel des Casimir-Effekts. Bei der Betrachtung Schwarzer Löcher haben wir gesehen, dass sogar der Raum, den wir «leer» wähnen, mit Paaren virtueller Teilchen und Antiteilchen gefüllt ist, die gemeinsam entstehen, sich trennen und wieder zusammenkommen, um sich zu annullieren. Stellen wir uns nun zwei parallele Metallplatten vor, die in geringem Abstand aufgestellt sind. Für die virtuellen Photonen oder Lichtteilchen haben die Platten die Funktion von Spiegeln. Sie bilden also praktisch einen Hohlraum, ähnlich einer Orgelpfeife, die nur bei bestimmten Tönen in Resonanz gerät. Das heißt, virtuelle Photonen können in dem Zwischenraum der Platten nur auftreten, wenn der Plattenabstand einem ganzzahligen Vielfachen ihrer Wellenlänge (des Abstands zwischen zwei Wellenkämmen) entspricht. Ergibt die Breite des Hohlraums bei Division durch eine bestimmte Wellenlänge eine ganze Zahl plus einen Bruchteil, so treffen nach mehreren Reflexionen zwischen den Platten die Kämme einer Welle mit den Tälern einer anderen zusammen, sodass die Wellen sich aufheben.

Da virtuelle Photonen zwischen den Platten nur resonante Wellenlängen besitzen können, werden sie dort in etwas geringerer Zahl vorkommen als in der Region außerhalb der Platten, wo es für virtuelle Photonen keine Einschränkung hinsichtlich ihrer Wellenlänge gibt. Folglich wird auf die Innenseiten der Platten eine geringfügig kleinere Zahl von Photonen treffen als auf die Außenseiten. Somit ist zu erwarten, dass eine Kraft auf die Platten einwirkt, die bestrebt ist, sie einander anzunähern. Tatsächlich ist eine solche Kraft mit der vorausgesagten Stärke gemessen worden. Damit haben wir den experimentellen Beweis, dass es virtuelle Teilchen gibt und dass sie reale Auswirkungen haben.

Wenn sich weniger virtuelle Photonen zwischen den Platten befinden, so ist deren Energiedichte geringer als anderswo. Doch die Gesamtenergiedichte im «leeren» Raum fern von den Platten muss Null sein, weil die Energiedichte sonst den Raum verwürfe und er nicht fast flach wäre. Wenn also die Energiedichte zwischen den Platten geringer ist als die Energiedichte weiter fort, dann muss sie negativ sein.

Damit verfügen wir über experimentelle Hinweise darauf, dass die Raumzeit gekrümmt sein kann (erkennbar an der Beugung des Lichts bei Sonnenfinsternissen) und dass sie die Art

Krümmung aufweisen kann, die für Zeitreisen erforderlich ist (dies zeigt der Casimir-Effekt). So können wir hoffen, dass es uns eines Tages bei entsprechenden Fortschritten in Wissenschaft und Technik möglich sein wird, eine Zeitmaschine zu bauen. Aber falls das stimmt, warum ist dann noch niemand aus der Zukunft zurückgekommen, um uns zu sagen, wie es geht? Es könnte gute Gründe geben, warum es unklug wäre, uns in unserem heutigen primitiven Entwicklungsstadium das Geheimnis der Zeitreise anzuvertrauen. Doch falls sich die Natur der Menschen in der Zwischenzeit nicht grundlegend gewandelt hätte, ist es andererseits kaum vorstellbar, dass nicht irgendein Besucher aus der Zukunft sich verplappern würde. Natürlich wird mancher einwenden, die Ufos seien ein Beweis dafür, dass uns Außerirdische oder Menschen aus der Zukunft regelmäßig besuchen. (Außerirdische könnten die Reise zur Erde nur dann in einer vernünftigen Zeit zurücklegen, wenn sie sich mit Überlichtgeschwindigkeit fortbewegten. Insofern wären beide Möglichkeiten gleichbedeutend.)

Allerdings bin ich der Meinung, dass jeder Besuch von Außerirdischen oder Menschen aus der Zukunft erheblich auffälliger und wahrscheinlich auch erheblich unerfreulicher wäre. Wenn sie sich zu erkennen geben, warum dann nur gegenüber Leuten, die nicht als glaubwürdige Zeugen gelten? Sollten sie versuchen, uns vor einer großen Gefahr zu warnen, dann haben sie keine sehr effektive Methode gewählt.

Um zu erklären, warum wir keinen Besuch aus der Zukunft erhalten, könnte man unter anderem darauf verweisen, dass die Vergangenheit festgelegt ist, denn wir haben sie beobachtet und in ihr keine Spur von jenen Verwerfungen erkennen können, die erforderlich wären, um eine Reise zurück aus der Zukunft zu ermöglichen. Andererseits ist die Zukunft unbekannt und offen, sodass sie durchaus die erforderliche Krümmung enthalten könnte. Dann wäre jede Zeitreise auf die Zukunft beschränkt. Captain Kirk und die Enterprise hätten keine Chance, in der Gegenwart aufzutauchen.

Das würde eine Erklärung dafür bieten, warum wir noch nicht von Touristen aus der Zukunft überlaufen werden, es würde allerdings nicht die Probleme beseitigen, die die Vorstellung aufwirft, Menschen könnten in der Lage sein, in die Vergangenheit zu reisen und die Geschichte zu verändern. Nehmen Sie beispielsweise an, Sie gingen zurück und brächten Ihren Ururgroßvater zur Strecke, als er noch ein Kind war. Es gibt viele Spielarten dieses Paradoxons, im Wesentlichen aber gleichen sie sich alle: Man würde auf Widersprüche stoßen, wenn man die Möglichkeit hätte, die Vergangenheit zu verändern.

Für die Paradoxa der Zeitreise scheint es zwei Lösungsansätze zu geben: Den einen nenne ich Ansatz der konsistenten Geschichten (*consistent histories*). Danach muss das, was in der Raumzeit geschieht, auch wenn diese derart gekrümmt ist, dass Reisen in die Vergangenheit möglich sind, mit den Naturgesetzen zu vereinbaren sein. So gesehen könnten Sie nicht in der Zeit zurückreisen, es sei denn, die Geschichte zeigte, dass Sie bereits in der Vergangenheit waren und bei Ihrem Aufenthalt dort nicht Ihren Ururgroßvater umgebracht oder irgendwelche anderen Handlungen vollzogen haben, die zu Ihrer jetzigen Situation in der Gegenwart in Widerspruch stehen. Mehr noch – gingen Sie zurück, wären Sie nicht in der Lage, die überlieferte Geschichte zu verändern. Ihnen stünde also nicht frei zu tun, wozu Sie Lust hätten. Natürlich könnte man einwenden, dass die Willensfreiheit sowieso eine Illusion ist. Wenn es wirklich eine vollständige, vereinheitlichte Theorie gibt, die alles festlegt, dann bestimmt sie vermutlich auch unser Handeln.

Doch das geschieht in einer Weise, die sich bei einem Organismus, der so kompliziert wie der Mensch ist, beim besten Willen nicht berechnen lässt. Von der Willensfreiheit des Menschen sprechen wir nur, weil wir nicht vorhersagen können, was er tut. Doch wenn er sich in ein Raumschiff setzt, ins All fliegt und zurückkommt, bevor er aufgebrochen ist, dann werden wir durchaus vorhersagen können, was er tun wird, weil sein Handeln Teil der überlieferten Geschichte ist. In dieser Situation hätte der Zeitreisende also keine Willensfreiheit mehr.

Die andere Möglichkeit, die Paradoxa der Zeitreise aufzulösen, könnte als Hypothese der alternativen Geschichten (*alternative histories*) bezeichnet werden. Ihr liegt die Überlegung zugrunde, dass Zeitreisende bei ihrem Eintritt in die Vergangenheit in alternative Geschichten geraten, die sich von der überlieferten Geschichte unterscheiden. So können sie frei handeln, ohne dem Zwang der Konsistenz mit ihrer bisherigen Geschichte unterworfen zu sein. Auf amüsante Art hat Steven Spielberg dies in seinen «Zurück in die Zukunft»-Filmen demonstriert: Marty McFly hat dort die Möglichkeit, in die Vergangenheit zu reisen und die frühe Liebesbeziehung seiner Eltern in einen befriedigenderen Verlauf zu bringen.

Die Hypothese der alternativen Geschichten hat große Ähnlichkeit mit Richard Feynmans Summe über Geschichten*, einer neuen Methode zur Beschreibung der Quantentheorie. Feynman nimmt an, das Universum habe nicht nur eine einzige Geschichte, sondern jede denkbare Geschichte, wobei jede ihre eigene Wahrscheinlichkeit besitzt. Allerdings scheint es einen wichtigen Unterschied zwischen Feynmans Methode und der Hypothese der alternativen Geschichten zu geben. In Feynmans Summe ist jede Geschichte eine vollständige Raumzeit mit allem, was sie enthält. Dabei kann die Raumzeit durchaus so gekrümmt sein, dass es möglich ist, mit einem Raumschiff in die Vergangenheit zu fliegen. Aber die Rakete bliebe in derselben Raumzeit und damit in derselben Geschichte, die konsistent, widerspruchsfrei zu sein hätte. Mithin scheint Feynmans Summe über Geschichten für die Hypothese der konsistenten und nicht für die der alternativen Geschichten zu sprechen.

Allerdings gestattet Feynmans Summe über Geschichten die Reise in die Vergangenheit auf der mikroskopischen Ebene. Zuvor haben wir gesehen, dass die Naturgesetze bei Kombina-

* In «Die illustrierte Kurze Geschichte der Zeit» von 1996 steht an dieser Stelle «Aufsummierung von Möglichkeiten». Inzwischen aber hat sich der Begriff «Summe über Geschichten» durchgesetzt. Siehe auch Seite 62.

tion der Operationen C, P und T unverändert bleiben.* Daraus folgt, dass ein Antiteilchen, dessen Spin gegen den Uhrzeigersinn verläuft und das von A nach B reist, auch als ein gewöhnliches Teilchen verstanden werden kann, das sich im Uhrzeigersinn dreht und sich rückwärts in der Zeit von B nach A bewegt. Entsprechend ist ein gewöhnliches Teilchen, das sich in der Zeit vorwärts bewegt, gleich bedeutend mit einem Antiteilchen, das sich in der Zeit rückwärts bewegt. Wie bereits dargelegt, ist «leerer» Raum mit Paaren aus virtuellen Teilchen und Antiteilchen gefüllt, die zusammen entstehen, sich trennen und wieder zusammenkommen, um sich gegenseitig zu annihilieren.

Daher kann man das Teilchenpaar auch als ein einzelnes Teilchen ansehen, das in einer geschlossenen Schleife durch die Raumzeit reist. Bewegt sich das Paar in der Zeit vorwärts (von dem Ereignis, bei dem es entsteht, zu dem Ereignis, bei dem es sich annihiliert), heißt es Teilchen. Doch wenn sich das Teilchen rückwärts in der Zeit bewegt (von dem Ereignis, bei dem sich das Paar annihiliert, zu dem Ereignis, bei dem es entsteht), bezeichnet man es als Antiteilchen, das sich in der Zeit vorwärts bewegt.

Die Fähigkeit Schwarzer Löcher, Teilchen und Strahlung zu emittieren, wurde damit erklärt, dass ein Partner eines Paars aus virtuellem Teilchen und Antiteilchen in das Schwarze Loch fallen könnte, sodass der andere ohne einen Partner zurückbliebe, mit dem er sich annihilieren könnte. Nun könnte das verlassene Teilchen zwar ebenfalls ins Loch fallen, es hätte aber auch die Möglichkeit, der Anziehungskraft des Schwarzen Loches zu entkommen. In diesem Fall würde ein Beobachter aus der Ferne den Eindruck gewinnen, das Schwarze Loch hätte ein Teilchen abgestrahlt.

Man kann sich noch ein anderes, allerdings ebenso intuitives Bild von dem Mechanismus machen, der für die Strahlung

* Wie Hawking in IGZ: 182 f. erläutert, ersetzen wir in der Operation C Teilchen durch Antiteilchen, vertauschen in P links und rechts, während T für die Umkehr der Bewegungsrichtung aller Teilchen steht.

Schwarzer Löcher verantwortlich ist. Der Partner des virtuellen Paars, der ins Schwarze Loch fällt, lässt sich als Teilchen verstehen, das sich rückwärts in der Zeit aus dem Loch herausbewegt. Wenn es an den Punkt gelangt, wo das virtuelle Teilchen und das virtuelle Antiteilchen gemeinsam als Paar entstanden sind, wird es vom Gravitationsfeld zu einem Teilchen gestreut, das sich in der Zeit vorwärts bewegt und dem Schwarzen Loch entkommt. Wäre es hingegen das Teilchen des virtuellen Paars, das ins Loch fiele, könnte man es als Antiteilchen ansehen, das sich in der Zeit zurückbewegt und aus dem Schwarzen Loch hervorkommt. Folglich zeigt die Strahlung Schwarzer Löcher, dass die Quantentheorie auf mikroskopischer Ebene die Bewegung zurück in die Vergangenheit erlaubt und dass eine solche Reise beobachtbare Wirkungen hervorrufen kann.

Daher stellt sich die Frage: Gestattet die Quantentheorie auf makroskopischer Ebene Zeitreisen, die für den Menschen praktischen Wert hätten? Auf den ersten Blick scheint das der Fall zu sein. Die Feynman'sche Summe über Geschichten soll für *alle* Geschichten gelten. Folglich müsste sie auch die Geschichten einbeziehen, in denen die Raumzeit so gekrümmt ist, dass Reisen in die Vergangenheit möglich sind. Warum haben wir dann keine Probleme mit der Geschichte? Nehmen wir beispielsweise an, jemand ginge zurück und verriete den Nazis das Geheimnis der Atombombe.

Diese Probleme würden vermieden, wenn sich die Hypothese des Chronologieschutzes, wie ich sie nenne, als gültig erwiese. Danach verhindern die Naturgesetze in ihrem Zusammenwirken, dass *makroskopische* Körper Information in die Vergangenheit tragen können. Wie die Hypothese von der kosmischen Zensur ist sie unbewiesen, hat aber so gute Gründe auf ihrer Seite, dass sie wahr sein könnte.

Welchen Grund haben wir zu der Annahme, dass es den Chronologieschutz wirklich gibt? Wenn die Raumzeit so stark gekrümmt ist, dass Reisen in die Vergangenheit möglich sind, können virtuelle Teilchen, die in geschlossenen Schleifen durch die Raumzeit reisen, zu realen Teilchen werden, die sich mit Lichtgeschwindigkeit oder langsamer vorwärts durch die Zeit bewegen. Da diese Teilchen die Schleife beliebig oft durchlaufen können, passieren sie jeden Punkt auf ihrem Weg sehr häufig. So schlägt ihre Energie wieder und wieder zu Buche, was zu einem entsprechenden Anwachsen der Energiedichte führt. Dadurch könnte die Raumzeit eine positive Krümmung erhalten, die Reisen in die Vergangenheit ausschließen würde. Noch ist nicht klar, ob diese Teilchen eine positive oder negative Krümmung verursachten oder ob die Krümmung, die bestimmte Arten virtueller Teilchen hervorriefen, durch die Krümmung, die auf Einwirkung anderer Arten zurückginge, aufgehoben würde. So bleibt die Frage von Zeitreisen offen. Ich werde darauf jedoch keine Wette abschließen. Der andere könnte ja den unfairen Vorteil haben, die Zukunft zu kennen.

Einsteins Traum

Anfang des 20. Jahrhunderts haben zwei neue Theorien unsere Vorstellungen von Raum und Zeit, ja der Wirklichkeit selbst, gründlich verändert. Mehr als fünfundsechzig Jahre später sind wir noch immer damit beschäftigt, ihre Konsequenzen zu sondieren und die beiden Systeme zu einer einheitlichen Theorie zusammenzufassen, die – wenn dies gelänge – alles im Universum beschriebe. Es handelt sich um die Allgemeine Relativitätstheorie und die Quantenmechanik. Die Allgemeine Relativitätstheorie befasst sich mit Raum und Zeit und ihrer Krümmung in großem Maßstab unter dem Einfluss der Materie und Energie im Universum. Dagegen erfasst die

Quantenmechanik die Welt sehr kleiner Dimensionen. Zu ihr gehört das so genannte Unbestimmtheitsprinzip (Unschärferelation), nach dem sich der Ort und die Geschwindigkeit eines Teilchens nicht zur gleichen Zeit exakt messen lassen. Stets bleibt ein Element der Unbestimmtheit oder des Zufalls, das sich auf das Verhalten der Materie in kleinen Größenordnungen entscheidend auswirkt. Einstein hat die Allgemeine Relativitätstheorie fast im Alleingang geschaffen und eine wichtige Rolle bei der Entwicklung der Quantenmechanik gespielt. Seine Einstellung zu Letzterer fasste er in dem Satz zusammen: «Der liebe Gott würfelt nicht.» Doch alles spricht dafür, dass Gott ein unverbesserlicher Spieler ist und bei jeder sich bietenden Gelegenheit würfelt.

In diesem Aufsatz werde ich versuchen, die Grundideen darzulegen, auf denen die beiden Theorien beruhen, und erklären, warum Einstein mit der Quantenmechanik so unglücklich war. Von einigen der bemerkenswerten Dinge, die sich zu ereignen scheinen, wenn man die beiden Theorien zu vereinigen sucht, soll hier die Rede sein. Sie lassen darauf schließen, dass die Zeit vor ungefähr fünfzehn Milliarden Jahren einen Anfang hatte. Vielleicht wird sie auch irgendwann in der Zukunft ein Ende finden. In einer Zeit anderer Art hat das Universum dagegen keine Grenze. Danach wurde es weder erschaffen, noch wird es zerstört werden. Es *ist* einfach.

Lassen Sie mich mit der Relativitätstheorie beginnen. Nationale Gesetze gelten nur innerhalb eines Landes. Dagegen gelten die physikalischen Gesetze in England genauso wie in den USA und in Japan. Sie sind auch in gleicher Form auf dem Mars und im Andromedanebel gültig. Nicht nur das, die Gesetze bleiben unverändert, egal mit welcher Geschwindigkeit Sie sich fortbewegen. Ob Sie im Hochgeschwindigkeitszug sitzen, im Düsenjet oder sich nicht vom Fleck rühren, in allen Fällen gelten die gleichen Gesetze. Natürlich bewegt sich auch jemand, der seinen Standort auf der Erde nicht verändert, mit ungefähr 30 Kilometern pro Sekunde um die Sonne. Diese wiederum kreist mit mehreren hundert Kilometern pro Sekunde um das Zentrum unserer Galaxis und so fort. Doch alle diese

Bewegungen bleiben ohne Einfluss auf die physikalischen Gesetze. Sie sind gleich für alle Beobachter.

Diese Unabhängigkeit von der Geschwindigkeit des Systems wurde zuerst von Galilei festgestellt, der die Bewegungsgesetze für Objekte wie Kanonenkugeln oder Planeten entdeckte. Doch als man versuchte, diese Unabhängigkeit von der Geschwindigkeit des Beobachters auch den Bewegungsgesetzen des Lichtes zugrunde zu legen, stieß man auf ein Problem. Im 18. Jahrhundert hatte man entdeckt, dass Licht nicht sofort von der Quelle zum Beobachter gelangt, sondern sich mit einer bestimmten Geschwindigkeit fortbewegt, mit etwa 300 000 Kilometern pro Sekunde. Doch wozu ist diese Geschwindigkeit relativ? Man glaubte, es müsse überall im Raum ein Medium geben, durch das sich das Licht fortbewegt. Man nannte es Äther und dachte, das Licht breite sich mit einer Geschwindigkeit von 299 793 Kilometern pro Sekunde durch dieses Medium aus. Diese 299 793 Kilometer pro Sekunde müsste, so meinte man, ein Beobachter messen, der sich relativ zum Äther im Ruhezustand befände. Ein Beobachter hingegen, der sich durch den Äther bewegte, würde eine höhere oder niedrigere Geschwindigkeit messen. Insbesondere müsste sich die Lichtgeschwindigkeit bei der Bewegung der Erde um die Sonne verändern, da sich die Erde durch den Äther bewege. Doch das bekannte Michelson-Morley-Experiment aus dem Jahr 1887 zeigte, dass die Lichtgeschwindigkeit stets gleich bleibt. Egal mit welcher Geschwindigkeit sich der Beobachter bewegt, er wird stets eine Lichtgeschwindigkeit von 299 793 Kilometern pro Sekunde messen.

Wie kann das sein? Wie können Beobachter, die sich mit unterschiedlichen Geschwindigkeiten fortbewegen, alle die gleiche Lichtgeschwindigkeit messen? Die Antwort muss lauten, sie können es nicht, wenn unsere normalen Vorstellungen von Raum und Zeit richtig sind. Doch in einem berühmten Aufsatz aus dem Jahr 1905 hat Einstein darauf hingewiesen, dass alle Beobachter die gleiche Geschwindigkeit messen könnten, wenn man das Konzept einer universellen Zeit aufgäbe. Stattdessen habe jeder seine individuelle Zeit, die er anhand einer mitgeführten Uhr messe. Die von diesen verschiedenen Uhren gemessenen Zeiten würden fast genau übereinstimmen, wenn sich die Beobachter im Verhältnis zueinander langsam fortbewegten. Hingegen würden sich die von verschiedenen Uhren gemessenen Zeiten erheblich unterscheiden, wenn die Uhren sich mit hohen Geschwindigkeiten bewegten. Diesen Effekt hat man tatsächlich beobachtet, indem man eine Uhr am Erdboden mit einer Uhr in einem Verkehrsflugzeug verglich. Die Uhr im Verkehrsflugzeug läuft etwas langsamer als die stationäre Uhr. Doch bei normalen Reisegeschwindigkeiten sind die Unterschiede zwischen dem Gang der Uhren sehr gering. Vierhundertmillionenmal müssten Sie um die Erde fliegen, um Ihrer Lebensdauer eine einzige Sekunde hinzuzufügen; allerdings würde Ihr Leben durch die vielen Flugzeugmahlzeiten um mehr als diese Spanne verkürzt.

Menschen haben also ihre individuelle Zeit, aber wieso bewirkt dieser Umstand, dass sie, wenn sie sich mit verschiedenen Geschwindigkeiten fortbewegen, die gleiche Lichtgeschwindigkeit messen? Die Geschwindigkeit eines Lichtpulses ist die Distanz, die er zwischen zwei Ereignissen zurücklegt, geteilt durch das Zeitintervall zwischen den Ereignissen. (Ein Ereignis in diesem Sinne ist etwas, das an einem einzigen Punkt im Raum und an einem bestimmten Punkt in der Zeit stattfindet.) Menschen, die sich mit unterschiedlichen Geschwindigkeiten bewegen, werden keine Einigung über die Entfernung zwischen zwei Ereignissen erzielen. Wenn ich beispielsweise messe, welche Strecke ein Auto zurückgelegt hat, das die Autobahn entlangfährt, würde ich meinen, es sei nur ein Kilometer, aber für einen Beobachter auf der Sonne hätte das Fahrzeug ungefähr 1800 Kilometer zurückgelegt, weil sich auch die Erde bewegt hätte, während das Auto die Straße entlangfuhr. Da Menschen, die sich mit unterschiedlichen Geschwindigkeiten fortbewegen, zwischen Ereignissen jeweils andere Entfernungen messen, müssen sie auch verschiedene Zeitintervalle messen, sofern sie sich über die Lichtgeschwindigkeit einig sind.

Die ursprüngliche Relativitätstheorie, die Einstein der Öffentlichkeit 1905 in seinem berühmten Aufsatz vorstellte, nennen wir heute die Spezielle Relativitätstheorie. Sie beschreibt, wie sich Objekte durch Raum und Zeit bewegen. Danach ist die Zeit keine universelle Größe, die für sich, unabhängig vom Raum, existiert. Vielmehr sind Zukunft und Vergangenheit nur Richtungen in der so genannten Raumzeit – Richtungen wie oben und unten, links und rechts, vorwärts und rückwärts. In der Zeit kommt man nur in Richtung der Zukunft voran, *kann* sich aber doch in einem gewissen Winkel zu ihr bewegen. Deshalb ist es möglich, dass die Zeit verschieden rasch verstreicht.

Die Spezielle Relativitätstheorie vereinigte Zeit und Raum. Doch noch immer waren beide ein statischer Hintergrund, vor dem die Ereignisse stattfanden. Man konnte sich auf verschiedenen Bahnen durch die Raumzeit bewegen, aber man vermochte durch nichts, was man tat, den Hintergrund von Raum und Zeit zu modifizieren. Indes, all dies veränderte sich grundlegend, als Einstein im Jahre 1915 die Allgemeine Relativitätstheorie formulierte. Ausgangspunkt war die revolutionäre Idee, dass die Gravitation nicht nur eine Kraft ist, die vor dem statischen Hintergrund der Raumzeit wirkt. Vielmehr ist die Gravitation, so Einstein, eine *Verwerfung* der Raumzeit, hervorgerufen durch die in ihr enthaltene Materie und Energie. Objekte wie Kanonenkugeln und Planeten versuchen sich in gerader Linie durch die Raumzeit zu bewegen. Aber da die Raumzeit gekrümmt, verworfen, und nicht flach ist, scheinen ihre Bahnen gekrümmt zu sein. Die Erde versucht, sich in gerader Linie durch die Raumzeit zu bewegen. Doch die durch die Masse der Sonne hervorgerufene Krümmung der Raumzeit veranlasst die Erde, die Sonne zu umkreisen. Genauso ist das Licht bestrebt, sich in gerader Linie fortzubewegen, aber die Raumzeitkrümmung in der Nähe der Sonne lenkt das Licht ferner Sterne ab, wenn die Bahn des Lichts nahe der Sonne verläuft. Normalerweise sind Sterne, die sich fast in Richtung der Sonne befinden, nicht zu sehen. Während einer Sonnenfinsternis jedoch, wenn der Mond den größten Teil des Sonnenlichts abfängt, kann man das Licht dieser Sterne beobachten. Einstein entwickelte seine Allgemeine Relativitätstheorie während des Ersten Weltkriegs, als die Verhältnisse wissenschaftlichen Beobachtungen nicht sehr zuträglich waren, aber unmittelbar nach dem Krieg verfolgte eine britische Expedition in Westafrika die Sonnenfinsternis von 1919 und bestätigte die Vorhersagen der Allgemeinen Relativitätstheorie: Die Raumzeit ist nicht flach, sondern durch die in ihr enthaltene Materie und Energie gekrümmt.

Das war Einsteins größter Triumph. Diese Entdeckung führte zu einem grundlegenden Wandel in unseren Vorstellungen über Zeit und Raum. Seither sind sie kein passiver Hintergrund mehr, vor dem die Ereignisse stattfinden. Für uns ist es undenkbar geworden, dass Raum und Zeit ewig ablaufen, unberührt von den Geschehnissen im Universum. Jetzt sind sie dynamische Größen, die die in ihnen stattfindenden Ereignisse beeinflussen und von ihnen beeinflusst werden.

Zu den wichtigen Eigenschaften von Masse und Energie gehört, dass sie immer positiv geladen sind. Deshalb zieht die Schwerkraft Körper stets zueinander hin. So fesselt beispielsweise die Erde ihre Bewohner mit der Schwerkraft an sich, auch auf der jeweils gegenüberliegenden Seite des Globus. Diesem Umstand verdanken es die Menschen in Australien, dass sie nicht kopfüber ins All stürzen. Entsprechend hält die Schwerkraft der Sonne die Planeten in ihren Umlaufbahnen und hindert die Erde daran, sich in der Dunkelheit des interstellaren Raums zu verlieren. Der Umstand, dass die Masse stets positiv ist, bedeutet nach der Allgemeinen Relativitätstheorie, dass die Raumzeit sich nach innen krümmt, wie die Erdoberfläche. Wäre die Masse negativ, verliefe die Krümmung wie bei einem Sattel in entgegengesetzte Richtung. Diese positive Krümmung der Raumzeit, in der sich manifestiert, dass die Gravitation eine Anziehungskraft ist, empfand Einstein als großes Problem. Damals nahm man allgemein an, das Universum sei statisch, aber wenn der Raum und vor allem die Zeit in sich gekrümmt sind, wie kann dann das Universum, mehr oder weniger unverändert, auf ewig fortdauern?

Einsteins ursprüngliche Gleichungen der Allgemeinen

Relativitätstheorie sagten vorher, dass das Universum entweder expandiert oder sich zusammenzieht. Deshalb führte er einen weiteren Term in die Gleichungen ein, die die Masse und Energie im Universum mit der Krümmung der Raumzeit in Beziehung setzen. Diese so genannte kosmologische Konstante hatte einen abstoßenden Gravitationseffekt. So war es möglich, die Massenanziehung der Materie durch die Abstoßung der kosmologischen Konstante auszugleichen. Mit anderen Worten, die negative Krümmung der Raumzeit, hervorgerufen durch die kosmologische Konstante, konnte die positive Krümmung aufheben, die durch die Masse und Energie im Universum hervorgerufen wird. Auf diese Weise ergab sich ein Modell des ewig im gleichen Zustand bleibenden Weltalls. Wäre Einstein bei seinen ursprünglichen Gleichungen geblieben, ohne die kosmologische Konstante einzuführen, hätte er die Expansion oder Kontraktion des Universums voraussagen können. So aber glaubte man allgemein an ein stationäres Weltall, bis 1929 Edwin Hubble entdeckte, dass sich ferne Galaxien von uns fortbewegen. Das Universum expandiert. Einstein hat den kosmologischen Term später «die größte Eselei meines Lebens» genannt.

Aber – ob mit oder ohne kosmologische Konstante – der Umstand, dass die Materie die Raumzeit veranlasst, sich in sich selbst zu krümmen, blieb ein Problem, obwohl es nicht allgemein als solches erkannt wurde. Die Materie könnte nämlich eine Region der Raumzeit so stark in sich krümmen, dass sie praktisch vom Rest des Universums abgeschnitten wäre. Die Region würde zu einem Schwarzen Loch werden. Objekte könnten in ein Schwarzes Loch zwar hineinfallen, aber nicht aus ihm entweichen. Um herauszukommen, müssten sie sich rascher bewegen als das Licht, was die Relativitätstheorie verbietet. Damit wäre die Materie im Innern des Schwarzen Loches gefangen und würde zu einem unbekannten Zustand von sehr hoher Dichte kollabieren.

Einstein war von den Konsequenzen dieses Kollapses zutiefst beunruhigt und weigerte sich, daran zu glauben. Doch Robert Oppenheimer zeigte 1939, dass ein alter Stern von mehr als der doppelten Masse unserer Sonne unter allen Umständen in sich zusammenstürzen müsste, wenn er seinen Kernbrennstoff erschöpft hat. Dann kam der Krieg dazwischen. Oppenheimer wirkte beim Bau der amerikanischen Atombombe mit und verlor das Interesse am Gravitationskollaps. Andere Physiker interessierten sich mehr für Phänomene, die man auf der Erde untersuchen konnte. Sie misstrauten Vorhersagen über Vorgänge in den Weiten des Universums, weil sie sich allem Anschein nach nicht durch Beobachtung überprüfen ließen. Doch als in den sechziger Jahren erhebliche Verbesserungen in Reichweite und Qualität der astronomischen Beobachtungstechniken erzielt wurden, lebte das Interesse am Gravitationskollaps und an der Anfangsphase des Universums wieder auf. Was Einsteins Allgemeine Relativitätstheorie für solche Situationen genau vorhersagte, blieb unklar, bis Roger Penrose und ich eine Reihe von Theoremen bewiesen. Wie diese zeigten, folgt aus der Krümmung der Raumzeit, dass es Singularitäten gibt, Örter, an denen die Raumzeit einen Anfang oder ein Ende hat. Sie hat vor ungefähr fünfzehn Milliarden Jahren im Urknall begonnen und endet für jeden Stern, der kollabiert, und für alles, was in das aus dem Sternkollaps resultierende Schwarze Loch fällt.

Der Umstand, dass Einsteins Allgemeine Relativitätstheorie Singularitäten vorhersagte, löste eine Krise in der Physik aus. Die Gleichungen der Allgemeinen Relativitätstheorie, die eine Relation zwischen der Krümmung der Raumzeit und der Verteilung von Masse und Energie herstellen, lassen sich an einer Singularität nicht definieren. Dies bedeutet, dass sie nicht vorhersagen können, was aus einer Singularität wird. Insbesondere kann die Allgemeine Relativitätstheorie keine Angaben darüber machen, wie das Universum im Urknall beginnen könnte. Damit ist sie keine vollständige Theorie. Sie braucht eine Ergänzung, um zu bestimmen, wie das Universum begann und was geschieht, wenn Materie unter dem Einfluss ihrer eigenen Schwerkraft in sich zusammenfällt.

Die erforderliche Ergänzung scheint die Quantenmechanik zu sein. 1905, im gleichen Jahr, in dem Einstein seinen Aufsatz über die Spezielle Relativitätstheorie schrieb, veröffentlichte er auch eine Arbeit über ein Phänomen, das man den Photoeffekt nennt. Man hatte beobachtet: Wenn Licht auf bestimmte Metalle trifft, werden geladene Teilchen abgestrahlt. Verblüffend war die Tatsache, dass bei einer Reduzierung der Lichtstärke sich zwar die Anzahl der emittierten Teilchen verringert, die Geschwindigkeit jedoch, mit der jedes Teilchen emittiert wird, gleich bleibt. Dies lässt sich, wie Einstein zeigte, dadurch erklären, dass das Licht nicht in kontinuierlich schwankenden Mengen eintrifft, wie jeder damals annahm, sondern in Paketen von bestimmter Größe. Die Idee, dass Licht nur in Paketen abgestrahlt wird, so genannten Quanten, war einige Jahre zuvor von Max Planck vorgebracht worden. Der Gedanke ähnelt ein wenig der Feststellung, man könne Zucker im Supermarkt nicht lose kaufen, sondern nur in Kilotüten. Mit Hilfe des Quantenkonzepts hatte Planck erklärt, warum ein rot glühendes Metallstück nicht eine unendliche Wärmemenge abgibt, aber er hielt die Quanten nur für einen theoretischen Trick, der nichts mit der physikalischen Wirklichkeit zu tun hat.

Doch Einstein zeigte in seinem Aufsatz, dass man einzelne Quanten direkt beobachten kann. Jedes emittierte Teilchen entspricht einem Lichtquantum, welches auf das Metall trifft. Man hat dieser Erkenntnis weithin große Bedeutung für die Quantentheorie zugeschrieben, und Einstein erhielt 1922 für sie den Nobelpreis. (Eigentlich hätte er diesen Preis für die Allgemeine Relativitätstheorie bekommen mussen, doch die Vorstellung, Raum und Zeit seien gekrümmt, galt noch als zu spekulativ und umstritten. So erkannte man ihm den Preis für seine Arbeit über den Photoeffekt zu – die sicherlich auch einen Nobelpreis wert ist.)

Die volle Bedeutung des Photoeffekts erkannte man erst 1925, als Werner Heisenberg darlegte, dass es infolge dieses Effekts unmöglich sei, den Ort eines Teilchens genau zu messen. Um zu erkennen, was es mit einem Teilchen auf sich hat, muss man es mit Licht bestrahlen. Nun hatte Einstein gezeigt, dass sich dazu nicht beliebig kleine Lichtmengen verwenden lassen; man braucht mindestens ein Paket oder Quant. Ein solches Lichtpaket wirkt aber auf das Teilchen ein und veranlasst es, sich mit irgendeiner Geschwindigkeit in irgendeine Richtung zu bewegen. Je genauer man den Ort des Teilchens messen möchte, desto mehr Energie muss man aufwenden und desto stärker wird man folglich das Teilchen stören. Wie auch immer man das Teilchen zu messen versucht – das Produkt aus der Unbestimmtheit seines Ortes und der Unbestimmtheit seiner Geschwindigkeit wird immer größer sein als ein bestimmter Minimalwert.

Dieses Heisenberg'sche Unbestimmtheitsprinzip, auch Unschärferelation genannt, zeigt, dass man den Zustand eines Systems nicht exakt messen kann. Folglich lässt sich nicht genau vorhersagen, wie es sich in der Zukunft verhalten wird. Nur die Wahrscheinlichkeiten verschiedener Ergebnisse kann man vorhersagen. Dieses Zufallselement hat Einstein sehr beunruhigt. Er weigerte sich zu glauben, dass es physikalische Gesetze gibt, die keine klare, eindeutige Aussage über künftige Ereignisse machen. Doch wie man es auch wendet, alle Anhaltspunkte sprechen dafür, dass das Quantenphänomen und das Unbestimmtheitsprinzip unvermeidlich sind und in allen Bereichen der Physik auftreten.

Einsteins Allgemeine Relativitätstheorie gehört zu den so genannten klassischen Theorien. Das heißt, sie kommt ohne das Unbestimmtheitsprinzip aus. Deshalb gilt es, eine neue Theorie zu entwickeln, die die Allgemeine Relativitätstheorie mit dem Unbestimmtheitsprinzip verbindet. In den meisten Situationen wird der Unterschied zwischen dieser neuen Theorie und der klassischen Allgemeinen Relativität sehr gering sein, denn die auf Quanteneffekte zurückzuführende Unbestimmtheit ist, wie erwähnt, nur in sehr kleinen Größenordnungen gültig, während die Allgemeine Relativitätstheorie die großräumige Struktur der Raumzeit beschreibt. Nun zeigen aber die von Roger Penrose und mir bewiesenen Singularitätstheoreme, dass sich die Raumzeit auch in sehr kleinen Größenordnungen extrem krümmen kann. In diesen Fällen spielen die Effekte des Unbestimmtheitsprinzips eine entscheidende Rolle und scheinen zu bemerkenswerten Resultaten zu führen.

Zum Teil erwuchsen Einsteins Probleme mit der Quantenmechanik und dem Unbestimmtheitsprinzip aus dem Umstand, dass er von der normalen, alltäglichen Vorstellung ausging, der zufolge ein System eine bestimmte Geschichte hat. Ein Teilchen befindet sich danach entweder an diesem oder an einem anderen Ort. Es kann nicht halb an diesem und halb an jenem sein. Genauso hat ein Ereignis, etwa die Landung von Astronauten auf dem Mond, entweder stattgefunden oder nicht. Es kann nicht halb stattgefunden haben, genauso wenig wie man ein bisschen tot oder ein bisschen schwanger sein kann. Man ist es, oder man ist es nicht. Doch wenn ein System eine einzige eindeutige Geschichte hat, führt das Unbestimmtheitsprinzip zu allen möglichen Paradoxa, wie Teilchen, die an zwei Orten zugleich, oder Astronauten, die nur halb auf dem Mond sind.

Eine elegante Methode, diese für Einstein so beunruhigenden Paradoxa zu vermeiden, hat der amerikanische Physiker Richard Feynman vorgeschlagen. Feynman machte sich 1948 mit seinen Arbeiten über die Quantentheorie des Lichts einen Namen. 1961 erhielt er zusammen mit seinem Landsmann Julian Schwinger und dem japanischen Physiker Shinichiro Tomonaga den Nobelpreis. Er war wie Einstein Physiker mit Leib und Seele. Pomp und Getue waren ihm verhasst. So trat er aus der National Academy of Sciences mit der Begründung aus, man sei dort vor allem damit beschäftigt zu entscheiden, wer in die Akademie aufgenommen werden solle und wer nicht. Feynman, der 1988 starb, bleibt dank seiner vielen wichtigen Arbeiten auf dem Gebiet der theoretischen Physik unvergessen. Dazu gehören auch die Diagramme, die seinen Namen tragen und die Grundlage für fast jede Berechnung in der Teilchenphysik sind. Ein noch wichtigerer Beitrag jedoch war seine Pfadintegralmethode, das Konzept der Summe über Geschichten. Danach hat ein System nicht nur eine einzige Geschichte in der Raumzeit, wie man es normalerweise in einer klassischen, nichtquantenmechanischen Theorie annähme, sondern jede Geschichte, die möglich ist. Stellen wir uns beispielsweise ein Teilchen vor, das sich in einem bestimmten Moment an einem Punkt A befunden hat. Normalerweise ginge man davon aus, dass es sich in gerader Linie von A fortbewegt. Doch nach der Pfadintegralmethode könnte es sich auf *jedem* in A beginnenden Weg bewegen. Es gleicht dem Geschehen, das zu beobachten ist, wenn man einen Tropfen Tinte auf ein Stück Löschpapier fallen lässt. Die Tintenteilchen breiten sich auf jedem möglichen Weg durch das Löschpapier aus. Selbst wenn man die gerade Linie zwischen zwei Punkten unterbricht, indem man das Papier einschneidet, wird die Tinte weiterkriechen.

Jedem Weg, jeder Geschichte des Teilchens ist eine Zahl zugeordnet, die von der Form des Weges abhängt. Die Wahrscheinlichkeit, dass sich das Teilchen von A nach B bewegt, ergibt sich aus der Summe der Zahlen, die mit allen das Teilchen von A nach B befördernden Wegen verknüpft sind. Bei den meisten Wegen werden sich die ihnen zugeordneten Zahlen mit den Zahlen nahe gelegener Wege nahezu aufheben. Ihr Beitrag zur Wahrscheinlichkeit, dass das Teilchen von A nach B gelangt, bleibt also gering. Dagegen addieren sich die Zahlen gerader Wege mit den Zahlen von Wegen, die fast gerade sind. Den Hauptbeitrag zur Wahrscheinlichkeit liefern also Wege, die gerade oder fast gerade sind. Deshalb sieht die Spur eines Teilchens, das sich durch eine Blasenkammer bewegt, fast gerade aus. Doch wenn man dem Teilchen eine Art Wand mit einem Spalt in den Weg stellt, können sich die Pfade des Teilchens jenseits des Spalts ausbreiten. Die Wahrscheinlichkeit kann groß sein, das Teilchen dahinter abseits des direkten Weges durch den Spalt vorzufinden.

1973 begann ich zu untersuchen, welche Auswirkung das Unbestimmtheitsprinzip auf ein Teilchen in der gekrümmten Raumzeit nahe einem Schwarzen Loch hätte. Erstaunlicherweise stellte ich fest, dass das Schwarze Loch nicht vollständig schwarz wäre. Das Unbestimmtheitsprinzip würde Teilchen und Strahlung gestatten, dem Schwarzen Loch in stetiger Rate zu entweichen. Mit diesem Ergebnis hatte weder ich noch irgendjemand anders gerechnet, und deshalb begegnete man ihm zunächst mit allgemeiner Skepsis. Ein Schwarzes Loch ist eine Raumregion, aus der kein Entkommen möglich ist, wenn man sich mit einer geringeren Geschwindigkeit als der des Lichtes fortbewegt. Doch nach Feynmans Summe über Geschichten können Teilchen *jeden* Weg durch die Raumzeit nehmen. Damit kann sich ein Teilchen auch schneller als das Licht bewegen. Die Wahrscheinlichkeit, dass es sich über eine weite Distanz mit höherer Geschwindigkeit als das Licht bewegt, ist gering, aber es kann gerade lange genug die Lichtgeschwindigkeit überschreiten, um aus dem Schwarzen Loch zu entweichen – dann wird es wieder langsamer. Auf diese Weise gestattet das Unbestimmtheitsprinzip einigen Teilchen, aus einem Schwarzen Loch zu entkommen, das also doch kein so ausbruchsicheres Gefängnis zu sein scheint, wie man bis dahin angenommen hatte. Die Wahrscheinlichkeit, dass ein Teilchen aus einem Schwarzen Loch von der Masse unserer Sonne entweicht, ist sehr gering, weil das Teilchen sich über mehrere Kilometer schneller als das Licht bewegen müsste. Doch möglicherweise gibt es beträchtlich kleinere Schwarze Löcher, die sich im sehr frühen Universum gebildet haben. Solche urzeitlichen Schwarzen Löcher könnten kleiner als ein Atomkern sein, ihre Masse betrüge indessen hundert Milliarden Tonnen, was etwa der Masse des Fudschijama entspricht. Es könnte so viel Energie wie ein großes Kraftwerk abgeben. Dazu müsste man allerdings eines dieser kleinen Schwarzen Löcher entdecken und seine Energie nutzbar machen können! Leider scheint es im Universum nicht allzu viele zu geben.

Die Vorhersage, dass Schwarze Löcher Strahlung abgeben, war das erste nichttriviale Ergebnis aus der Vereinigung der Einstein'schen Relativitätstheorie mit dem Quantenprinzip. Sie zeigte, dass der Gravitationskollaps nicht die Sackgasse ist, für die man ihn bisher gehalten hatte. Die Teilchen in einem Schwarzen Loch müssen ihre Geschichten nicht an einer Singularität beenden, sondern können aus dem Loch entkommen und ihre Geschichten draußen fortsetzen. Vielleicht wird sich aus dem Quantenprinzip auch ergeben, dass die Geschichten nicht zwangsläufig einen Anfang in der Zeit, einen Schöpfungspunkt im Urknall haben müssen.

Diese Frage ist allerdings sehr viel schwerer zu beantworten, weil dazu das Quantenprinzip auf die Struktur von Raum und Zeit selbst und nicht nur auf Teilchenwege in einem gegebenen Raumzeithintergrund anzuwenden ist. Erforderlich ist eine Methode, mit der sich die Summe über Geschichten nicht nur für Teilchen, sondern auch für das gesamte Gefüge von Raum und Zeit vornehmen lässt. Noch können wir diese Aufsummierung nicht einwandfrei ausführen, aber wir kennen bestimmte Eigenschaften, die sie haben müsste. So wissen wir unter anderem, dass es leichter ist, die Geschichten in der so genannten imaginären Zeit aufzusummieren als in der normalen, realen Zeit. Die imaginäre Zeit ist ein schwieriger Begriff, der meinen Lesern wohl die meisten Probleme bereitet hat. Auch die Philosophen sind deswegen hart mit mir ins Gericht gegangen. Wie kann die imaginäre Zeit, argumentierten sie, das Geringste mit dem realen Universum zu tun haben? Ich glaube, diese Philosophen haben nichts aus der Geschichte gelernt. Einst hielt man es für selbstverständlich, dass die Erde flach sei und die Sonne die Erde umkreise. Doch seit der Zeit von Kopernikus und Galilei müssen wir uns mit dem Gedanken abfinden, dass die Erde rund ist und sich um die Sonne bewegt. Für ebenso selbstverständlich hielt man es, dass die Zeit für jeden Beobachter gleich schnell oder langsam verstreicht. Doch seit Einstein sind wir zum Umdenken gezwungen: Die Zeit verstreicht für verschiedene Beobachter verschieden rasch. Unbestritten schien auch zu sein, dass das Universum nur eine einzige Geschichte hat. Doch seit der Entdeckung der Quantenphysik müssen wir davon ausgehen, dass es jede mögliche Geschichte hat. Ich möchte damit deutlich machen, dass die imaginäre Zeit ein Begriff ist, mit dem wir uns ebenfalls werden abfinden müssen. Es ist ein geistiger Sprung von der gleichen Art wie die Erkenntnis, dass die Erde rund ist. Eines Tages werden wir die imaginäre Zeit für ebenso selbstverständlich halten wie heute die Rundung der Erde. In der zivilisierten Welt gibt es nicht mehr viele, die die Erde als Scheibe betrachten.

Die normale, reale Zeit kann man sich als horizontale Linie vorstellen, die von links nach rechts verläuft. Frühe Zeiten befinden sich links, späte Zeiten rechts. Man kann sich aber auch eine andere Zeitrichtung vorstellen – von oben nach unten auf der vor Ihnen liegenden Seite. Dies ist die so genannte imaginäre Zeitrichtung, die rechtwinklig zur realen Zeit verläuft.

Welchen Vorteil hat es, das Konzept der imaginären Zeit einzuführen? Warum können wir nicht bei der normalen, realen Zeit bleiben, die wir verstehen? Der Grund ist, dass Materie und Energie, wie erwähnt, die Raumzeit in sich krümmen. In der realen Zeitrichtung führt das unvermeidlich zu Singularitäten, Örtern, an denen die Raumzeit endet. An Singularitäten lassen sich die Gleichungen der Physik nicht definieren, sodass man nicht vorhersagen kann, was geschehen wird. Die imaginäre Zeitrichtung hingegen verläuft rechtwinklig zur realen Zeit. Das heißt, sie verhält sich auch in gleicher Weise zu den drei Richtungen, die einer Bewegung im Raum entsprechen. Die Raumzeitkrümmung, die durch die Materie im Universum hervorgerufen wird, kann unter diesen Bedingungen dazu führen, dass sich die drei Raumrichtungen und die imaginäre Zeitrichtung auf der Rückseite treffen, sodass sie eine geschlossene Fläche wie die Erdoberfläche bilden. Die drei Raumrichtungen und die imaginäre Zeit würden eine Raumzeit bilden, die, ohne Grenzen und Ränder, in sich geschlossen wäre. Sie hätte keinen Punkt, den man Anfang oder Ende nennen könnte, sowenig wie die Oberfläche der Erde einen Anfang oder ein Ende hat.

1983 haben Jim Hartle und ich vorgeschlagen, die Summe über Geschichten für das Universum nicht mit Geschichten in der realen Zeit, sondern mit Geschichten in der imaginären Zeit vorzunehmen – mit Geschichten, die in sich geschlossen sind wie die Oberfläche der Erde. Da diese Geschichten ohne Singularitäten, ohne Anfang und Ende sind, wird alles, was in ihnen vorgeht, vollständig von den Gesetzen der Physik bestimmt. Das heißt, was in der imaginären Zeit geschieht, lässt sich berechnen. Und wenn man die Geschichte des Universums in der imaginären Zeit kennt, kann man berechnen, wie es sich in der realen Zeit verhält. Folglich kann man hoffen, auf diese Weise eine vollständige, vereinheitlichte Theorie zu erhalten, die alles im Universum vorhersagen kann. Einstein hat seine letzten Lebensjahre damit verbracht, nach einer solchen Theorie zu suchen. Er hat sie nicht entdeckt, weil er der Quantenmechanik misstraute. Er mochte sich nicht damit abfinden, dass das Universum möglicherweise viele alternative Geschichten hat, wie es in der Summe über Geschichten der Fall ist. Noch sind wir nicht in der Lage, die Summe über Geschichten in geeigneter Weise für das Universum vorzunehmen, aber wir können ziemlich sicher sein, dass die imaginäre Zeit und die Vorstellung einer in sich geschlossenen Raumzeit dazugehören werden. Ich glaube, diese Konzepte werden der nächsten Generation so natürlich erscheinen wie uns die Vorstellung, dass die Erde rund ist. In Science-Fiction-Romanen ist die imaginäre Zeit schon heute ein Allgemeinplatz. Aber sie ist mehr als Science-Fiction oder ein mathematischer Trick. Sie verleiht dem Universum, in dem wir leben, seine Gestalt.

Die Vereinheitlichung der Physik

Wie im ersten Beitrag dargestellt, wäre es sehr schwer gewesen, auf Anhieb eine vollständige vereinheitlichte Theorie von allem zu entwickeln, was im Universum geschieht. Stattdessen haben wir Fortschritte erzielt, indem wir Teiltheorien erarbeiteten, die einen begrenzten Ausschnitt von Ereignissen beschreiben, und indem wir andere Effekte außer Acht ließen oder für sie Näherungen in Form bestimmter Zahlen einsetz-

Werden hier, im Europäischen Kernforschungszentrum CERN, hundert Meter unter der Erde von Genf, die Bedingungen geschaffen, wie sie im frühen Universum unmittelbar nach dem Urknall herrschten?

ten. (In der Chemie kann man beispielsweise die Wechselwirkung von Atomen berechnen, ohne dass die innere Struktur eines Atomkerns bekannt ist.) Letztlich hoffen wir jedoch, eine vollständige, widerspruchsfreie und vereinheitlichte Theorie zu finden, die alle diese Teiltheorien als Näherungen zusammenfasst und die nicht durch irgendwelche willkürlichen Zahlen ergänzt werden muss, um sie mit den Beobachtungsdaten zur Deckung zu bringen. Die Suche nach einer solchen Theorie läuft unter dem Stichwort «Vereinheitlichung der Physik». Einstein verbrachte den größten Teil seines späteren Lebens mit der erfolglosen Suche nach einer vereinheitlichten Theorie. Die Zeit war eben noch nicht reif: Es gab Teiltheorien für die Gravitation und die elektromagnetische Kraft, doch über die Kernkräfte war sehr wenig bekannt. Überdies weigerte sich Einstein, an die Realität der Quantenmechanik zu glauben, obwohl er wesentlich zu ihrer Entwicklung beigetragen hatte. Nun scheint aber die Unschärferelation eine elementare Eigenschaft des Universums zu sein. Eine Vereinheitlichung der Theorie muss deshalb dieses Prinzip unbedingt berücksichtigen.

Wie ich noch beschreiben werde, sind die Aussichten, eine solche Theorie zu finden, heute ungleich besser, weil wir wesentlich mehr über das Universum wissen. Doch hüten wir uns vor allzu großer Zuversicht – zu oft schon haben wir Heureka gerufen! Zu Anfang des 20. Jahrhunderts glaubte man beispielsweise, dass sich alles mit den Eigenschaften kontinuierlicher Materie, etwa der Elastizität und der Wärmeleitung, erklären lasse. Die Entdeckung des Atomaufbaus und die Unschärferelation setzten dieser Hoffnung ein jähes Ende. 1928 war es wieder so weit: Der Physiker und Nobelpreisträger Max Born erklärte einer Gruppe von Besuchern an der Universität Göttingen: «Mit der Physik, wie wir sie kennen, ist es in einem halben Jahr vorbei.» Seine Zuversicht gründete sich auf die Entdeckung der Elektronengleichung, die Dirac kurz zuvor gelungen war. Man nahm an, dass eine ähnliche Gleichung das Proton beschreiben würde, das damals als einziges anderes Teilchen bekannt war, und dass damit die theoretische Physik an ihr Ende gelangt sei. Doch die Entdeckung des Neutrons und der Kernkräfte machte auch diese Hoffnung zunichte. Trotz dieser Feststellung glaube ich, dass wir Grund zu vorsichtigem Optimismus haben. Möglicherweise stehen wir jetzt wirklich kurz vor dem Abschluss der Suche nach den letzten Gesetzen der Natur.

Neben der Allgemeinen Relativitätstheorie als Teiltheorie der Gravitation gibt es andere Teiltheorien, welche die schwache, die starke und die elektromagnetische Kraft beschreiben. Die letzten drei lassen sich zu den so genannten Großen Vereinheitlichten Theorien, den GUTS, zusammenfassen, die aber noch nicht sehr befriedigend sind, weil sie die Gravitation nicht einbeziehen und weil sie eine Reihe von Größen, zum Beispiel die relativen Massen der verschiedenen Teilchen, enthalten, die sich nicht aus der Theorie ableiten lassen, sondern so gewählt werden müssen, dass sie mit den Beobachtungsdaten übereinstimmen. Die Hauptschwierigkeit, eine Theorie zu finden, die die Gravitation mit den anderen Kräften vereinigt, liegt darin, dass die Allgemeine Relativitätstheorie eine «klassische Theorie» ist, das heißt die Unschärferelation der Quantenmechanik nicht berücksichtigt. Andererseits beruhen die anderen Teiltheorien wesentlich auf der Quantenmechanik. Deshalb ist es zunächst erforderlich, die Allgemeine Relativitätstheorie mit der Unschärferelation zu verbinden. Wie wir gesehen haben, kann das zu bemerkenswerten Konsequenzen führen, etwa der, dass Schwarze Löcher nicht schwarz sind oder dass das Universum keine Singularitäten enthält, sondern ohne irgendeine Grenze völlig in sich abgeschlossen ist. Aus der Unschärferelation folgt leider auch, dass sogar «leerer» Raum mit Paaren virtueller Teilchen und Antiteilchen gefüllt ist. Diese Teilchen müssten über eine unendliche Energiemenge und damit – nach Einsteins berühmter Gleichung $E = mc^2$ – auch über eine unendliche Masse verfügen. Ihre Gravitationskräfte würden das Universum folglich zu unendlich kleiner Ausdehnung krümmen.

Zu ähnlichen, scheinbar absurden Unendlichkeiten kommt es in den anderen Teiltheorien, doch in allen diesen

Fällen lassen sich die unendlichen Größen durch einen Prozess aufheben, der als Renormierung bezeichnet wird – die Aufhebung unendlicher Größen durch Einführung anderer unendlicher Größen. Obwohl dieses Verfahren mathematisch ziemlich zweifelhaft ist, scheint es sich in der Praxis zu bewähren und hat in Verbindung mit diesen Theorien zu Vorhersagen geführt, die sich mit den Beobachtungsdaten außerordentlich genau decken. Unter dem Gesichtspunkt einer Vereinheitlichung der Theorien hat die Renormierung jedoch einen schwer wiegenden Nachteil, denn die tatsächlichen Werte der Massen und Kräfte lassen sich nicht aus der Theorie vorhersagen, sondern müssen so gewählt werden, dass sie den Beobachtungsdaten entsprechen.

Bei dem Versuch, die Unschärferelation in die Allgemeine Relativitätstheorie einzugliedern, hat man nur zwei Größen, die sich anpassen lassen: die Stärke der Gravitation und den Wert der kosmologischen Konstante. Durch ihre Anpassung lassen sich jedoch nicht alle unendlichen Werte beseitigen. So hat man eine Theorie, aus der die Unendlichkeit bestimmter Größen, zum Beispiel der Raumzeitkrümmung, zu folgen scheint, obwohl die Beobachtungen und Messungen ergeben, dass sie durchaus endlich sind! Dieses Problem bei der Verbindung von Allgemeiner Relativitätstheorie und Unschärferelation wurde schon einige Zeit vermutet, bevor eingehende Berechnungen es 1972 bestätigten. Vier Jahre danach wurde eine mögliche Lösung, «Supergravitation» genannt, vorgeschlagen: Man wollte das Teilchen mit Spin 2*, das Graviton, das Träger der Gravitation ist, mit bestimmten neuen Teilchen verbinden, die den Spin 3/2, 1, 1/2 und 0 haben. In gewissem Sinne könnten dann alle diese Teilchen als verschiedene Aspekte ein und desselben «Superteilchens» betrachtet werden, wodurch die Materieteilchen mit Spin 1/2 und 3/2 mit den kräftetragenden Teilchen vereinigt wären, die den Spin 0, 1 und 2

* Der Spin ist die quantenmechanische Entsprechung der Vorstellung, dass Elementarteilchen um die eigene Achse rotieren. Die Werte ½ oder 3/2 deuten darauf hin, dass der Spin auch halbzahlige Werte annehmen kann.

haben. Die virtuellen Teilchen-Antiteilchen-Paare mit Spin 1/2 und 3/2 besäßen negative Energie und wären bestrebt, die positive Energie der virtuellen Paare mit Spin 2, 1 und 0 aufzuheben. Dies wiederum würde zur Aufhebung vieler der möglichen Unendlichkeiten führen, doch man vermutete, dass einige noch übrig bleiben könnten. Die Berechnungen allerdings, die erforderlich waren, um herauszufinden, ob solche Unendlichkeiten bestehen bleiben oder nicht, wären so lang und schwierig gewesen, dass sich niemand fand, sie vorzunehmen. Selbst mit Hilfe eines Computers hätte man für dieses Unterfangen nach Schätzungen mindestens vier Jahre benötigt, und zudem war die Wahrscheinlichkeit groß, dass es dabei zu mindestens einem, vermutlich sogar zu mehreren Fehlern gekommen wäre. Also hätten andere den Vorgang wiederholen müssen, um zu prüfen, ob man zu dem gleichen Ergebnis käme – womit kaum zu rechnen war!

Trotz dieser Probleme und obwohl die Teilchen in den Supergravitationstheorien sich nicht mit den beobachteten Teilchen zu decken schienen, hielten die meisten Wissenschaftler die Supergravitation für den richtigen Weg zur Vereinheitlichung der Physik. Sie schien die beste Möglichkeit zur Verbindung der Gravitation mit den anderen Kräften zu sein. Doch 1984 kam es zu einem jähen Meinungsumschwung zugunsten der so genannten Stringtheorien. Das grundlegende Objekt in diesen Theorien ist nicht das Teilchen, das nur einen einzigen Punkt im Raum einnehmen kann, sondern etwas, das eine bestimmte Länge besitzt, aber sonst keine weitere Dimension – wie ein unendlich dünnes Saitenstück, im Englischen als «string» bezeichnet.

Diese Strings können Enden haben (dann handelt es sich um so genannte offene Strings) oder sie können sich in sich selbst zu Schleifen zusammenschließen (geschlossene Strings). Ein Teilchen nimmt in jedem gegebenen Augenblick einen Punkt des Raums ein. Deshalb lässt sich seine Geschichte als eine Linie in der Raumzeit (die «Weltlinie») darstellen. Ein String dagegen nimmt zu jedem gegebenen Zeitpunkt eine Linie im Raum ein. Folglich ist seine Geschichte in der Raumzeit eine zweidimensionale Fläche, die als «Weltfläche» bezeichnet wird. (Jeder Punkt auf einer solchen Weltfläche lässt sich mittels zweier Zahlen beschreiben: Die eine gibt die Zeit an und die andere die Position des Punktes auf dem String.) Die Weltfläche eines offenen String ist ein Streifen: Seine Ränder repräsentieren die Wege, welche die String-Enden in der Raumzeit zurücklegen. Die Weltfläche eines geschlossenen String ist ein Zylinder oder eine Röhre: Ein Querschnitt der Röhre ist ein Kreis, der der Position des String zu einem bestimmten Zeitpunkt entspricht.

Zwei Stringstücke können sich zu einem einzigen String verbinden: Im Falle offener Strings schließen sie sich einfach an den Enden zusammen, während der Vorgang bei geschlossenen Strings der Verbindung zweier Hosenbeine zu einer Hose ähnelt. Entsprechend kann sich ein einzelnes Stringstück in zwei Strings aufteilen. In der Stringtheorie werden die Objekte, die man sich vorher als Teilchen vorstellte, als Wellen dargestellt, die das String entlangwandern wie die Wellen auf einer vibrierenden Drachenschnur. Die Emission eines Teilchens und seine Absorption durch ein anderes entspricht der Teilung beziehungsweise dem Zusammenschluss von Strings. So führen Teilchentheorien zum Beispiel die Gravitationswirkung der Sonne auf die Erde darauf zurück, dass ein Graviton von einem Teilchen in der Sonne emittiert und von einem Teilchen in der Erde absorbiert wird. In der Stringtheorie entspricht dieser Vorgang einem H-förmigen Rohr. (In gewisser Weise hat die Stringtheorie Ähnlichkeit mit der Klempnerei.) Die beiden senkrechten Seiten des H repräsentieren das Teilchen in der Sonne und in der Erde, während die waagerechte Querverbindung dem Graviton entspricht, das sich von einem zum anderen bewegt.

Die Stringtheorie hat eine eigenartige Geschichte. Sie wurde Ende der sechziger Jahre entwickelt, weil man nach einer Theorie suchte, die die starke Kraft beschreibt. Man ging von dem Gedanken aus, dass Teilchen wie Protonen und Neutronen als Wellen auf einer Saite (String) angesehen werden können. Die starken Kräfte zwischen den Teilchen entsprechen dann den Stringstücken, die wie in einem Spinnennetz andere Stringabschnitte miteinander verbinden. Um den beobachteten Wert der starken, zwischen Teilchen wirksamen Kraft zu erreichen, mussten die Strings Gummibändern gleichen, die mit einer Zugkraft von ungefähr zehn Tonnen ausgestattet sind.

1974 veröffentlichten Joël Scherk aus Paris und John Schwarz vom California Institute of Technology einen Artikel, in dem sie zeigten, dass sich mit der Stringtheorie auch die Gravitationskraft beschreiben lässt, allerdings nur wenn man eine sehr viel höhere Stringspannung von ungefähr tausend Millionen Millionen Millionen Millionen Millionen Millionen (eine 1 mit 39 Nullen) Tonnen zugrunde lege. Bei normalen Größenverhältnissen kommt man mit der Stringtheorie zu den gleichen Vorhersagen wie die Allgemeine Relativitätstheorie. Bei sehr geringen Abständen jedoch – kleineren als einem Tausend-Millionen-Millionen-Millionen-Millionen-Millionstel eines Zentimeters – zeigten sich Unterschiede. Doch die Arbeit der beiden Wissenschaftler fand nicht viel Resonanz, weil damals die meisten Physiker die ursprüngliche Stringtheorie über die starke Kraft zugunsten der Theorie aufgaben, die auf Quarks und Gluonen beruht, weil diese sich sehr viel besser mit den Beobachtungsdaten zu decken schien. Scherk starb unter tragischen Umständen (er litt unter Diabetes und fiel in ein Koma, als niemand in seiner Nähe war, um ihm eine Insulinspritze zu geben). Damit blieb Schwarz als einziger Vertreter der Stringtheorie übrig, doch jetzt mit dem sehr viel höher veranschlagten Wert für die Stringspannung.

1984 scheint das Interesse an Strings einen plötzlichen Auftrieb erhalten zu haben – offenbar aus zwei Gründen: Zum einen wollte der Nachweis nicht so recht gelingen, dass die Supergravitation endlich sei oder dass sie die Teilchenarten erklären könne, die wir beobachten. Zum anderen veröffentlichten John Schwarz und Mike Green vom Londoner Queen Mary College einen Artikel, in dem sie zeigten, dass die Stringtheorie in der Lage sein könnte, das Vorhandensein von Teilchen zu erklären, die, wie die Beobachtung zeigt, einen natürlichen

«Linksdrall» haben. Was für Gründe auch immer ausschlaggebend gewesen sein mögen – auf einmal befasste sich jedenfalls eine große Zahl von Wissenschaftlern mit der Stringtheorie. Bald wurde eine neue Version entwickelt, die Theorie des so genannten heterotischen String, und es scheint, als könnte sie die beobachteten Teilchenarten erklären.

Auch die Stringtheorien führen zu Unendlichkeiten, von denen man aber annimmt, dass sie sich in Versionen wie dem heterotischen String aufheben. (Allerdings herrscht darüber noch keine Gewissheit.) Die Stringtheorien werfen jedoch noch ein größeres Problem auf: Sie scheinen nur dann widerspruchsfrei zu sein, wenn die Raumzeit entweder zehn oder 26 Dimensionen, nicht aber, wenn sie die üblichen vier Dimensionen hat! Gewiss, zusätzliche Raumzeitdimensionen sind ein Allgemeinplatz der Science-Fiction-Literatur, ja, sie bieten eine ideale Möglichkeit, die gewohnte Einschränkung der Allgemeinen Relativitätstheorie zu überwinden – dass nämlich nichts schneller als das Licht sein kann. Dabei hofft man, eine Abkürzung durch die zusätzlichen Dimensionen finden zu können. Dies kann man sich folgendermaßen vorstellen: Nehmen wir an, der Raum, in dem wir leben, hätte nur zwei Dimensionen und wäre wie die Oberfläche eines Ankerrings oder Torus gekrümmt. Befänden Sie sich auf der einen Seite des Innenrandes und wollten zu einem Punkt der anderen Seite gelangen, so hätten Sie dem inneren Rand des Rings zu folgen. Wären Sie hingegen in der Lage, sich in der dritten Dimension fortzubewegen, so könnten Sie den geraden Weg hinüber nehmen.

Warum bemerken wir all diese zusätzlichen Dimensionen nicht, wenn es sie wirklich gibt? Warum nehmen wir nur drei Dimensionen des Raums und eine der Zeit wahr? Man nimmt an, dass die anderen Dimensionen in einem Raum von sehr geringer Ausdehnung gekrümmt sind – etwa in der Größenordnung von einem Millionen-Millionen-Millionen-Millionen-Millionstel Zentimeter. Die Dimensionen sind also einfach zu klein, um von uns bemerkt zu werden: Für uns sind nur vier Dimensionen erkennbar, in denen die Raumzeit ziemlich flach ist. Das ist wie bei der Oberfläche eines Strohhalms. Betrachten Sie ihn von nahem, erkennen Sie, dass er zweidimensional ist (die Position eines Punktes auf dem Strohhalm wird durch zwei Zahlen angegeben – eine für die Länge und eine für die Distanz auf dem Umkreis). Doch aus der Ferne ist die Dicke des Strohhalms nicht mehr wahrzunehmen, sodass er eindimensional aussieht (die Position eines Punktes wird nur durch die Länge auf dem Strohhalm festgelegt). Genauso verhält es sich mit der Raumzeit: Bei sehr kleinen Abständen ist sie vielleicht zehndimensional und stark gekrümmt, doch bei größeren Abständen sind die Krümmung und die anderen Dimensionen nicht mehr zu erkennen. Wenn diese Vorstellung richtig ist, so bedeutet sie nichts Gutes für die Leute, die von Reisen durch die Weiten des Weltraums träumen: Die zusätzlichen Dimensionen wären viel zu klein, um ein Raumschiff durchzulassen. Außerdem wirft sie ein weiteres schwieriges Problem auf: Warum sind nur einige und nicht alle Dimensionen in einem kleinen Ball zusammengerollt? Vermutlich waren im frühen Universum alle Dimensionen stark gekrümmt. Warum haben sich drei Dimensionen des Raums und eine der Zeit abgeflacht, während die anderen fest zusammengerollt blieben?

Eine mögliche Antwort liefert das anthropische Prinzip. Zwei Raumdimensionen scheinen für die Entwicklung so komplizierter Wesen, wie wir es sind, nicht auszureichen. Beispielsweise müssten zweidimensionale Tiere, die auf einer zweidimensionalen Erde lebten, übereinander klettern, um aneinander vorbeizukommen. Wenn ein zweidimensionales Geschöpf etwas fressen würde, müsste es die unverdaulichen Überreste auf dem gleichen Weg nach draußen befördern, auf dem die Nahrung nach innen gelänge, denn gäbe es einen Weg durch den Körper des Geschöpfes, würde er es in zwei separate Hälften zerlegen – unser zweidimensionales Wesen fiele auseinander. Entsprechend lässt es sich schwer vorstellen, wie der Blutkreislauf eines solchen zweidimensionalen Geschöpfes aussehen sollte.

Probleme würde es auch bei mehr als drei Raumdimensionen geben. Die Gravitationskraft zwischen zwei Körpern würde mit der Entfernung rascher abnehmen als in drei Dimensionen. (In drei Dimensionen verringert sich die Gravitation auf ein Viertel der ursprünglichen Stärke, wenn man die Entfernung verdoppelt. In vier Dimensionen würde sie auf ein Achtel zurückgehen, in fünf Dimensionen auf ein Sechzehntel und so fort.) Damit würden die Umlaufbahnen der Planeten, zum Beispiel die der Erde um die Sonne, instabil werden: Die geringste Ablenkung von einer kreisförmigen Umlaufbahn (wie sie etwa die Gravitation anderer Planeten verursachen könnte) würde dazu führen, dass sich die Erde in Spiralen auf die Sonne zu- oder von ihr fortbewegte. Wir würden entweder erfrieren oder verbrennen. Dieses Verhalten der Gravitation bei wachsender Entfernung in mehr als drei Dimensionen hätte auch zur Folge, dass die Sonne keinen stabilen Gleichgewichtszustand zwischen Druck und Gravitation herstellen könnte. Sie würde entweder auseinander fallen oder zu einem Schwarzen Loch zusammenstürzen. In beiden Fällen wäre sie als Wärme- und Lichtquelle für das Leben auf der Erde ohne großen Wert. Genauso wie die Gravitationskräfte verhielten sich im kleinräumigen Bereich die elektrischen Kräfte, die das Elektron veranlassen, um den Atomkern zu kreisen. Das Elektron würde sich also entweder gänzlich von dem Atom entfernen oder spiralförmig in den Kern wandern. In beiden Fällen hätten wir es nicht mehr mit Atomen zu tun, wie wir sie kennen.

Daraus scheint zu folgen, dass das Leben, zumindest in der uns bekannten Form, nur in Regionen der Raumzeit vorkommen kann, in denen drei Raum- und eine Zeitdimension nicht eng zusammengerollt sind. Dies würde bedeuten, dass man sich auf das schwache anthropische Prinzip berufen könnte, vorausgesetzt, man kann beweisen, dass die Stringtheorie solche Regionen des Universums zumindest zulässt – und dies scheint der Fall zu sein. Es mag durchaus andere Regionen des Universums geben – oder andere Universen (was immer das bedeuten mag) –, in denen alle Dimensionen eng zusammengerollt oder in denen mehr als vier Dimensionen nahezu flach sind, doch in solchen Regionen gäbe es keine intelligenten Wesen, die die Auswirkungen anderszahliger Dimensionen beobachten könnten.

Ein weiteres Problem liegt darin, dass es mindestens vier Stringtheorien gibt (die der offenen Strings und drei verschiedene Theorien geschlossener Strings) sowie unzählige Arten, die von der Stringtheorie vorhergesagten zusätzlichen Dimensionen aufzurollen. Warum sollte man sich auf eine Stringtheorie und eine Form des Aufrollens beschränken? Eine Zeit lang wusste man keine Antwort darauf, und die Entwicklung stagnierte. Um 1994 begannen dann Wissenschaftler etwas zu entdecken, was Dualitäten genannt wird: Verschiedene Stringtheorien und verschiedene Arten, die Dimensionen aufzurollen, könnten zu gleichen Ergebnissen in vier Dimensionen führen. Mehr noch – neben den Teilchen, die einen einzigen Punkt im Raum einnehmen, und den Strings, die Linien sind, stieß man jetzt auf die so genannten p-Branen*, die zwei oder mehr Dimensionen im Raum besitzen. (Ein Teilchen lässt sich als 0-Bran und ein String als 1-Bran verstehen, aber es gibt auch p-Branen mit p = 2 bis 9.) Offenbar herrscht eine Art Demokratie im Reich von Supergravitations-, String- und p-Bran-Theorie: Sie scheinen sich gut zu vertragen, ohne dass sich von einer sagen ließe, sie sei fundamentaler als die anderen. Es hat den Anschein, als seien sie unterschiedliche Annäherungen an eine fundamentale Theorie, die jeweils in verschiedenen Situationen gültig sind.

Nach dieser wahrhaft grundlegenden Theorie haben schon viele gesucht, bislang vergeblich. Und ich denke, dass es diese eine, allumfassende Formulierung der fundamentalen Theorie vielleicht gar nicht gibt, so wenig, wie sich, nach Gödels Erkenntnis, die Arithmetik durch ein einziges Axiomensystem ausdrücken lässt. Möglicherweise haben wir hier das gleiche Problem wie bei Landkarten: Die Oberfläche der Erde oder eines Torus lässt sich nicht durch eine einzige Karte beschreiben. Um jeden Punkt zu erfassen, braucht man für die

* Siehe auch Seite 140.

Erde mindestens zwei und für den Torus vier Karten. Jede Karte ist nur für eine begrenzte Region gültig, aber verschiedene Karten überschneiden sich in bestimmten Regionen. Eine solche Zusammenstellung von Karten liefert eine vollständige Beschreibung der Oberfläche. Entsprechend müssen vielleicht in der Physik verschiedene Formulierungen in verschiedenen Situationen verwendet werden, wobei zwei verschiedene Formulierungen in Situationen, in denen sie sich beide verwenden lassen, übereinstimmen würden. Die gesamte Palette verschiedener Formulierungen wäre dann als vollständige vereinheitliche Theorie zu betrachten, auch wenn sie sich nicht durch ein einziges System von Postulaten ausdrücken ließe.

Doch kann es überhaupt eine solche vereinheitlichte Theorie geben? Oder jagen wir vielleicht nur einem Phantom hinterher? Drei Möglichkeiten zeichnen sich ab:

1. Es gibt wirklich eine vollständige vereinheitlichte Theorie, die wir eines Tages entdecken werden, wenn wir findig genug sind.
2. Es gibt keine endgültige Theorie des Universums, nur eine unendliche Folge von Theorien, die das Universum von Mal zu Mal genauer beschreiben.
3. Es gibt keine Theorie des Universums; Ereignisse können nicht über ein gewisses Maß an Genauigkeit hinaus vorhergesagt werden, jenseits dessen sie zufällig und beliebig auftreten.

Manch einer wird der dritten Möglichkeit zuneigen, weil ein vollständiges System von Gesetzen Gottes Freiheit einschränken würde, seine Meinung zu ändern und in die Welt einzugreifen. Dies erinnert ein bisschen an das alte Paradoxon: Kann Gott einen Stein so schwer machen, dass er ihn nicht zu heben vermag? Doch der Gedanke, Gott könnte seine Meinung ändern, ist ein Beispiel für den Trugschluss, auf den Augustinus hingewiesen hat – die Vorstellung nämlich, Gott existiere in der Zeit. Die Zeit ist nur eine Eigenschaft des Universums, das

Gott geschaffen hat. Vermutlich wusste er, was er vorhatte, als er es machte!

Mit der Entwicklung der Quantenmechanik sind wir zu der Erkenntnis gekommen, dass sich Ereignisse nicht mit gänzlicher Genauigkeit vorhersagen lassen. Wenn man möchte, kann man dieses Zufallselement natürlich dem Eingreifen Gottes zuschreiben, doch es wäre eine sehr merkwürdige Form der Intervention: Es gibt keinen Anhaltspunkt dafür, dass sie irgendeinem Zweck dienen würde. Denn wäre das der Fall, könnte dieser Eingriff definitionsgemäß nicht zufällig sein. In neuerer Zeit haben wir die dritte Möglichkeit durch eine Neudefinition der wissenschaftlichen Zielsetzungen ausgeschlossen: Unsere Absicht ist es, ein System von Gesetzen zu formulieren, mit deren Hilfe wir Ereignisse nur innerhalb der Grenzen vorhersagen können, die durch die Unschärferelation gesetzt werden.

Die zweite Möglichkeit – dass es eine unendliche Folge von immer genaueren Theorien gibt – deckt sich mit allen Erfahrungen, die wir bisher gemacht haben. Immer wieder haben wir die Genauigkeit unserer Messungen verbessert oder eine neue Klasse von Beobachtungen erreicht, woraufhin wir neue Phänomene entdeckt haben, die von der vorhandenen Theorie nicht vorhergesagt wurden, und um sie zu erklären, mussten wir unsere Theorie abändern und weiterentwickeln. Deshalb wäre es keine große Überraschung, wenn die heutige Generation Großer Vereinheitlichter Theorien Unrecht hätte mit ihrer Behauptung, dass nichts Wesentliches geschehen wird zwischen der elektroschwachen Vereinheitlichungsenergie von ungefähr hundert Gigaelektronenvolt (GeV) und der großen Vereinheitlichungsenergie von etwa einer Billiarde (tausend Millionen Millionen) GeV. Man könnte durchaus erwarten, neue Aufbauschichten der Materie zu entdecken, die noch elementarer sind als die heute als «Elementarteilchen» geltenden Quarks und Elektronen.

Allerdings scheint es, als könnte die Gravitation dieser Folge von «Schachteln in Schachteln» ein Ende setzen. Hätte ein Teilchen eine Energie über der Grenze, die als Planck'sche

Energie bezeichnet wird – zehn Millionen Millionen Millionen GeV (eine 1 mit 19 Nullen) –, wäre seine Energie so konzentriert, dass es sich vom übrigen Universum trennen und ein kleines Schwarzes Loch bilden würde. Deshalb scheint die Folge von immer genaueren Theorien irgendwo ein Ende haben zu müssen, wenn wir zu immer höheren Energien greifen. Es müsste also eine endgültige Theorie des Universums geben. Natürlich ist die Planck'sche Energie durch Welten getrennt von den etwa hundert GeV, die wir gegenwärtig in unseren Laboratorien erzeugen können. Wir werden in absehbarer Zukunft sicherlich nicht in der Lage sein, diesen Abstand mit Teilchenbeschleunigern zu überbrücken! In sehr frühen Stadien des Universums müssten jedoch solche Energien aufgetreten sein. Ich glaube, dass die Untersuchung des frühen Universums und die Forderung mathematischer Widerspruchsfreiheit gute Voraussetzungen dafür bieten, dass einige von uns noch eine vollständige vereinheitlichte Theorie erleben werden – immer vorausgesetzt, dass wir uns nicht vorher in die Luft jagen.

Was würde es bedeuten, wenn wir tatsächlich die endgültige Theorie des Universums entdeckten? Wie im ersten Kapitel dargelegt, könnten wir nie ganz sicher sein, ob wir tatsächlich die richtige Theorie gefunden hätten, da Theorien sich nicht beweisen lassen. Doch wenn die Theorie mathematisch schlüssig wäre und stets Vorhersagen lieferte, die sich mit den Beobachtungen deckten, so könnten wir mit einiger Sicherheit davon ausgehen, dass es die richtige wäre. Damit wäre ein langes und ruhmreiches Kapitel in der Geschichte des menschlichen Bemühens um das Verständnis des Universums abgeschlossen. Aber auch der Laie würde eine ganz neue Vorstellung von den Gesetzen gewinnen, die das Universum regieren. Zu Newtons Zeit konnte der Gebildete noch den gesamten Horizont menschlichen Wissens überblicken, zumindest in groben Umrissen. Seither aber hat sich die Entwicklung der Wissenschaften so beschleunigt, dass dazu niemand mehr imstande ist. Da man die Theorien ständig verändert, um sie neuen Beobachtungen anzupassen, können sie nie zu einer für den Laien verständlichen Form verarbeitet und vereinfacht werden. Man muss schon ein Spezialist sein, und selbst dann kann man nur hoffen, einen kleinen Ausschnitt aus dem Spektrum wissenschaftlicher Theorien wirklich zu verstehen. Überdies ist das Tempo des Fortschritts so groß, dass der Wissensstoff, den man an der Schule oder Universität vermittelt bekommt, stets schon ein bisschen veraltet ist. Nur wenige Menschen vermögen mit dem raschen Wandel unserer Erkenntnisse Schritt zu halten, und das nur, wenn sie dafür ihre ganze Zeit opfern und sich auf ein kleines Fachgebiet spezialisieren. Alle anderen haben kaum eine Vorstellung von den Fortschritten, die erzielt werden. Vor siebzig Jahren haben, wenn man Eddington Glauben schenkt, nur zwei Menschen die Allgemeine Relativitätstheorie verstanden. Heute sind es Zehntausende von Hochschulabsolventen, und viele Millionen Menschen sind zumindest in großen Zügen mit ihr vertraut. Würde man eine vollständige und vereinheitlichte Theorie entdecken, wäre es nur eine Frage der Zeit, bis man sie in der gleichen Weise so weit verarbeitet und vereinfacht hätte, dass sie sich zumindest skizzenhaft in den Schulen vermitteln ließe. Wir wären dann alle bis zu einem gewissen Grad in der Lage, die Gesetze zu verstehen, die unser Universum bestimmen und die für unsere Existenz verantwortlich sind.

Selbst wenn wir eine vollständige vereinheitlichte Theorie entdecken, würde dies nicht bedeuten, dass wir ganz allgemein Ereignisse vorhersagen könnten, und zwar aus zwei Gründen. Erstens wird unsere Vorhersagefähigkeit durch die Unschärferelation der Quantenmechanik eingeschränkt, ein Prinzip, das sich durch nichts außer Kraft setzen lässt. Die zweite Einschränkung erwächst aus unserer Unfähigkeit, die Gleichungen der Theorie, von sehr einfachen Situationen abgesehen, exakt zu lösen. (Wir können noch nicht einmal exakte Lösungen für die Bewegung dreier Körper in Newtons Gravitationstheorie finden, und die Schwierigkeiten wachsen mit der Zahl der Körper und der Komplexität der Theorie.) Die Gesetze, die – von ganz extremen Bedingungen abgesehen – das Verhalten der Materie regieren, sind uns bereits bekannt. Vor allem kennen wir die grundlegenden Gesetze, die chemische und biologische Prozesse steuern. Aber das berechtigt uns nicht, von gelösten Problemen in jenen Bereichen zu sprechen. Jedenfalls haben wir zum Beispiel bislang wenig Erfolg damit gehabt, menschliches Verhalten aus mathematischen Gleichungen vorherzusagen! Selbst wenn wir also ein vollständiges System von grundlegenden Gesetzen fänden, stünden wir in den folgenden Jahren noch immer vor der schwierigen Aufgabe, bessere Näherungsmethoden zu entwickeln, um brauchbare Vorhersagen über wahrscheinliche Konsequenzen komplizierter realer Situationen zu machen. Eine vollständige, widerspruchsfreie vereinheitlichte Theorie ist nur der erste Schritt: Unser Ziel ist ein vollständiges *Verständnis* der Ereignisse um uns her und unserer Existenz.

Ist alles vorherbestimmt?

In dem Schauspiel *Julius Caesar* sagt Cassius zu Brutus: «Der Mensch ist manchmal seines Schicksals Meister.» Doch sind wir das wirklich? Oder ist alles, was wir tun, festgelegt und vorherbestimmt? Die Prädestination, die Vorherbestimmtheit, wurde früher damit erklärt, dass Gott allmächtig und außerhalb der Zeit sei, sodass er wisse, was geschehen werde. Wie kann es dann einen freien Willen geben? Und wenn wir keinen freien Willen haben, wie können wir dann für unsere Handlungen verantwortlich sein? Ist es einem Menschen vorherbestimmt, eine Bank auszurauben, so kann es doch kaum seine Schuld sein. Warum also sollte man ihn dafür bestrafen?

In jüngerer Zeit ist der Determinismus auf wissenschaftliche Argumente gegründet worden. Offenbar gibt es eindeutige Gesetze, die festlegen, wie sich das Universum und alles, was

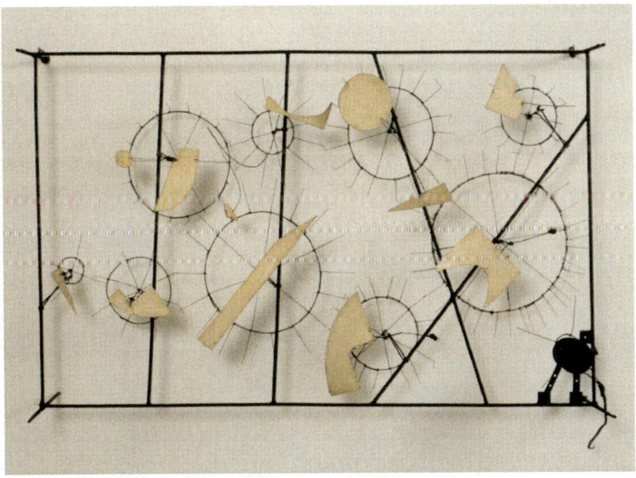

Greift ein Rad ins andere – wie im wissenschaftlichen Determinismus –, oder gibt es einen freien Willen?

es enthält, mit der Zeit entwickeln. Obwohl wir noch nicht die exakte Form für alle diese Gesetze gefunden haben, wissen wir doch schon genug, um, von einigen Extremsituationen abgesehen, bestimmen zu können, was geschieht. Ob wir die verbleibenden Gesetze in naher Zukunft entdecken können, ist Auffassungssache. Ich bin Optimist: Ich glaube, die Chancen stehen fünfzig zu fünfzig, dass wir sie in den nächsten zwanzig Jahren finden. Doch selbst wenn uns das nicht gelingt, würde es an dem Argument nichts Wesentliches ändern. Entscheidend ist die Annahme, dass es ein System von Gesetzen gibt, die die Evolution des Universums von Anfang an vollständig bestimmen. Diese Gesetze mögen von Gott vorgegeben sein, aber offenbar lässt er (oder sie) ihnen jetzt freien Lauf und mischt sich nicht in die Geschicke des Universums ein.

Die Anfangskonfiguration des Universums könnte von Gott gewählt worden sein oder sich selbst aus den Naturgesetzen herleiten. In beiden Fällen war dann offenbar alles im Universum durch die Evolution gemäß den Naturgesetzen bestimmt, sodass schwer einzusehen ist, wie wir unseres Schicksals Meister sein können.

Die Vorstellung, dass es eine Große Vereinheitlichte Theorie gibt, deren Gesetze allem Geschehen im Weltall zugrunde liegen, wirft viele Schwierigkeiten auf. Zunächst einmal ist die Große Vereinheitlichte Theorie wahrscheinlich, mathematisch gesehen, kompakt und elegant. Die «Theorie für Alles» müsste schon einen besonderen und einfachen Charakter haben. Doch wie kann eine bestimmte Anzahl von Gleichungen die vielfältigen und trivialen Details erklären, die wir um uns her erblicken? Ist es wirklich vorstellbar, dass die Große Vereinheitlichte Theorie vorherbestimmt hat, dass Sinead O'Connor in dieser Woche auf Platz eins der Hitparade ist oder dass Madonna auf der nächsten Titelseite des *Cosmopolitan* erscheinen wird?

Bei der Vorstellung, alles sei von einer großen vereinheitlichten Theorie vorherbestimmt, stellt sich ein zweites Problem: Dann wäre nämlich auch alles, was wir sagen, durch die Theorie festgelegt. Und warum sollte vorherbestimmt sein, dass unsere Äußerungen stimmen? Wäre die Wahrscheinlichkeit nicht viel größer, dass sie falsch sind, da es zu jeder einzelnen wahren Aussage viele mögliche falsche gibt? Jede Woche finde ich in meiner Post zahlreiche Theorien, die die Leute mir zuschicken. Sie sind alle verschieden, und die meisten widersprechen sich. Und doch soll die Große Vereinheitlichte Theorie bestimmt haben, dass ihre Autoren sie für richtig halten. Warum sollte also irgendetwas, was ich sage, gültiger sein? Bin ich nicht der Bestimmung durch die Große Vereinheitlichte Theorie ebenso unterworfen?

Schließlich wirft der Prädestinationsgedanke noch ein drittes Problem auf: Wir haben das Gefühl, dass wir einen freien Willen besitzen – dass wir nach Belieben entscheiden können, ob wir etwas tun oder nicht. Doch wenn alles von den Naturgesetzen bestimmt ist, dann muss der freie Wille eine Illusion sein. Und wenn wir keinen freien Willen haben, wie können wir dann für unsere Handlungen verantwortlich sein? Psychisch kranke Täter bestrafen wir nicht für ihre Verbrechen, weil wir meinen, dass sie nicht anders handeln konnten. Doch wenn wir alle von einer Großen Vereinheitlichten Theorie bestimmt sind, kann niemand anders handeln, als er es tut. Wie kann dann irgendjemand für seine Taten zur Rechenschaft gezogen werden?

Diese Probleme des Determinismus werden seit Jahrhunderten diskutiert. Doch blieb die Diskussion immer etwas akademisch, weil wir weit davon entfernt waren, die Naturgesetze vollständig zu verstehen. Überdies wussten wir nicht, wie der Anfangszustand des Universums bestimmt war. Heute sind diese Probleme aktueller denn je, weil die Möglichkeit besteht, dass wir in den nächsten zwanzig Jahren eine vollständige vereinheitlichte Theorie entdecken. Außerdem hat sich herausgestellt, dass möglicherweise auch der Anfangszustand des Universums durch die Naturgesetze bestimmt worden ist. Die folgenden Ausführungen sind mein persönlicher Versuch, über diese Probleme Klarheit zu gewinnen. Ich behaupte nicht, dass sie besonders originell oder subtil sind – sie geben einfach meine gegenwärtigen Gedanken zu dieser Frage wieder.

Beginnen wir mit dem ersten Problem: Wie kann gemäß einer relativ einfachen und kompakten Theorie ein Universum entstehen, das so komplex ist, wie es unsere Beobachtungsdaten zeigen, mit all seinen trivialen und unwichtigen Einzelheiten? Hier ist das Unbestimmtheitsprinzip der Quantenmechanik von entscheidender Bedeutung. In der heutigen Entwicklungsphase des Universums ist die Unbestimmtheit nicht so wichtig, denn die Dinge sind so weit voneinander entfernt, dass eine kleine Unbestimmtheit in der Position keine große Rolle spielt. Doch im sehr frühen Weltall lag alles extrem dicht beieinander. Es gab ein hohes Maß an Unbestimmtheit und zahlreiche mögliche Zustände des Universums. Diese verschiedenen möglichen Frühzustände haben sich zu einer ganzen Familie verschiedener Geschichten des Universums entwickelt. Die meisten dieser Geschichten dürften sich in ihren großräumigen Merkmalen ähneln. Sie entsprechen einem Universum, das gleichförmig und glatt ist und expandiert. Doch in den Einzelheiten unterscheiden sie sich – in der Verteilung der Sterne und noch mehr in dem, was auf den Titelseiten ihrer Zeitschriften steht (vorausgesetzt, es gibt in diesen Geschichten Zeitschriften). Die Komplexität des Universums um uns her und seine Details entwickelten sich also aufgrund des Unbestimmtheitsprinzips während der frühen Stadien. Daraus ergibt sich eine große Vielfalt möglicher Geschichten für das Universum. Es existiert sicherlich auch eine Geschichte, in der Hitler und Genossen den Zweiten Weltkrieg gewonnen haben; allerdings ist ihre Wahrscheinlichkeit gering. Doch uns fällt es zu, in der Geschichte zu leben, in der die Alliierten gesiegt haben und Madonna auf der Titelseite des *Cosmopolitan* prangt.

Nun zum zweiten Problem: Wenn das, was wir tun, von einer Großen Vereinheitlichten Theorie bestimmt ist, warum sollte die Theorie festlegen, dass wir zu richtigen Schlussfolgerungen über das Universum gelangen und nicht zu falschen? Bei der Antwort auf diese Frage stütze ich mich auf Darwins Theorie der natürlichen Selektion. Ich gehe davon aus, dass sich auf der Erde durch Zufallskombinationen von Atomen eine sehr primitive Form von Leben gebildet hat. Wahrscheinlich handelte es sich dabei um ein Makromolekül, aber nicht um DNA, denn die Wahrscheinlichkeit, dass sich ein ganzes DNA-Molekül durch Zufallskombinationen bildet, ist gering.

Die frühen Lebensformen haben sich selbst reproduziert. Das Unbestimmtheitsprinzip der Quantenmechanik und die zufälligen Wärmebewegungen der Atome dürften für eine gewisse Zahl von Reproduktionsfehlern gesorgt haben. Die meisten dieser Fehler werden den Organismus am Überleben oder an der Reproduktion gehindert haben. Solche Fehler wurden nicht an künftige Generationen weitergegeben; sie starben aus. Einige wenige Fehler erwiesen sich rein zufällig als vorteilhaft. Organismen mit solchen Fehlern hatten bessere Chancen, zu überleben und sich fortzupflanzen. So verdrängten sie in der Regel die ursprünglichen Organismen, denen diese Verbesserung fehlte.

Die Entwicklung der Doppelhelix der DNA dürfte eine solche Verbesserung in frühen Stadien gewesen sein. Wahrscheinlich bedeutete sie einen solchen Vorteil, dass sie alle früheren Lebensformen ersetzte, wie auch immer sie ausgesehen haben mögen. Im Laufe des Evolutionsprozesses hat sich dann das Zentralnervensystem gebildet. Geschöpfe, die die Bedeutung der von ihren Sinnesorganen zusammengetragenen Daten korrekt zu erkennen und entsprechend zu handeln vermochten, hatten bessere Überlebens- und Reproduktionschancen. Die Menschheit hat dieses Prinzip auf eine andere Stufe übertragen. Nach Körperbau und DNA Struktur haben wir große Ähnlichkeit mit den höheren Ordnungen der Affen. Doch eine winzige Veränderung unserer DNA hat es uns ermöglicht, die Sprache zu entwickeln. Dadurch können wir Information und erworbene Erfahrung in gesprochener oder geschriebener Form von einer Generation an die nächste weitergeben. Vorher ließen sich die Ergebnisse von Erfahrungen nur im langwierigen Prozess der DNA-Codierung durch Zufallsfehler in der Reproduktion weitergeben. Die Sprache brachte der Evolution eine spektakuläre Beschleunigung. Mehr als drei Milliarden Jahre dauerte die Evolution des Menschen. In den letzten zehntausend Jahren haben wir die Schriftsprache entwickelt. Sie hat uns vom Stadium der Höhlenmenschen bis zu dem Punkt geführt, an dem wir nach der endgültigen Theorie des Universums suchen können.

In den letzten zehntausend Jahren hat es keine nennenswerte biologische Evolution, keine Veränderung der menschlichen DNA gegeben. Mithin muss unsere Intelligenz – die Fähigkeit, die richtigen Schlussfolgerungen aus den Informationen zu ziehen, die unsere Sinnesorgane uns liefern – in die Zeit unseres Höhlenmenschendaseins oder noch weiter zurückreichen. Wahrscheinlich ist sie das Ergebnis eines Selektionsprozesses, dessen Grundlage unsere Fähigkeit bildete, bestimmte Tiere für Nahrungszwecke zu töten und uns vor den Angriffen anderer Tiere zu schützen. Es ist bemerkenswert, dass geistige Qualitäten, deren Selektion solchen Zwecken gedient hat, uns unter den gründlich veränderten Lebensbedingungen der heutigen Zeit noch so gut zustatten kommen. Wahrscheinlich hat die Entdeckung einer Großen Vereinheitlichten Theorie oder die Beantwortung von Fragen zum Determinismus keinen sonderlichen Überlebenswert. Dennoch könnte uns die Intelligenz, die wir aus ganz anderen Gründen entwickelt haben, in die Lage versetzen, die richtigen Antworten auf diese Fragen zu finden.

Wenden wir uns nun dem dritten Problem zu, der Frage des freien Willens und der Verantwortung für unser Handeln. Subjektiv haben wir das Gefühl, dass wir frei wählen können, was wir sind und tun. Doch das könnte eine Illusion sein. Einige Menschen denken, sie seien Jesus Christus oder Napoleon, aber sie können schwerlich Recht haben. Gewissheit darüber, ob ein Organismus einen freien Willen hat oder nicht, kann nur ein objektiver Test bringen, der von außen vorgenommen wird. Nehmen wir beispielsweise an, ein kleiner grüner Mann von einem anderen Stern würde uns besuchen. Wie könnten wir entscheiden, ob er einen freien Willen hat oder ob er nur ein Roboter ist, darauf programmiert, den Eindruck zu erwecken, er sei wie wir?

Den einzigen objektiven Test seines freien Willens scheint

die Frage zu liefern: Lässt sich das Verhalten des Organismus vorhersagen? Ist dies der Fall, hat er ganz offensichtlich keinen freien Willen, sondern ist in seinem Handeln vorherbestimmt. Lässt sich andererseits das Verhalten nicht vorhersagen, kann man das als operative Definition verstehen, die besagt, dass der Organismus einen freien Willen hat.

Gegen diese Definition des freien Willens lässt sich einwenden, dass wir in der Lage sein werden, das Verhalten von Menschen vorherzusagen, sobald wir eine vollständige vereinheitlichte Theorie entdeckt haben. Doch auch das menschliche Gehirn ist dem Unbestimmtheitsprinzip unterworfen. Also gibt es in unserem Verhalten ein aus der Quantenmechanik folgendes Zufallselement. Allerdings sind die an der Hirntätigkeit beteiligten Energien nicht groß. Deshalb wirkt sich die Unbestimmtheit der Quantenmechanik nur geringfügig aus. Tatsächlich können wir menschliches Verhalten nicht vorhersagen, weil es schlicht zu schwierig ist. Die grundlegenden physikalischen Gesetze, denen die Gehirnaktivität folgt, kennen wir bereits, und sie sind vergleichsweise einfach. Aber es ist zu schwer, die Gleichungen zu lösen, wenn mehr als ein paar Teilchen beteiligt sind. Selbst in der einfacheren Gravitationstheorie von Newton lassen sich die Gleichungen nur im Falle zweier Teilchen exakt lösen. Bei drei oder mehr Teilchen muss man schon auf Näherungsverfahren ausweichen, und die Schwierigkeiten wachsen mit der Anzahl der Teilchen rasch an. Das menschliche Gehirn enthält etwa 10^{26} oder hundert Millionen Milliarden Milliarden Teilchen. Diese Zahl ist bei weitem zu groß, um jeweils auf eine Lösung der Gleichungen hoffen und das Verhalten des Gehirns aufgrund des Anfangszustandes und der eintreffenden Sinnesdaten vorhersagen zu können. In Wirklichkeit sind wir natürlich noch nicht einmal in der Lage, den Anfangszustand zu messen, weil wir dazu das Gehirn auseinander nehmen müssten. Und selbst wenn wir dazu bereit wären, gäbe es einfach viel zu viele Teilchen zu registrieren. Außerdem reagiert das Gehirn wahrscheinlich sehr empfindlich auf den Anfangszustand: Eine kleine Veränderung in diesem Zustand dürfte erhebliche Konsequenzen für das nachfolgende Verhalten haben. Obwohl wir also die grundlegenden Gleichungen kennen, nach denen Hirnaktivitäten ablaufen, sind wir keineswegs in der Lage, sie zur Vorhersage menschlichen Verhaltens zu verwenden.

Vor dieser Situation stehen wir in der Wissenschaft immer dann, wenn wir es mit einem makroskopischen System zu tun haben, weil die Anzahl seiner Teilchen so groß ist, dass nicht die geringste Chance besteht, die fundamentalen Gleichungen zu lösen. Stattdessen halten wir uns in diesen Fällen an operative Theorien. Das sind Näherungsverfahren, in denen die sehr große Teilchenzahl durch einige wenige Größen ersetzt wird. Ein Beispiel ist die Strömungsmechanik. Eine Flüssigkeit wie Wasser besteht aus Milliarden von Milliarden Molekülen, die ihrerseits aus Elektronen, Protonen und Neutronen zusammengesetzt sind. Trotzdem ist es ein gutes Näherungsverfahren, die Flüssigkeit als kontinuierliches Medium zu behandeln, das durch Geschwindigkeit, Dichte und Temperatur gekennzeichnet ist. Die operative Theorie der Strömungsmechanik liefert zwar keine exakten Vorhersagen – das zeigt jede Wetterprognose –, aber sie sind gut genug, um nach ihren Vorgaben Schiffe und Pipelines zu konstruieren.

Ich meine, dass die Begriffe des freien Willens und der moralischen Verantwortung für unser Handeln eine operative Theorie im Sinne der Strömungsmechanik sind. Mag sein, dass alles, was wir tun, durch eine Große Vereinheitlichte Theorie bestimmt ist. Wenn diese Theorie verfügt hat, dass wir durch den Strang sterben sollen, werden wir nicht ertrinken. Aber man muss schon äußerst sicher sein, dass man für den Galgen bestimmt ist, bevor man sich bei stürmischem Wetter mit einem kleinen Boot aufs Meer wagt. Mir ist aufgefallen, dass sogar Menschen, die behaupten, alles sei vorherbestimmt und es stehe nicht in unserer Macht, etwas daran zu ändern, nach links und rechts sehen, bevor sie die Straße überqueren. Vielleicht liegt es daran, dass diejenigen, die keine solche Vorsicht walten lassen, nicht überleben und somit ihre Überzeugung nicht äußern können.

Wir können unser Verhalten nicht nach dem Glauben ausrichten, alles sei vorherbestimmt, weil wir nicht wissen, was vorherbestimmt worden ist. Stattdessen müssen wir uns an die operative Theorie halten, dass wir einen freien Willen haben, und dass wir für unser Handeln verantwortlich sind. Diese Theorie taugt nicht besonders zur Vorhersage menschlichen Verhaltens, aber wir machen sie uns zu Eigen, weil es keine Möglichkeit gibt, die Gleichungen zu lösen, die sich aus den fundamentalen Gesetzen herleiten. Es gibt außerdem einen darwinistischen Grund für unseren Glauben an den freien Willen. Eine Gesellschaft, deren Mitglieder sich für ihre Handlungen verantwortlich fühlen, wird besser kooperieren können und eher in der Lage sein, zu überleben und ihre Wertvorstellungen zu verbreiten. Natürlich funktioniert die Kooperation auch bei Ameisen. Aber eine solche Gesellschaft ist statisch. Sie kann nicht auf unerwartete Herausforderungen reagieren oder sich neue Möglichkeiten erschließen. Doch freie Individuen, die sich zusammenschließen und bestimmte Zielvorstellungen teilen, können kooperieren, um ihre gemeinsamen Ziele zu erreichen, und doch flexibel genug bleiben, um Neuerungen einzuführen. Eine solche Gesellschaft hat bessere Chancen, sich zu entfalten und ihr Wertsystem zu verbreiten.

Der Begriff des freien Willens gehört einer anderen Kategorie an als die fundamentalen Gesetze der Wissenschaft. Wenn man versucht, menschliches Verhalten aus den Naturgesetzen abzuleiten, verstrickt man sich im logischen Paradox von selbstbezüglichen Systemen. Falls sich unser Handeln aus grundlegenden Gesetzen vorhersagen lässt, könnte diese Vorhersage verändern, was geschieht. Das ähnelt den Problemen, mit denen wir zu tun bekämen, wenn Zeitreisen möglich würden – was ich für undenkbar halte. Wenn man sehen könnte, was in der Zukunft geschieht, könnte man es verändern. Wenn Sie wüssten, welches Pferd im Grand National gewinnen wird, könnten Sie ein Vermögen machen, indem Sie darauf wetten. Doch diese Handlung würde die Wettquote verändern. Man braucht sich nur *Zurück in die Zukunft* anzusehen, um zu begreifen, welche Probleme das verursachen würde.

Das Paradox, das sich ergäbe, wenn wir fähig wären, unser Handeln vorherzusagen, ist eng verwandt mit dem Problem, das ich oben erwähnt habe: Bestimmt die endgültige Theorie, dass wir zu den richtigen Schlussfolgerungen über die endgültige Theorie gelangen? In diesem Falle habe ich die Auffassung vertreten, dass uns die natürliche Selektion zu der richtigen Antwort führen würde. Vielleicht ist die richtige Antwort keine angemessene Beschreibungsweise, aber die natürliche Selektion hat uns zumindest zu einer Reihe physikalischer Gesetze geführt, die sich recht gut bewähren. Doch aus zwei Gründen können wir aus diesen physikalischen Gesetzen kein menschliches Verhalten ableiten. Erstens können wir die Gleichungen nicht lösen. Zweitens, selbst wenn wir dazu in der Lage wären, würde der Umstand, dass wir eine Vorhersage treffen, das System stören. Stattdessen veranlasst uns die natürliche Selektion offenbar dazu, uns an die operative Theorie des freien Willens zu halten. Vertritt man die Auffassung, dass die Handlungen eines Menschen seiner freien Entscheidung entspringen, kann man nicht vorbringen, sie würden in einigen Fällen durch äußere Kräfte bestimmt. Der Begriff eines «fast freien Willens» macht keinen Sinn. Doch die Menschen verwechseln häufig den Umstand, dass man erraten kann, wofür sich jemand entscheidet, mit der Vorstellung, seine Entscheidung sei nicht aus freiem Willen getroffen. Ich nehme an, dass die meisten von Ihnen heute zu Abend essen werden, aber es steht Ihnen völlig frei, hungrig ins Bett zu gehen. Ein Beispiel für diese Verwirrung ist der Rechtsgrundsatz der verminderten Zurechnungsfähigkeit: Die Vorstellung, man dürfe Menschen nicht für Handlungen bestrafen, bei denen sie großen Belastungen ausgesetzt waren. Es mag durchaus sein, dass jemand eher dazu neigt, eine antisoziale Handlung zu begehen, wenn er unter Stress steht, aber erhöht man nicht andererseits die Wahrscheinlichkeit, dass dieser Mensch die Tat begeht, wenn man die Strafe herabsetzt?

Das Studium der fundamentalen Naturgesetze und das des menschlichen Verhaltens gehören in verschiedene Kategorien. Aus den grundlegenden Gesetzen lässt sich menschliches Verhalten aus den erläuterten Gründen nicht ableiten. Aber man kann hoffen, dass wir uns sowohl die Intelligenz als auch die Fähigkeit des logischen Denkens zunutze machen können, die wir dank der natürlichen Selektion entwickelt haben. Leider hat die natürliche Selektion bei uns auch andere Merkmale ausgebildet, zum Beispiel die Aggression. Diese war zur Zeit der Höhlenbewohner und noch früher für das Überleben von Vorteil und wurde deshalb von der natürlichen Selektion bevorzugt. Doch durch den gewaltigen Zuwachs an Massenvernichtungsmitteln, den uns die moderne Wissenschaft und Technik beschert hat, ist die Aggression zu einer sehr gefährlichen Eigenschaft geworden, die nun das Überleben der Menschheit bedroht. Das Problem ist, dass unsere aggressiven Instinkte in der DNA verschlüsselt zu sein scheinen. Diese verändert sich durch biologische Evolution nur über Zeiträume von Jahrmillionen, während unser Vernichtungspotenzial jetzt auf einer Zeitskala für die Evolution von Informationen in Sprüngen von zwanzig oder dreißig Jahren wächst. Gelingt es uns nicht, unsere Intelligenz zur Kontrolle unserer Aggression einzusetzen, stehen die Chancen für die Menschheit schlecht. Doch solange es Leben gibt, gibt es auch Hoffnung. Wenn wir die nächsten hundert Jahre überleben, werden wir unseren Lebensraum auf andere Planeten und möglicherweise andere Sterne ausgedehnt haben. Dadurch wird sich die Wahrscheinlichkeit verringern, dass die gesamte Menschheit durch ein Unheil wie einen Atomkrieg ausgelöscht werden könnte.

Rekapitulieren wir: Ich habe einige der Probleme erörtert, die sich ergeben, wenn man davon ausgeht, dass alles im Universum vorherbestimmt ist. Dabei macht es keinen großen Unterschied, ob diese Vorherbestimmtheit durch einen allgegenwärtigen Gott oder durch die Naturgesetze zustande kommt. Denn es ließe sich ja immer sagen, dass sich in den Naturgesetzen Gottes Wille ausdrückt.

Drei Fragen habe ich erörtert. Die erste lautete: Wie können die Komplexität des Universums und alle seine trivialen Einzelheiten von einem einfachen Gleichungssystem bestimmt werden? Kann man umgekehrt wirklich glauben, dass Gott alle trivialen Einzelheiten festgelegt hat, wie etwa die Frage, wer auf der Titelseite des *Cosmopolitan* stehen soll? Die Antwort scheint zu sein, dass es nach dem Unbestimmtheitsprinzip der Quantenmechanik nicht nur eine einzige Geschichte für das Universum gibt, sondern eine ganze Familie möglicher Geschichten. Diese Geschichten können sich, sehr großräumig betrachtet, gleichen, in normalen, alltäglichen Größenverhältnissen aber erhebliche Unterschiede aufweisen. Wir leben in einer bestimmten Geschichte, die durch bestimmte Eigenschaften und Einzelheiten charakterisiert ist. Doch es gibt ähnliche intelligente Lebewesen in Geschichten, die sich etwa darin unterscheiden, wer den Krieg gewonnen hat und welche Platten in die Hitparade kommen. Mithin entstehen die trivialen Einzelheiten unseres Universums, weil die fundamentalen Gesetze die Quantenmechanik mit ihrem Element von Unbestimmtheit oder Zufall enthalten.

Die zweite Frage war: Wenn alles durch eine fundamentale Theorie bestimmt ist, dann ist auch das, was wir über die Theorie sagen, durch die Theorie bestimmt. Und warum sollte vorherbestimmt sein, dass das, was wir über die Theorie sagen, richtig ist und nicht einfach falsch oder irrelevant? In meiner Antwort darauf habe ich mich auf Darwins Theorie der natürlichen Selektion berufen: Nur die Individuen, die die richtigen Schlussfolgerungen über ihre Umwelt ziehen, werden in der Regel zum Überleben und zur Reproduktion fähig sein.

Die dritte Frage war: Wenn alles vorherbestimmt ist, was wird aus dem freien Willen und der Verantwortung für unser Handeln? Doch ob ein Organismus einen freien Willen hat, lässt sich objektiv nur testen durch die Frage, ob sich sein Verhalten vorhersagen lässt. Im Falle des Menschen sind wir völlig unfähig, anhand der Naturgesetze vorherzusagen, was Menschen tun werden – und zwar aus zwei Gründen. Erstens können wir die Gleichungen für die sehr große Zahl von beteiligten Teilchen nicht lösen. Zweitens, selbst wenn wir die Gleichungen lösen könnten, würde die Vorhersage das System stören und zu veränderten Ergebnissen führen. Wenn wir also nicht in der Lage sind, menschliches Verhalten vorherzusagen, können wir auch die operative Theorie zugrunde legen, dass Menschen freie Wesen sind, die sich für oder gegen eine Handlung entscheiden. Offenbar ist der Glaube an den freien Willen und an die Verantwortung für unser Handeln von hohem Überlebenswert. Das heißt, dieser Glaube müsste durch die natürliche Selektion verstärkt werden. Ob das sprachlich vermittelte Verantwortungsgefühl ausreicht, um den DNA-vermittelten Aggressionstrieb unter Kontrolle zu halten, bleibt abzuwarten. Wenn nicht, wird die Menschheit eine der Sackgassen der natürlichen Selektion gewesen sein. Vielleicht hat eine andere Spezies intelligenter Lebewesen irgendwo in der Galaxis ein besseres Gleichgewicht zwischen Verantwortung und Aggression herstellen können. Doch wenn das so wäre, hätte man erwarten müssen, dass sie schon Kontakt mit uns aufgenommen oder dass wir zumindest ihre Radiosignale aufgefangen hätten. Vielleicht wissen sie von unserer Existenz, möchten sich uns aber nicht zu erkennen geben. Angesichts der menschlichen Geschichte könnte das ein weiser Entschluss sein.

Der Titel dieses Essays ist eine Frage: Ist alles vorherbestimmt? Die Antwort lautet ja. Doch sie könnte genauso gut nein lauten, weil wir niemals wissen können, was vorherbestimmt ist.

Das Ehepaar Hawking kurz vor dem Abheben in einem Heißluftballon mit einem speziell von Elaine Hawking entworfenen Korb, der eine freie Sicht aus dem Rollstuhl ermöglicht, März 2002.

III Anhang

Zeittafel

1942 Stephen Hawking wird am 8. Januar als erster Sohn der Wirtschaftswissenschaftlerin Isobel Hawking und des Tropenmediziners Frank Hawking im englischen Oxford geboren.

1952 Eintritt in die private St. Albans School in der Nähe Londons.

1959 Begabtenstipendium der Universität Oxford. Dreijähriges Grundstudium der Physik.

1961 Physikpreis der Oxford University.

1962 Abschlussexamen in Oxford mit «sehr gut». Doktorandenkurs bei Dennis Sciama am Fachbereich für angewandte Mathematik und theoretische Physik der Universität Cambridge mit dem Forschungsschwerpunkt Kosmologie.

1962 Erste Begegnung mit Jane Wilde am 31. Dezember.

1963 ALS-Diagnose: Amyotrophe Lateralsklerose, eine unheilbare Krankheit mit Rückbildung der Körpermuskulatur, Lähmung und Verfall des Körpers.

1965 Im Schlusskapitel seiner Dissertation wendet Hawking Roger Penroses Vorstellung einer Raumzeitsingularität im Inneren eines Schwarzen Lochs auf das ganze Universum an. Erlangung der Doktorwürde. Fellowship und Forschungsstipendium am Caius College in Cambridge.

1965 Hochzeit mit Jane Wilde.

1965–1970 Zusammenarbeit mit Roger Penrose, die zur Formulierung von Singularitättheoremen für den Anfang des Universums und der Zeit führt.

1966 Adams-Preis für den Aufsatz *Singularities and the Geometry of Spacetime.*

1967 Geburt des ersten Sohns Robert.

1970 Geburt von Tochter Lucy. Umstieg auf einen Rollstuhl. Mitarbeit am Institute of Astronomy, Cambridge.

1973 Konzentration auf die Arbeit an der quantenmechanischen Interpretation Schwarzer Löcher. Erste Buchveröffentlichung gemeinsam mit George Ellis bei Cambridge University Press: *The Large Scale Structure of Spacetime.*

1974 Bekanntgabe des Ergebnisses seiner Forschung, dass Schwarze Löcher Strahlung emittieren, auf einer Konferenz im Februar in Oxford.

1974 Veröffentlichung des fortan «Hawking-Strahlung» genannten Phänomens am 1. März in der Zeitschrift «Nature». Durchbruch zum Weltruhm. Aufnahme in die Royal Society.

1974/75 Einladung für ein Forschungsjahr mit Kip Thorne am California Institute of Technology in Pasadena, Kalifornien.

1975/76 Auszeichnung mit sechs Preisen, darunter die Eddington-Medaille der Royal Astronomical Society und die Pius-XII.-Medaille der Päpstlichen Akademie der Wissenschaften. Ernennung zum «Reader» für Gravitationsphysik, eine akademische Stellung zwischen Fellow und Professor.

1977 Ernennung zum Professor des Caius College in Cambridge. Die BBC-Sendereihe «The Key of the Universe» widmet sich seinen Versuchen, die Allgemeine Relativitätstheorie mit der Quantenmechanik zu vereinen. Dadurch wird Hawking erstmals einem Massenpublikum bekannt.

1978 Albert Einstein Award.

1979 Berufung auf den Lukasischen Lehrstuhl der Universität Cambridge. Geburt des zweiten Sohns Timothy. Mitherausgeber des Konferenzbandes: *General Relativity: An Einstein Centenary Survey.*

1981 Gemeinsam mit James Hartle präsentiert Hawking auf der Kosmologiekonferenz der Päpstlichen Akademie der Wissenschaften im Vatikan die «Kein-Rand-Bedingung». Es ist sein Beitrag zur Frage nach dem Beginn des Universums und der Zeit.
Ehrung durch Königin Elizabeth II. mit dem Titel «Commander of the British Empire».
Mitherausgeber von: *Superspace and Supergravity.*

1982 Vier Ehrendoktorate von den Universitäten Leicester, New York, Princeton und Notre Dame, Paris.

1983 Veröffentlichung von *The Very Early Universe* bei Cambridge University Press. Erste Verhandlungen mit dem Verlag über ein populärwissenschaftlich geschriebenes Kosmologiebuch.

1984 Hawking liefert dem New Yorker Literaturagenten Al Zuckerman einen Entwurf für *Eine kurze Geschichte der Zeit.* Der versteigert das Buchprojekt, und der Bantam Verlag erwirbt die Rechte.

1984–88 Zusammenarbeit zwischen Lektor Peter Guzzardi und Hawking am Manuskript.

1985 Während eines Studienaufenthaltes in Genf kommt es im August durch eine Verengung der Luftröhre zu einer Lungenentzündung. Mit einer Luftröhrenöffnung und künstlicher Beatmung kann Hawkings Leben gerettet werden, aber er wird nie wieder sprechen können.

1985 Hawking bekommt ein Computerprogramm, mit dessen Hilfe er Sätze zusammenstellen und an einen Sprachsynthesizer weiterleiten kann.

1988 Im April Veröffentlichung des Buches *Eine kurze Geschichte der Zeit* in den USA. Im Sommer erscheinen die englische und die deutsche Ausgabe.

1988–1996 Ausgedehnte Vortragsreisen und Veröffentlichungen in Fachzeitschriften.

1989 Verleihung des Ehrentitels «Companion of Honour» durch Königin Elizabeth II.

1990 Die Ehe mit seiner Frau Jane wird geschieden.

1992 Eine dokumentarische Filmfassung des Buchs *Eine kurze Geschichte der Zeit* wird gedreht. Auch ein Buch zum Film zum Buch erscheint unter dem Titel: *A Brief History Of Time. A Reader's Companion.* Deutsche Ausgabe: *Stephen Hawkings Welt. Ein Wissenschaftler und sein Werk.*

1993 Die Aufsatzsammlung *Black Holes and Baby Universes and Other Essays* erscheint. Deutsche Ausgabe: *Einsteins Traum. Expeditionen an die Grenzen der Raumzeit.*

1995 Hochzeit mit seiner Pflegerin Elaine Mason.

1996 *Die illustrierte Kurze Geschichte der Zeit* erscheint, eine auf den neuesten Stand der Forschung gebrachte aktualisierte Ausgabe des Welterfolgs.

1998 Vortrag für Bill Clinton und Gäste im Weißen Haus in Washington.

2001 September: Die deutsche Ausgabe von Hawkings neuem Buch *Das Universum in der Nussschale* erscheint.

Zeugnisse

Kip Thorne

Stephens besondere Begabung lag wohl darin, dass er sich weit schneller […] einarbeitete als alle anderen: Er eignete sich die Techniken an, begann sie zu verwenden und machte so rasche Fortschritte, dass alle anderen in einer Staubwolke zurückblieben. (SHW: 96)

Lucy Hawking

«Ich hatte […] oft Streit mit ihm. Ich muss zugeben, dass keiner von uns freiwillig ein Stück zurücksteckt. Ich glaube, den meisten Menschen ist gar nicht klar, wie unnachgiebig er ist. Wenn er sich einmal eine Idee in den Kopf gesetzt hat, dann verfolgt er sie, ganz gleich, welche Konsequenzen das haben könnte. Und er gibt niemals auf. Er tut, was er tun möchte, was es andere auch kosten mag.» (20/20, ABC-Fernsehsendung 1989 zitiert in USH: 190)

Robert Berman

Die neueste Ausgabe des «Who's Who» listet einige seiner Ehrungen auf, kann aber nicht mit dem Tempo Schritt halten, in dem ihm solche Auszeichnungen zuteil werden. Aus den Reihen unseres College dürfte noch nie ein so bedeutender Wissenschaftler hervorgegangen sein. Es mag Sie überraschen, dass ich Sie bitte, einen Wissenschaftler, der noch keine fünfunddreißig Jahre alt ist, als Ehrenmitglied [des Oxford University College] in Betracht zu ziehen, aber […] sein wissenschaftlicher Rang [ist] wirklich außergewöhnlich. (Bio: 201 f.)

Mark Barty-King (Bantam Verlag, England)

Man muss ihm begegnen, um zu begreifen, wie außergewöhnlich er ist. Besonders überraschend ist sein Humor – nach alldem, was er durchgemacht hat. (Bio: 71)

Golo Mann

«Eine kurze Geschichte der Zeit» steht, soviel ich sehen kann, auf allen europäischen Bestseller-Listen. Warum wohl? Wir wollten alle einmal wissen,was es mit unserem Universum nun eigentlich auf sich hat; endgültige, auch gewaltig neue Erkenntnisse, geboten von einem führenden Gelehrten. Nun aber geht es dem Unterzeichneten wie Goethes Faust:
Da steh ich nun, ich armer Tor,
Und bin so klug als wie zuvor!
(In einem Beitrag für die «Zeit» 1989)

Henry Glass

Dieser Mensch, für den jeder gesunde Schritt eine Gnade wäre und eine Herrlichkeit, dieser Mensch strahlt eine Demut aus und eine Würde, die dem Gegenüber die anfängliche Beklommenheit einfach fortnimmt und ihm seine Unbefangenheit zurückgibt.
(Spi: 258)

Isobel Hawking

Er glaubt einfach nicht, dass er sich in irgendeiner Weise von anderen Menschen unterscheidet. Wenn er etwas kann, dann können das seiner Meinung nach alle anderen auch. Deshalb ist sein Buch kein Buch für Fachleute geworden. Ich meine, es wendet sich an jedermann, und er glaubt, dass jeder es verstehen kann. Er denkt sogar, ich könnte das. Da ist er wohl ein bisschen zu optimistisch. Aber er glaubt es wirklich.
(1992)

Bibliographie

Veröffentlichungen von Stephen Hawking

Bücher

1. The Large Scale Structure of Space-Time (mit G. F. R. Ellis). Cambridge 1973
2. Eine kurze Geschichte der Zeit. Reinbek 1988
3. Einsteins Traum. Reinbek 1993
4. Die illustrierte Kurze Geschiche der Zeit. Reinbek 1996
5. Raum und Zeit (mit Roger Penrose). Reinbek 1998
6. Das Universum in der Nussschale. Hamburg 2001

Herausgeber (Auswahl)

1. General Relativity: An Einstein Centenary Survey (mit W. Israel). Cambridge 1979
2. Superspace and Supergravity (mit M. Rocek). Cambridge 1981
3. Euclidian Approach to the Inflationary Universe (mit G.W. Gibbons und S.T. Siklos). Cambridge 1983
4. Quantum Cosmology. 300 Years of Gravity (mit W. Israel). Cambridge 1987
5. Stephen Hawkings Welt. Reinbek 1995

Essays und Artikel in Zeitschriften (Auswahl)

1. On the Hoyle-Narlikar Theory of Gravitation. Proc. Roy. Soc. A286, 313 (1965)
2. The Singularities of Gravitational Collapse and Cosmology (mit R. Penrose). Proc. Roy. Soc. A314, 529 (1970)
3. Black Holes in General Relativity. Commun. Math. Phys. 25, 152 (1972)
4. Black Hole Explosions. Nature 248, 30 (1974)
5. Black Holes and Thermodynamics. Phys. Rev. D31, 181 (1976)
6. Quantum Mechanics of Black Holes. Scientific American 236, 33 (1977)
7. Is the End in Sight for Theoretical Physics? Inaugural Lecture, Cambridge (1980)
8. The Cosmological Constant is Probably Zero. Phys. Lett. B134, 403 (1984)
9. The Edge of Spacetime. American Scientist July–August (1984)
10. The Arrow of Time in Cosmology. Phys. Rev. D32, 2489 (1985)
11. The Direction of Time. New Scientist 1568, 46 (1987)
12. Wormholes in Spacetime. Phys. Rev. D37, 904 (1988)
13. Chronology Protection Conjecture. Phys. Rev. D46, 603 (1992)
14. Virtual Black Holes. Phys. Rev. D53, 3099–3107 (1996)
15. Open Inflation Without False Vacua (mit Neil Turok). Phys. Lett. B425, 25–32 (1998)
16. Brane New World (mit T. Hertog und H.S. Reall). Phys. Rev. D62, 043501 (2000)
17. Living with Ghosts (mit T. Hertog). Phys. Rev. D65, 103515 (2002)

Eine komplette Liste kann man auf der offiziellen Website von Stephen Hawking abrufen: www.hawking.org.uk/info/mindex.html

Zitatquellen

APh: Annalen der Physik, Band 17, 1905

Bio: White, Michael / Gribbin, John: Stephen Hawking. Die Biographie. Reinbek 1994

DUr: Davies, Paul: Die Urkraft. Hamburg 1987

EDM: Weinberg, Steven: Die ersten drei Minuten. München 2000

EiT: Hawking, Stephen: Einsteins Traum. Reinbek 1993

Foc: Focus Nachrichtenmagazin Nr. 36, 3. September 2002, Seite 128–140

GöF: Aczel, Amir D.: Die göttliche Formel. Reinbek 2002

Hei: Hermann, Armin: Heisenberg. Reinbek 1976

HUS: Levin, Janna: How The Universe Got its Spots. Princeton 2002

IGZ: Hawking, Stephen: Die illustrierte Kurze Geschichte der Zeit. Reinbek 1996

JEr: Boslough, John: Jenseits des Ereignishorizontes. Reinbek 1985

MaU: Master of the Universe. TV-Dokumentation. BBC 1989

MEt: Gorst, Martin: Measuring Eternity. The Search For The Beginning Of Time. New York 2001

Nus: Hawking, Stephen: Das Universum in der Nussschale. Hamburg 2001

NZZ: Neue Zürcher Zeitung, 31. Oktober 2002, Seite 63

Obs: The Observer, 21. Oktober 2001

QED: Feynman, Richard: QED. Die seltsame Theorie des Lichts und der Materie. München 1988

RuZ: Hawking, Stephen / Penrose, Roger: Raum und Zeit. Reinbek 1998

Sac: Sacks, Oliver: Onkel Wolfram. Reinbek 2001

SHW: Hawking, Stephen (Hg.): Stephen Hawkings Welt. Reinbek 1995

Spi: Spiegel, Nr. 42 / 1988, Seiten 246–270

TuG: Heisenberg, Werner: Der Teil und das Ganze. München 1969

USH: Ferguson, Kitty: Das Universum des Stephen Hawking. München 2000

Wiz: Overbye, Dennis: «The Wizard of Space and Time», in: «Omni», Februar 1979, Seiten 45–107

Zei: Die Zeit, Nr. 41 / 7. 10. 1988, Seite 46

ZEU: Gott, J. Richard: Zeitreisen in Einsteins Universum. Reinbek 2002

Weiterführende Literatur

BTW: Thorne, Kip: Black Holes and Time Warps: Einsteins Outrageous Legacy. New York 1995

DeU: Greene, Brian: Das elegante Universum. Berlin 2002

EAm: Stachel, John: Einsteins Annus mirabilis. Reinbek 2001

EHu: Sharov, Alexander S. / Novikov, Igor D.: Edwin Hubble, der Mann, der den Urknall entdeckte. Basel 1994

EMC: Kahan, Gerald: $E = mc^2$. Einsteins Relativitätstheorie zum leichten Verständnis für jedermann. Plastisch erklärt. Köln 1998

GKN: Guth, Alan: Die Geburt des Kosmos aus dem Nichts. Die Theorie des inflationären Universums. München 1999

GKo: Silk, Joseph: Die Geschichte des Kosmos. Heidelberg 1999

QSP: Popper, Karl R.: Die Quantentheorie und das Schisma der Physik. Tübingen 2001

QUW: Fritzsch, Harald: Quarks. Urstoff unserer Welt. München 2001

SLK: Begelman, Mitchell / Rees, Martin: Schwarze Löcher im Kosmos. Die magische Anziehungskraft der Gravitation. Heidelberg 2000

WpG: Feynman, Richard: Vom Wesen physikalischer Gesetze. München 1993

ZeH: Morrison, Philip und Phylis: Zehn Hoch. Dimensionen zwischen Quarks und Galaxien. Heidelberg 1984

Websites

1 www.heise.de/newsticker/meldung/20758

2 www.ptb.de/de/blickpunkt/_infoszurzeit.html

3 www.astro.unibas.ch/publication/uninova/gautschy/gautschy.shtml

4 www.iap.uni-bonn.de/P2K/waves_particles/lightspeed_evidence.html

5 www.quarks.de/relativ/04.htm

6 www.als-site.de

7 www.astronomie.de/bibliothek/artikel/quasare/hinterhaeltige-quasare

8 www.private-eye.co.uk/

9 online.itp.ucsb.edu/online/colloq/hawking2/

10 online.kitp.ucsb.edu/online/davidfest/witten/

11 strings99.aei.mpg.de

12 www.reason.com/0204/fe.gb.leaping.shtml

13 www.damtp.cam.ac.uk/user/hawking60

Namenregister

Die kursiv gesetzten Zahlen bezeichnen die Abbildungen.

Quellennachweis der Abbildungen

Stewart Cohen Pictures, Dallas: Umschlagvorderseite
Fotos: akg-images, Berlin: I, 13, 37
© ABD RABBO / SIPA, Paris: 6, 133
Manni Mason's Pictures, Cambridge: 16, 17, 18, 49, 52, 129
Aus: Stephen Hawkings Welt. Hg. von Stephen Hawking. Bearbeitet von Gene Stone. Reinbek 1995: 20, 47, 51, 66, 80, 103, Umschlagrückseite oben
Alexander Häge, Ulm: 27 (Der Fotograf widmet das Foto der Besatzung der verunglückten Columbia STS-107.)
Science Photo Library, London / Agentur Focus, Hamburg: 28, 42, 71 (Anthony Howarth)
Aus: Carl Seelig: Albert Einstein und die Schweiz. Zürich u. a. 1952: 34
Moonrunner Design, Charmouth, England: 40, 89, 97
CORBIS: 55 (Bettmann), 102 (Douglas Kirkland)
Archiv zur Geschichte der Max-Planck-Gesellschaft, Berlin-Dahlem: 57
Aus: Armin Hermann: Heisenberg. Reinbek 1976: 61
dpa, Bildarchiv Hamburg: 73
Aus: Stephen Hawking: Die illustrierte Kurze Geschichte der Zeit. Reinbek 1998: 78, 109, 114
The Associated Press, Frankfurt a. M.: 87
Aus: Kitty Ferguson: Das Universum des Stephen Hawking. Eine Biographie. München [3]2000: 101 (Stephen Hawking), 126 (Stephen Shames)
Tony Mastres, Santa Barbara, University of California: 121
Rowohlt Verlage: 128, Umschlagrückseite unten
Norbert Michalke, Berlin: 141
Photograph and copyright by Anna N. Zytkow, Cambridge: 149
© akg-images: 153
Quelle: M. J. Geller, J. P. Huchra, *Mapping the Universe* Science 1989, V246:897–903. © American Association for the Advancement of Science: 169
© 1988 by Ron Miller: 179
© NASA / UMass / D. Wang et al.: 189
© European Southern Observatory, Garching: 209
© Malcolm Godwin und Jerome Grasdijk, Moon*runner* Design, Großbritannien: 221
© 2003 JeremySutton.com All Rights Reserved: 235
© CERN: 251
Jean Tinguely, Élément Détaché I. Relief Méta-mecanique, 1954. Quelle: Museum Jean Tinguely Basel. © VG Bild-Kunst, Bonn 2003 (Foto: Christian Baur): 267
© 2002 Cambridge Newspapers Ltd., Cambridge, Großbritannien: 280

Trotz sorgfältiger Recherchen konnten nicht alle Rechteinhaber ermittelt werden. Der Verlag ist bereit, berechtigte Ansprüche in üblicher Weise abzugelten.

Quellennachweis der Texte

Die Beiträge der Seiten 153 ff., 169 ff., 189 ff. und 251 ff. entstammen: Stephen Hawking, «A Brief History of Time: From the Big Bang to Black Holes», Bantam Books, New York, 1988, deutsch «Eine kurze Geschichte der Zeit: Die Suche nach der Urkraft des Universums», Rowohlt Verlag, Reinbek, 1988

Die Beiträge der Seiten 209 ff., 235 ff. und 267 ff. entstammen: Stephen Hawking, «Black Holes and Baby Universes and Other Essays», Bantam Books, New York, 1993, deutsch «Einsteins Traum: Expeditionen an die Grenzen der Raumzeit», Rowohlt Verlag, Reinbek, 1993

Der Beitrag der Seite 221 ff. entstammt: Stephen Hawking, «The Illustrated A Brief History of Time: Updated and Expanded Edition», Bantam Books, New York, 1996, deutsch «Die illustrierte Kurze Geschichte der Zeit», Rowohlt Verlag, Reinbek, 1997